U0256934

— 高经丛书 · 双碳系列 —

中国碳达峰碳中和

实践探索与路径选择

PRACTICE EXPLORATION AND PATH SELECTION OF EMISSION PEAK AND CARBON NEUTRALIZATION IN CHINA

中国大连高级经理学院 / 编著

《中国碳达峰碳中和实践探索与路径选择》
编　委　会

序　言

气候变化不仅仅是一个环境问题，更是一个涉及经济、社会、政治乃至文化的全球性问题。中国在全球化进程中取得了瞩目的经济发展成就，同时也面临碳排放增加的挑战。当前，全球气候变化日益严峻，中国作为世界上最大的碳排放国，其碳达峰碳中和的实践探索与路径选择，不仅关乎中国自身的可持续发展，也对全球应对气候变化具有深远影响。因此，中国的碳达峰和碳中和战略不仅对国内的可持续发展至关重要，也是全球气候治理体系中不可或缺的一环。

本书全面系统地分析了全球应对气候变化的行动趋势，详细阐述了中国在低碳行动方面所取得的成效，以及面临的挑战和机遇。不仅聚焦于国家战略层面的探讨，更深入到各个具体行业的实践案例，展现了中国在能源、工业、交通、城乡建设等多个领域的低碳转型实践。从政策制定、技术创新、市场机制、国际合作等多个维度，全面分析了中国在应对气候变化中所面临的挑战和机遇。通过深入剖析中国的能源结构、工业布局、城市发展和农业实践，为我们展示了一幅中国在转型发展中所作出的巨大努力和取得的显著成就全景图。

全书共分为六部分。现状篇从全球和中国的角度出发，介绍了气候变化的现状及应对行动，强调了中国在低碳发展方面所取得的成就，阐述了碳达峰碳中和战略目标提出的背景、意义与挑战。政策篇深入分析了中国在国家和地方层面上应对气候变化的政策制定，包括顶层设计和主要领域行业政策，为理解中国在气候治理中所采取的策略提供了政策背景。行业篇聚焦于能源、工业、交通运输和城乡建设等主要行业在实现碳达峰和碳中和目标方面的实践和策略，展示了这些关键行业在减排方面的主要措施。技术篇探讨了减碳、零碳、负碳与支撑技术的发展和应用，突出了技术创新在推动碳达峰碳中和中的关键作用。市场金融篇分析了电力市场、碳市场和绿色金融在碳达峰碳中和中的角色和发展，展示了电力市场和碳市场的融合发展，揭示了金融市场在促进碳减排中的重要性。在展望篇，对全球和中国应对气候变化未来趋势进行了深入的分析和展望，提出了具有前瞻性的对策和建议。通过这些内容，不仅能够深入了解中国在应对气候变化这一全球性挑战中的角色和努力，还能获得关于未来气候行动的宝贵见解。

更为重要的是，本书不仅仅是一个关于中国碳减排实践的记录，更是一个关于中国如何在全球气候治理中发挥领导作用、如何在国际社会中展现负责任大国形象的案例研究。2022 年和 2023 年，国务院国资委中国大连高级经理学院先后组织开展了两届国资央企碳达峰碳中和案例征集活动，共征集典型案例 1000 余份，同时征集专家 500 余位。经过层层把关和评审，产生了一等奖 50 份、二等奖 101 份、三等奖 150 份，其中不少案例均融入本书篇章，生动展示了中国主要行业在推进碳达峰碳中和进程中的目标与路径、探索与实践。在全球化的今天，没有任何一个国家能够独立于世界之外解决气候变化问题。中国的实践和经验，无疑为全球气候治理提供了宝贵的参考。

本书的出版，在于其提供了一个多维度、深层次的视角来理解中国在应对气候变化中的努力。它不仅为政策制定者、研究人员提供了丰富的信息和深刻的洞察，也为普通读者提供了一个了解中国乃至全球气候变化挑战的窗口。希望这本书能够激发更多的思考和讨论，促进国际社会在应对气候变化的共同行动中加强合作，共创人类的可持续未来。

在此，感谢所有参与本书编写的同仁和专家学者，他们的智慧和努力使得本书的出版成为可能。同时，也感谢出版社和读者的支持与关注，希望本书能够为促进全球应对气候变化的合作与交流做出贡献。

限于编写者水平，虽然对本书进行了反复研究推敲，但难免仍会存在疏漏与不足之处，恳请读者谅解并批评指正。

编著者

2023 年 12 月 12 日

目 录

现状篇

政策篇

行业篇

技术篇

市场金融篇

展 望 篇

现状篇

第一章　全球应对气候变化行动

气候变化问题是全球共同面临的重大挑战，应对气候变化是世界各国的共同责任。在《联合国气候变化框架公约》（United Nations Framework Convention on Climate Change，UNFCCC）下，世界各国多次在气候大会上进行谈判、协调、定责、确权，逐步搭建起各国实践气候目标的基础。在《巴黎协定》提出控制全球温升2℃并努力实现1.5℃的长期目标[①]的引领下，各国加快碳减排进程，并取得一定的进展。

第一节　全球气候变化状况

近年来，全球气温上升趋势愈发明显，海平面加速上升，两极冰川不断消融。世界各地极端天气和气候事件愈演愈烈，酷暑高温天气和暴雨灾害不断袭来，蝗灾、火灾、地震等自然灾害多发。全球气候变暖导致自然生态系统面临严峻挑战，对人类生产生活造成重大影响。

一　全球气温持续上升

从气温上来看，世界气象组织（World Meteorological Organization，WMO）发布的报告显示，2022年全球平均气温比工业化前（1850~1900年）的

① 21世纪内把全球平均气温升幅控制在工业化前水平以上低于2℃以内，并努力将气温升幅限制在工业化前水平以上1.5℃之内。

平均水平高 1.15℃。2015～2022 年是 1850 年有记录以来最暖的 8 年。尽管连续 3 年出现了有降温效应的拉尼娜现象，但 2022 年仍是第 5 个或第 6 个最暖的年份（见图 1－1）。

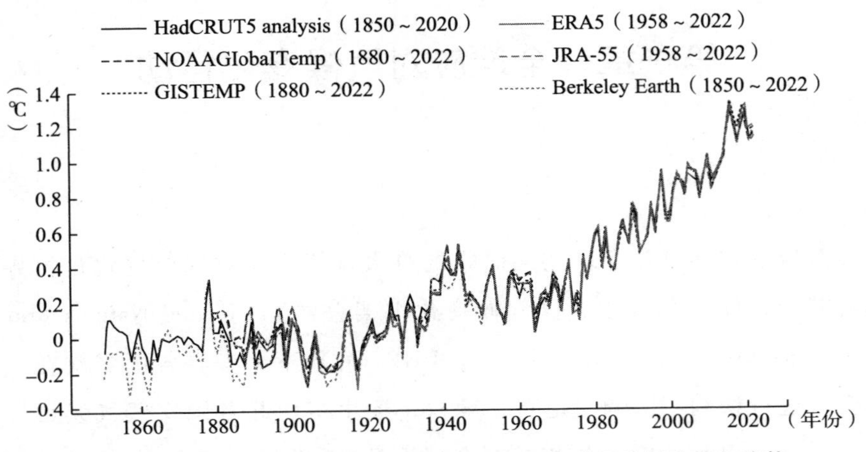

图 1－1　相较于工业化前（1850～1900 年）全球平均温度变化趋势

注：图例的具体含义如下。HadCRUT5 analysis（1850～2022）——英国气象局哈德利中心/东安格利亚大学气候研究中心分析数据（1850～2022）；NOAA-GlobalTemp（1880～2022）——美国国家海洋和大气管理局全球地表温度数据集（1880～2022）；GISTEMP（1880～2022）——美国国家航空航天局戈达德空间科学研究所地面温度分析（1880～2022）；ERA5（1958～2022）——欧洲中期天气预报中心对 1950 年 1 月至今全球气候的第五代大气再分析数据集（1958～2022）；JRA-55（1958～2022）——日本气象厅 55 年再分析数据（1958～2022）；Berkeley Earth（1850～2022）——美国温度监测组织伯克利地球分析数据（1850～2022）。

资料来源：世界气象组织《2022 年全球气候状况》。

海平面持续上升。全球变暖一方面使两极地区的大陆冰川融化，大量冰川融水进入海洋；另一方面使海水受热膨胀，从而促使海平面显著抬升，许多岛国和沿海地区面临被淹没的威胁。自 20 世纪 90 年代初以来，海平面整体已上升超过 10 厘米。2013～2022 年，全球海平面平均每年上升 4.62 毫米。

极端天气不断增多。全球气温升高，导致拉尼娜等极端现象发生频率增多。2020 年 8 月开始，赤道中东太平洋经历了一次中等强度的拉尼娜事件，直到 2021 年 4 月结束，但同年秋季，赤道中东太平洋海温再次进入拉尼娜状态，北美西部和地中海地区多地出现超过40℃高温，部分地区最高气温超过50℃。

自然灾害持续多发。全球气温升高所带来的热能会提供给空气和海洋巨大动能，从而形成大型或超大型台风、飓风、海啸等，进一步引发洪水、泥石流、山体滑坡等自然灾害。同时，持续干旱引发森林火灾，造成一定的财产损失。2020年，美国东部飓风登陆、中部强风肆虐、西部野火燃烧，北极野火、亚马孙雨林野火创下纪录，非洲大暴雨，热带海洋表面温度异常升高，均与气候变暖有关。2021年，极端高温在美国加州、土耳其和希腊等地引发重大森林火灾；极端降雨袭击西欧多个国家，引发洪涝灾害；南美洲的巴西、巴拉圭、阿根廷面临严重干旱。

中国气象局气候变化中心发布的《中国气候变化蓝皮书（2022）》显示，1951～2021年，中国地表年平均气温呈显著上升趋势，升温速率为0.26℃/10年，高于同期0.15℃/10年的全球平均升温水平。2021年，中国地表平均气温较常年值偏高0.97℃，为1901年以来的最高值（见图1－2）。平均年降水量呈增加趋势，极端强降水事件明显增多。2021

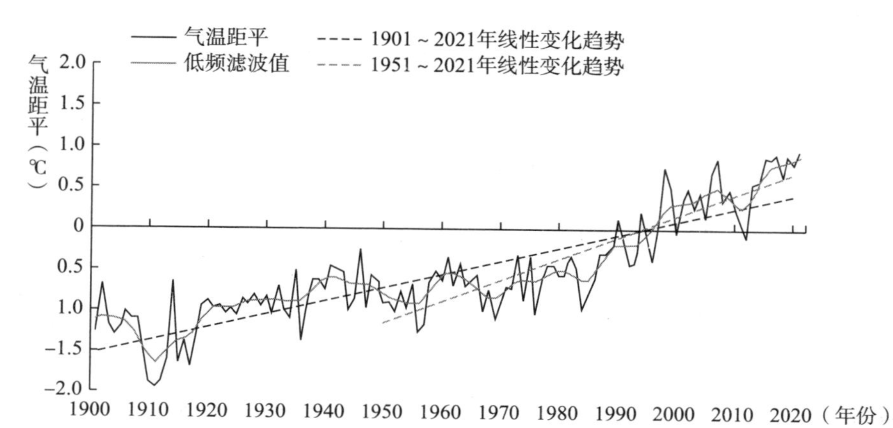

图1－2　1901～2021年中国地表年平均气温距平（相对1981～2010年平均值）

资料来源：《中国气候变化蓝皮书（2022）》。

年，中国平均降水量较常年值偏多6.7%，其中华北地区平均降水量为1961年以来最多，而华南地区平均降水量为近十年最少。2021年，全国共83个国家站连续降水量突破历史极值，主要分布在河南、山西、陕西、福建、浙江、新疆等地。其中，河南郑州遭遇“7·20”特大暴雨，日降水量接近常年的年降水量。

二 全球碳排放量不断增长

人类利用化石能源等活动导致大量温室气体排放，是全球气候变化的主要原因。尤其是工业革命后，随着化石燃料的大规模开发利用，二氧化碳排放量显著增加，加剧了以变暖为主要特征的全球气候变化。

从碳排放总量来看，随着世界经济加快增长，各国对煤炭、石油、电力等能源的需求增长，碳排放总量呈现快速上升趋势。英国石油公司（BP）发布的《BP世界能源统计年鉴2022》显示，2021年，全球来自能源使用、工业过程、燃烧和甲烷的碳排放量（以二氧化碳当量计）达到390亿吨，同比上升5.7%。其中，能源使用产生的碳排放量达到338.84亿吨，同比上升5.9%，占碳排放总量的比重为86.9%。2021年，能源行业碳排放量排名前10位的国家分别是中国、美国、印度、俄罗斯、日本、伊朗、德国、韩国、沙特阿拉伯和印度尼西亚，合计碳排放量为234.53亿吨，占全球能源使用碳排放总量的比重为69.2%（见图1-3）。

从区域结构来看，亚太地区是全球第一大碳排放地区，碳排放量远超其他区域。其主要原因是：第二次世界大战后，很多亚洲国家开始进行大规模经济建设。随着中国、日本、韩国、印度等国家的经济快速发展，能源、工业产品需求相应剧增，带动碳排放量快速增长。2021年，亚太地区能源行业碳排放量达177.35亿吨，同比增长5.7%，占全球能源碳排放总量的比重为52.3%。北美、欧洲等经济发达地区，碳排放量自20世纪90年代末开始逐步走低，进入负增长阶段。2021年，北美地区能源碳排放量达56.02亿吨，同比增长6.1%，占全球能源碳排放总量

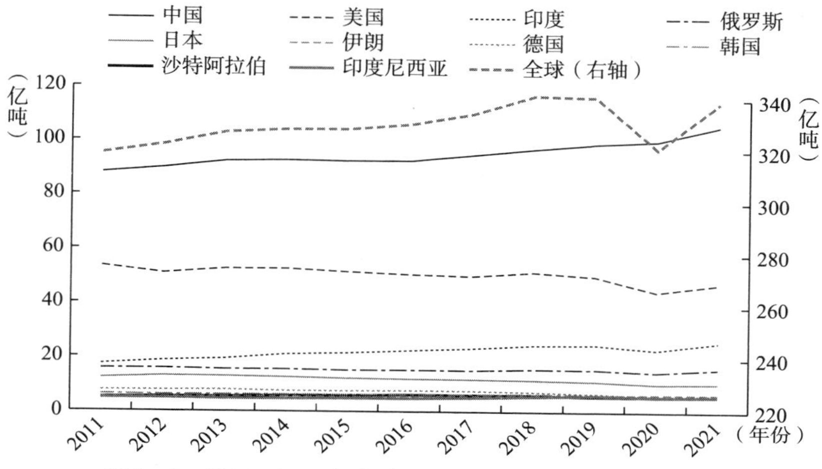

图 1－3　2011～2021 年全球及主要国家能源行业碳排放量

注：碳排放数据仅反映石油、天然气和煤炭燃烧的相关活动，是基于“燃烧的默认二氧化碳排放因子”得出。该因子由政府间气候变化专门委员会（Intergovernmental Panel on Climate Change，IPCC）发布于《2006 年 IPCC 国家温室气体清单指南》中，其中并未考虑任何碳捕获，也未考虑其他二氧化碳排放源和其他温室气体排放。

资料来源：《BP 世界能源统计年鉴 2022》、中能智库。

比重为 16.5%；欧洲地区能源碳排放量达 37.94 亿吨，同比增长 5.4%，占全球能源碳排放量比重为 11.2%（见图 1－4）。

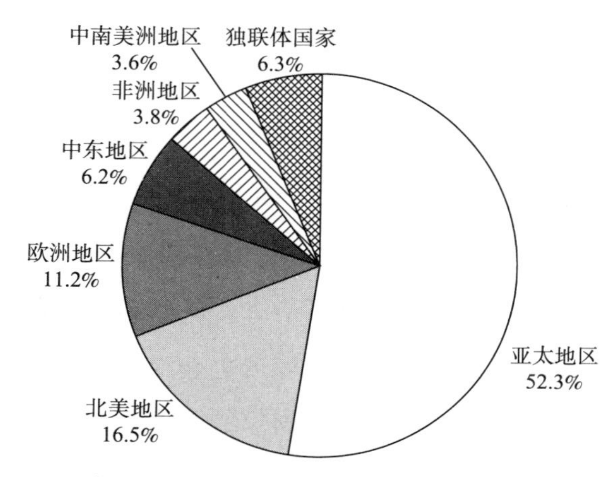

图 1－4　2021 年分地区能源行业碳排放量占全球能源碳排放总量比重

资料来源：《BP 世界能源统计年鉴 2022》、中能智库。

中国作为全球最大的二氧化碳排放国，碳排放总量居世界之首，碳排放强度处于高位。《BP世界能源统计年鉴2022》显示，自2011年以来，整体上，我国二氧化碳排放量持续增长，占全球碳排放总量的比重也随之上涨。2021年，我国能源使用产生的二氧化碳排放量达到105.23亿吨，同比增长5.8%，占全球能源碳排放总量的31.1%（见图1-5）。

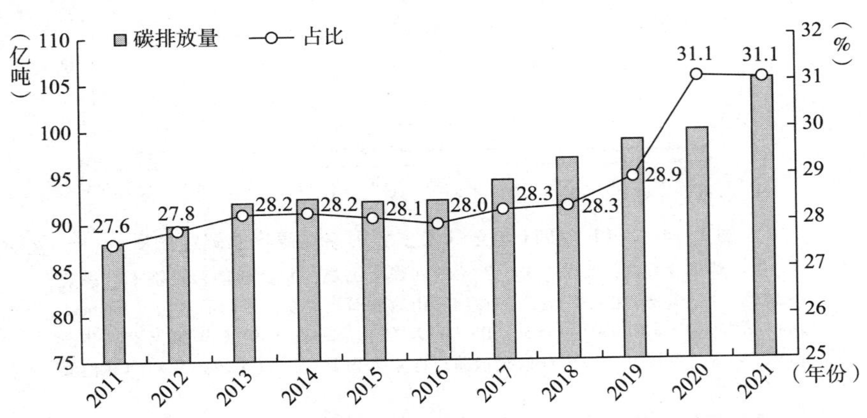

图1-5　2011~2021年中国能源行业碳排放量及其占全球能源碳排放总量比重

资料来源：《BP世界能源统计年鉴2022》、中能智库。

三　全球气候变化的影响

气候变化影响着全球粮食、水、生态、能源、基础设施和民众生命财产等安全，甚至引发重大公共卫生事件和地区冲突，既给全球生态系统带来重大影响，又给全球经济发展造成损害。

（一）影响经济发展

由气候变化导致的火灾、洪水、干旱、风暴和海平面上升等都给国家或地区造成很大的损失，甚至经济发展也会受到较大影响。金融分析机构标准普尔发布的一项针对135个国家的研究显示①，到2050年，气

① 《研究显示2050年气候变化或导致全球GDP损失4%》，http://finance.sina.com.cn/jjxw/2022-04-28/doc-imcwipii6998867.shtml。

候变化可能导致全球生产总值损失4%，并对世界多个较贫困地区造成不成比例的打击。其中，孟加拉国、印度、巴基斯坦和斯里兰卡面对野火、洪水、大型风暴和水资源短缺的威胁，可能影响南亚地区10%至18%的生产总值。中亚、中东、北非以及撒哈拉以南非洲地区也都因气候变化面临相当大的损失。2019～2020年的澳大利亚山火灾难，至少给国内造成了50亿澳元经济损失，GDP甚至因此下跌0.2～0.5个百分点。①

（二）影响农业生产

全球气候变化会使全球气温和降雨形态发生变化，造成大范围的森林植被破坏，使许多地区的农业和自然生态系统无法适应或不能很快适应气候的变化，进而影响粮食作物的产量和作物的分布类型，使农业生产受到破坏性影响。粮食生产不稳定性增加，粮食产量波动变大，局部干旱高温危害加重，粮食作物均将减产；粮食生产结构和布局发生变动，气候变暖后作物发育期提前，作物种植制度可能产生较大变化；农业生产条件发生改变，洪涝、干旱、寒潮等极端天气使得农业生产力大大降低。

（三）影响自然生态系统

随着全球气候变暖，水资源短缺、空气质量差、暴雨及干旱等极端天气频繁等一系列问题越发突出，自然生态系统面临较大挑战。政府间气候变化专门委员会（IPCC）第六次评估报告（AR6）第二工作组报告《气候变化2022：影响、适应和脆弱性》指出，一旦升温幅度超过1.5℃，可能造成一些不可逆的影响，例如海冰、冰山融化影响极地和高山区，海平面上升影响沿海生态系统等。

（四）影响人类身体健康

全球变暖是影响人类健康的一个主要因素，对人类身体健康产生负

① 西太平洋银行评估。

面影响，极端天气多发还将提高疾病发生率，妇女、老人、儿童等弱势群体将面临更大风险。世界卫生组织研究表明[①]，2030～2050 年，因气候变化导致的疟疾、痢疾、热应激和营养不良可能造成全球每年 25 万人死亡。气候变暖还会使高山冰川融化，出现生态难民，由气候引起的水文变化将造成大量人口流离失所。除此之外，室外空气污染颗粒物和近地面臭氧可能成为人口因环境而死亡的首要原因。

第二节　应对气候变化行动

由二氧化碳等温室气体排放引起的全球气候变化对人类社会产生重要影响，全球气候变暖逐渐成为全人类需要面对的重大挑战之一，世界各国积极采取行动减排温室气体以减缓气候变化。

一　应对气候变化的全球共识

1979 年在瑞士日内瓦召开的第一次世界气候大会上，气候变化首次作为一个引起国际社会关注的问题被提上议事日程。随着对全球气候认识的逐步深入，联合国环境规划署和世界气象组织于 1988 年建立了政府间气候变化专门委员会（IPCC）。1990 年，IPCC 发表了第一份气候变化评估报告，提供了气候变化的科学依据。以 IPCC 的这份报告为基础，联合国大会于 1990 年建立了政府间谈判委员会，国际社会在联合国框架下开始关于应对气候变化国际制度的谈判。此后，世界各国一直为应对气候变化做出努力，以国际气候谈判为主线，应对气候变化的国际合作不断深化，达成了多项具有标志性的重要协议。

（一）联合国气候变化框架公约

1992 年 5 月，《联合国气候变化框架公约》在联合国纽约总部通过。

① http://japan.people.com.cn/big5/n/2014/0828/c35467-25560401.html。

同年6月，该公约在巴西里约热内卢举行的联合国环境与发展大会期间正式开放签署，于1994年3月生效。该公约最终目标是将大气中温室气体浓度稳定在防止气候系统受到危险的人为干扰的水平上。截至2023年7月，共有198个缔约方。中国于1992年11月经全国人大批准，并于1993年1月将批准书交存联合国秘书长处。

《联合国气候变化框架公约》指出，应对气候变化应遵循“共同但有区别的责任”原则。发达国家应率先采取措施限制温室气体的排放，并向发展中国家提供有关资金和技术。发展中国家在得到发达国家技术和资金支持下，采取措施减缓或适应气候变化。每个缔约方定期提交专项报告，其内容必须包含该缔约方的温室气体排放信息，并说明为实施该公约所执行的计划及具体措施。

《联合国气候变化框架公约》是世界上第一个为全面控制二氧化碳等温室气体排放，应对全球气候变暖给人类经济和社会带来不利影响的具有法律约束力的国际公约，也是国际社会在应对全球气候变化问题上进行国际合作的一个基本框架，奠定了应对气候变化国际合作的法律基础，由此推动了国际社会应对气候变化的进程，具有重要里程碑意义。

（二）京都议定书

自《联合国气候变化框架公约》签署生效后，由于其只约定全球应对气候变化的总体目标和基本原则，并未设定全球和各国不同阶段的具体行动措施，因此各缔约方几乎没有采取有效措施限制温室气体的排放。1995年3月28日至4月7日，《联合国气候变化框架公约》第一次缔约方大会在德国柏林召开。会议决定就减少全球温室气体排放量继续进行谈判，在两年内草拟一项对缔约方有约束力的保护气候议定书，明确阶段性的全球减排目标以及各国承担的任务和国际合作模式。各缔约方经过多次谈判，1997年12月，由149个国家和地区代表在日本京都召开的《联合国气候变化框架公约》第三次缔约方大会通过了《京都议定书》，其目标是将大气中的温室气体含量稳定在一个适当的水平，进而防止剧烈的气候改变对人类造成伤害。

《京都议定书》规定，2008～2012年，主要工业发达国家二氧化碳等6种温室气体的排放量要在1990年的基础上平均减少5.2%，其中欧盟削减8%、美国削减7%、日本削减6%、加拿大削减6%、东欧各国削减5%至8%；新西兰、俄罗斯和乌克兰将排放量稳定在1990年水平上；发展中国家包括几个主要的二氧化碳排放国，如中国、印度等不受约束。

《京都议定书》是《联合国气候变化框架公约》下的首份具有法律约束力的文件，也是人类历史上首次以法规的形式限制温室气体排放，是一份针对具体减排目标具有很强可操作性的协议，标志着人类在应对全球气候变暖行动上迈出了坚实的一步，具有划时代意义。

（三）巴厘岛路线图

为推动《京都议定书》早日生效并付诸实施，缔约国继续加强国际谈判。2005年2月16日，《京都议定书》正式生效。同年11月，在加拿大蒙特利尔市举行的第11次缔约方大会启动了《京都议定书》新二阶段温室气体减排谈判。2007年12月，《联合国气候变化框架公约》第13次缔约方大会在印度尼西亚巴厘岛举行，由于《京都议定书》于2012年到期，全球亟须尽快达成一项减缓全球变暖的新协议，与会各方经过艰难谈判，最终通过"巴厘岛路线图"。

"巴厘岛路线图"主要内容包括：大幅度减少全球温室气体排放量，未来的谈判应考虑为所有发达国家（包括美国）设定具体的温室气体减排目标；发展中国家应努力控制温室气体排放增长，但不设定具体目标；为了更有效地应对全球变暖，发达国家有义务在技术开发和转让、资金支持等方面，向发展中国家提供帮助；在2009年底之前，达成接替《京都议定书》的旨在减缓全球变暖的新协议。

"巴厘岛路线图"首次将美国纳入旨在减缓全球变暖的未来新协议

的谈判进程之中，要求所有发达国家都必须履行可测量、可报告、可核实的温室气体减排责任，具有重要意义。另外，“巴厘岛路线图”强调必须重视适应气候变化、技术开发和转让、资金三大问题，对于大多数发展中国家而言，这是有效应对全球变暖和减排的关键所在。“巴厘岛路线图”确定了世界各国加强落实《联合国气候变化框架公约》的具体领域，为下一步气候变化谈判设定了原则内容和时间表，推动谈判进程进一步加快，是人类应对气候变化历史中的一座新里程碑。

（四）巴黎协定

2015年12月12日，《联合国气候变化框架公约》第21次缔约方大会在法国巴黎举行，近200个缔约方一致同意通过《巴黎协定》，长期目标是将全球平均气温较前工业化时期上升幅度控制在2℃以内，并努力将温度上升幅度限制在1.5℃以内。

《巴黎协定》指出，全球将尽快实现温室气体排放达峰，21世纪下半叶实现温室气体净零排放。根据该协定，各方将以“自主贡献”的方式参与全球应对气候变化行动。发达国家将继续带头减排，并加强对发展中国家的资金、技术和能力建设支持，帮助减缓和适应气候变化。从2023年开始，每5年将对全球行动总体进展进行一次盘点，以帮助各国提高力度、加强国际合作，实现全球应对气候变化长期目标。

《巴黎协定》是针对包括发达国家和发展中国家的2020年以后全球应对气候变化总体机制的制度性安排和新的气候秩序，获得了所有缔约方的一致认可，充分体现了联合国框架下各方诉求，是《联合国气候变化框架公约》下继《京都议定书》后第二份具有法律约束力的气候协议，也是历史上第一个关于气候变化的全球性协定，进一步凸显了减缓气候变暖的重要性。

（五）格拉斯哥气候协议

2016 年以后，《联合国气候变化框架公约》第 22 ~ 25 次缔约方大会主要就细化和落实《巴黎协定》的具体规则开展谈判。其间，国际气候治理经历美国、巴西等政府换届艰难前行。2017 年 6 月 1 日，时任美国总统特朗普宣布退出《巴黎协定》，对《巴黎协定》的履约和全球气候治理产生负面影响，全球减排目标的实现面临挑战。2018 年，在波兰卡托维兹召开的第 24 次缔约方大会就《巴黎协定》关于自主贡献、减缓、适应、资金、技术、能力建设、透明度全球盘点等内容涉及的机制与规则达成基本共识，并对落实《巴黎协定》、加强全球应对气候变化的行动力度做出进一步安排。2021 年 1 月 20 日，美国总统拜登签署行政令，宣布美国将重新加入应对气候变化的《巴黎协定》。

2021 年 10 月 31 日至 11 月 13 日，《联合国气候变化框架公约》第 26 次缔约方大会在英国格拉斯哥召开。这是《巴黎协定》进入实施阶段后召开的首次缔约方会议，是全球气候治理进程的重要节点。会议明确，进一步减少温室气体排放，以将平均气温上升控制在 1.5℃ 以内，从而避免气候变化带来的灾难性后果。格拉斯哥气候大会完成了《巴黎协定》实施细则谈判，达成相对平衡的政治成果文件《格拉斯哥气候协议》及 50 多项决议，为《巴黎协定》全面有效实施奠定基础，开启了全球应对气候变化的新征程。

自《联合国气候变化框架公约》1994 年生效以来，联合国气候变化大会从 1995 年起每年举行，就《联合国气候变化框架公约》延伸问题展开谈判，以确立具有法律约束力的温室气体排放限制目标，并确定执行机制。受新冠疫情影响，原计划于 2020 年举行的第 26 届联合国气候变化大会推迟一年。2022 年 11 月 6 日，第 27 届联合国气候变化大会在埃及沙姆沙伊赫开幕。随着国际气候谈判不断推进，《京都议定书》《巴黎协定》等国际性公约和文件陆续出台，全球应对气候变化不断取得新进展（见表 1 - 1）。

表 1－1　联合国气候大会及重要进展

序号	时间	会议名称	内容及进展
1	1995 年 3 月	柏林气候大会	会议决定成立一个工作小组，就减少全球温室气体排放量继续进行谈判，在 2 年内草拟一项对缔约方有约束力的保护气候议定书。通过了工业化国家和发展中国家《共同履行公约的决定》，要求工业化国家和发展中国家“尽可能开展最广泛的合作”，以减少全球温室气体排放量
2	1996 年 7 月	日内瓦气候大会	会议呼吁各国加速谈判，争取在 1997 年 12 月前缔结一项“有约束力”的法律文件，减少 2000 年以后工业化国家温室气体的排放量
3	1997 年 12 月	京都气候大会	会议通过了《京都议定书》，设定强制性减排目标
4	1998 年 11 月	布宜诺斯艾利斯大会	会议决定进一步采取措施，促使《京都议定书》早日生效，同时制订了落实议定书的工作计划
5	1999 年 11 月	波恩气候大会	会议通过了商定《京都议定书》有关细节的时间表，但在议定书所确立的三个重大机制上未取得重大进展
6	2000 年 11 月	海牙气候大会	由于欧盟与美国始终未能就减少温室气体排放等问题达成一致，会议未能取得任何实质进展
7	2001 年 11 月	马拉喀什气候大会	会议通过了《马拉喀什协定》，通过了有关《京都议定书》履约问题的一揽子高级别政治决定
8	2002 年 11 月	新德里气候大会	会议通过了《德里宣言》，强调应对气候变化必须在可持续发展的框架内进行，明确指出了应对气候变化的正确途径。宣言强烈呼吁尚未批准《京都议定书》的国家批准该议定书。会议在发展中国家的要求下，敦促发达国家履行《联合国气候变化框架公约》所规定的义务，在技术转让和提高应对气候变化能力方面为发展中国家提供有效的帮助
9	2003 年 12 月	米兰气候大会	会议在推动《京都议定书》尽早生效并付诸实施方面未能取得实质性进展，甚至没有发表宣言或声明之类的文件，有关气候变化领域内的技术转让等核心问题也推迟到下次大会继续磋商
10	2004 年 12 月	布宜诺斯艾利斯气候大会	关键议程无进展，资金机制谈判艰难
11	2005 年 12 月	蒙特利尔气候大会	会议通过“蒙特利尔路线图”
12	2006 年 11 月	内罗毕气候大会	一是达成包括“内罗毕工作计划”在内的几十项决定，以帮助发展中国家提高应对气候变化的能力；二是在管理“适应基金”的问题上取得一致，基金将用于支持发展中国家具体的适应气候变化活动

续表

序号	时间	会议名称	内容及进展
13	2007 年 12 月	巴厘岛气候大会	会议通过“巴厘岛路线图”
14	2008 年 12 月	波兹南气候大会	会议总结了“巴厘岛路线图”一年来的进程，正式启动 2009 年气候谈判进程，同时决定启动帮助发展中国家应对气候变化的适应基金
15	2009 年 12 月	哥本哈根气候大会	会议成果甚微，仅达成了无法律约束力的《哥本哈根协议》
16	2010 年 12 月	坎昆气候大会	一是坚持了《联合国气候变化框架公约》、《京都议定书》和“巴厘岛路线图”，坚持了“共同但有区别的责任”原则，确保了 2011 年的谈判继续按照“巴厘岛路线图”确定的双轨方式进行；二是就适应、技术转让、资金和能力建设等发展中国家所关心问题的谈判取得了不同程度的进展，谈判进程继续向前，向国际社会发出了比较积极的信号
17	2011 年 12 月	德班气候大会	与会方同意延长 5 年《京都议定书》的法律效力（原议定书于 2012 年失效），就实施《京都议定书》第二承诺期并启动绿色气候基金达成一致。大会同时决定建立德班增强行动平台特设工作组，即“德班平台”，在 2015 年前负责制定一个适用于所有《联合国气候变化框架公约》缔约方的法律工具或法律成果
18	2012 年 11 月	多哈气候大会	会议通过了《京都议定书》多哈修正案，最终就 2013 年起执行《京都议定书》第二承诺期及第二承诺期以 8 年为期限达成一致。通过了有关长期气候资金、《联合国气候变化框架公约》长期合作工作组成果、德班平台以及损失损害补偿机制等方面的多项决议
19	2013 年 11 月	华沙气候大会	会议主要取得三项成果：一是德班增强行动平台基本体现“共同但有区别的责任”原则；二是发达国家再次承认应出资支持发展中国家应对气候变化；三是就损失损害补偿机制问题达成初步协议，同意开启有关谈判
20	2014 年 12 月	利马气候大会	大会通过的最终决议就 2015 年巴黎气候大会协议草案的要素基本达成一致。最终决议进一步细化了 2015 年协议的各项要素，为各方进一步起草并提出协议草案奠定了基础
21	2015 年 12 月	巴黎气候大会	《联合国气候变化框架公约》近 200 个缔约方一致同意通过《巴黎协定》，协定为 2020 年后全球应对气候变化行动做出安排
22	2016 年 11 月	马拉喀什气候大会	大会通过关于《巴黎协定》的决定和《联合国气候变化框架公约》继续实施的决定，达成《马拉喀什行动宣言》，全球应对气候变化从顶层设计加速走向行动落实

续表

序号	时间	会议名称	内容及进展
23	2017 年 11 月	波恩气候大会	大会通过了名为“斐济实施动力”的一系列成果，就《巴黎协定》实施涉及的各方面问题形成了谈判案文，进一步明确了 2018 年促进性对话的组织方式，通过了加速 2020 年前气候行动的一系列安排
24	2018 年 12 月	卡托维兹气候大会	会议达成了一份《巴黎协定》的规则书（Rule Book），即《巴黎协定》2020 年生效所需的详细操作手册
25	2019 年 12 月	马德里气候大会	大会通过的《智利 - 马德里行动时刻》指出，各方“迫切需要”削减导致全球变暖的温室气体排放，但会议未能就核心议题——《巴黎协定》第六条实施细则达成共识
26	2021 年 11 月	格拉斯哥气候大会	会议通过了《格拉斯哥气候协议》，完成了《巴黎协定》实施细则谈判，在减缓和适应问题上取得了重要进展
27	2022 年 11 月	沙姆沙伊赫气候大会	会议就《联合国气候变化框架公约》《京都议定书》《巴黎协定》落实和治理事项通过了数十项决议，决定启动建立全球适应目标框架，达成“沙姆沙伊赫实施计划”协议

资料来源：中能智库整理。

二　应对气候变化的中国担当

长期以来，中国高度重视气候变化问题，积极参与国际气候谈判，把积极应对气候变化作为国家经济社会发展的重大战略，把绿色低碳发展作为生态文明建设的重要内容，采取了一系列行动，为应对全球气候变化做出了重要贡献。

（一）积极推动国际气候谈判进程

作为负责任的大国，中国在气候变化国际谈判中发挥着积极建设性作用，是全球气候合作的重要参与者。1992 年 6 月 11 日，中国政府签署《联合国气候变化框架公约》，并于 1993 年 1 月 5 日交存批准书，成为最早签署该公约的 10 个缔约方之一。1998 年 5 月 29 日，中国签署《京都议定书》。2002 年 8 月 30 日，中国政府正式核准《京都议定书》。

2007 年，中国在助推“巴厘岛路线图”进程中积极作为。中国在

《联合国气候变化框架公约》第 14 次缔约方大会上提出的三项建议，包括最晚于 2009 年底前谈判确定发达国家 2012 年后的减排指标，切实将《联合国气候变化框架公约》《京都议定书》中向发展中国家提供资金和技术转让的规定落到实处等，得到了与会各方的认可，并最终被采纳到该路线图之中。2007 年，中国制定并公布《中国应对气候变化国家方案》，这不仅是中国第一部应对气候变化的综合政策性文件，也是发展中国家在该领域颁布的第一部国家方案。2009 年，在哥本哈根举行的联合国气候变化峰会上，中国提出了今后应对气候变化的具体措施，包括：加强节能、提高能效，大力发展可再生能源和核能，大力增加森林碳汇，大力发展绿色经济，积极发展低碳经济和循环经济，研发和推广气候友好技术。

2015 年 6 月 30 日，中国向《联合国气候变化框架公约》秘书处提交应对气候变化国家自主贡献文件，提出二氧化碳排放 2030 年前后达到峰值并争取尽早达峰，单位国内生产总值二氧化碳排放比 2005 年下降 60% ~65%，非化石能源占一次能源消费比重达到 20% 左右，森林蓄积量比 2005 年增加 45 亿立方米左右。2016 年 4 月 22 日，中国签署《巴黎协定》。同年 9 月 3 日，全国人大常委会批准中国加入《巴黎协定》，中国成为完成批准协定的缔约方之一。中国积极推动《巴黎协定》通过，为其达成和实施生效发挥了极其重要的作用。

2021 年 10 月 28 日，中国正式提交《中国落实国家自主贡献成效和新目标新举措》和《中国本世纪中叶长期温室气体低排放发展战略》。2021 年 11 月 10 日，中国和美国在格拉斯哥气候大会期间共同发布了《中美关于在 21 世纪 20 年代强化气候行动的格拉斯哥联合宣言》，在关键时刻充分发挥了大国表率与引领作用，为大会圆满落幕提供了强大动力。

（二）深化应对气候变化南南合作

中国通过实施一系列应对气候变化南南合作项目，向发展水平较为落后的国家和地区提供力所能及的支持，与广大发展中国家一起提高应对气候变化能力，对“一带一路”沿线国家和地区探索低碳发展路径产生了积极的示范作用。

加大南南合作资金支持。自2011年以来，中国已累计安排资金超过12亿元人民币用于帮助发展中国家提高应对气候变化能力。其中，2011～2014年，累计安排资金2.7亿元人民币；2014年9月，中国宣布从2015年开始将在原有基础上把每年的南南合作支持资金翻一番，建立气候变化南南合作基金，并提供600万美元支持联合国秘书长推动应对气候变化南南合作。2015年9月，中国宣布出资200亿元人民币建立“中国气候变化南南合作基金”，用于支持其他发展中国家应对气候变化。

南南合作低碳示范区建设项目取得新突破。2015年，中国宣布在发展中国家开展10个低碳示范区、100个减缓和适应气候变化项目，以及1000个应对气候变化培训名额的“十百千”项目。截至2022年7月，我国与38个发展中国家签署43份气候变化合作文件，与老挝、柬埔寨、塞舌尔合作建设低碳示范区，与埃塞俄比亚、巴基斯坦、萨摩亚、智利、古巴、埃及等30余个发展中国家开展40个减缓和适应气候变化项目。

柬埔寨低碳示范区。2019年11月，中国和柬埔寨双方签署谅解备忘录，中方通过向柬方援助相关设备和物资、提供能力建设培训以及与柬方共同编制低碳示范区建设方案等方式，帮助柬埔寨提高应对气候变化能力。2020年12月，示范区建设首批物资抵柬，包括太阳能发电设备、10套环境监测设备和200辆电动摩托车，2021年8月全部投入使用。

万象赛色塔低碳示范区。2020年7月，中国和老挝签署关于合作建设万象赛色塔低碳示范区的合作文件，确定中方向老方援助太阳能LED路灯、新能源客车、新能源卡车、新能源环境执法车和环境监测设备等低碳节能物资，并共同编制低碳示范区规划方案。2021年6月，中国向老挝万象赛色塔低碳示范区捐赠的首批物资发运，包括5套环境监测设备和2000套太阳能LED路灯。2021年7月23日，中方为示范区提供的第二批援助物资28辆比亚迪新能源汽车从长沙发运，包括12辆C8纯电动大巴、8辆T5D纯电动卡车和8辆电动小汽车。

（三）坚定应对气候变化中国主张

2020年以来，中国国家主席习近平多次在重大国际场合做出并重申中国应对气候变化的重大承诺，进一步彰显了中国积极应对气候变化、走绿色低碳发展道路的坚定决心。

2020年9月22日，习近平主席在第七十五届联合国大会一般性辩论上提出，《巴黎协定》代表了全球绿色低碳转型的大方向，明确了保护地球家园需要采取的最低限度行动，各国必须迈出决定性步伐。中国将提高国家自主贡献力度，采取更加有力的政策和措施，二氧化碳排放力争于2030年前达到峰值，努力争取2060年前实现碳中和。2020年12月12日，习近平主席在气候雄心峰会上指出，中国为达成《巴黎协定》共识做出重要贡献，也是落实《巴黎协定》的积极践行者。到2030年，中国单位国内生产总值二氧化碳排放将比2005年下降65%以上，非化石能源占一次能源消费比重将达到25%左右，森林蓄积量将比2005年增加60亿立方米，风电、太阳能发电总装机容量将达到12亿千瓦以上。2021年4月22日，习近平主席在领导人气候峰会上的讲话中指出，中方秉持“授人以渔”理念，通过多种形式的南南务实合作，尽己所能帮助发展中国家提高应对气候变化能力。2022年1月17日，习近平主席在2022年世界经济论坛视频会议的演讲中指出，实现碳达峰碳中和，不可能毕其功于一役。中国将破立并举、稳扎稳打，在推进新能源可靠替代过程中逐步有序减少传统能源，确保经济社会平稳发展。中国将积极开展应对气候变化国际合作，共同推进经济社会发展全面绿色转型。

（四）强化应对气候变化顶层设计

中国一直本着负责任的态度积极应对气候变化，将应对气候变化作为实现发展方式转变的重大机遇，采取积极有效措施，探索符合中国国情的绿色低碳发展道路。

将应对气候变化纳入国民经济社会发展规划。自“十二五”开始，中国将单位国内生产总值二氧化碳排放（碳排放强度）下降幅度作为约束性指标纳入国民经济和社会发展规划纲要，并明确应对气候变化的重点任务、重要领域和重大工程①。《中华人民共和国国民经济和社会发展第十四个五年规划和2035年远景目标纲要》将“2025年单位GDP二氧化碳排放较2020年降低18%”作为约束性指标。各省（自治区、直辖市）均将应对气候变化作为“十四五”规划的重要内容，明确具体目标和工作任务。

加快构建碳达峰碳中和“1+N”政策体系。自碳达峰碳中和目标提出以来，国家各部门、各地区加快制定相关政策，并成立碳达峰碳中和工作领导小组，加快构建碳达峰碳中和“1+N”政策体系。2021年，《关于完整准确全面贯彻新发展理念做好碳达峰碳中和工作的意见》、《2030年前碳达峰行动方案》陆续发布，针对我国碳达峰碳中和工作进行总体部署与安排，进一步明确碳达峰碳中和的时间表、路线图、施工图。此后，能源、工业、城乡建设、交通运输、农业农村等领域实施方案，煤炭、石油天然气、钢铁、有色金属、石化化工、建材等重点行业实施方案，科技支撑、财政支持、统计核算、人才培养等支撑保障方案，以及31个省（自治区、直辖市）碳达峰实施方案均陆续完成制定，碳达峰碳中和“1+N”政策体系初具雏形。

---

① 中华人民共和国国务院新闻办公室．中国应对气候变化的政策与行动［N］．人民日报，2021-10-28（014）．

第二章 国际社会低碳行动

面对日益严峻的全球气候变化形势，国际社会针对二氧化碳减排目标逐渐达成共识，加快推动碳排放达峰，进一步明确碳中和实现目标，积极推动全球气候环境治理，促进绿色低碳转型发展。

第一节 全球碳达峰碳中和总体情况

世界资源研究所（World Resources Institute，WRI）统计数据显示，截至2021年，全球已经有54个国家实现碳排放达峰（见图2-1）。

在1990年及以前实现碳排放达峰的国家有19个，包括阿塞拜疆、白俄罗斯、保加利亚、克罗地亚、捷克、爱沙尼亚、格鲁吉亚、德国、匈牙利、哈萨克斯坦、拉脱维亚、摩尔多瓦、挪威、罗马尼亚、俄罗斯、塞尔维亚、斯洛伐克、塔吉克斯坦、乌克兰。

1901~2000年，实现碳排放达峰的国家有14个，包括法国(1991)、立陶宛（1991)、卢森堡（1991)、黑山共和国（1991)、英国(1991)、波兰（1992)、瑞典（1993)、芬兰（1994)、比利时（1996)、丹麦（1996)、荷兰（1996)、哥斯达黎加（1999)、摩纳哥（2000)、瑞士（2000)。

2001~2010年，碳排放达峰的国家有16个，包括爱尔兰(2001)、密克罗尼西亚（2001)、奥地利（2003)、巴西（2004)、葡萄牙（2005）、澳大利亚（2006）、加拿大（2007）、希腊（2007）、意大利（2007）、西班牙（2007）、美国（2007）、圣马力诺（2007）、塞浦路斯（2008）、冰岛（2008）、列支敦士登（2008）、斯洛文尼亚（2008）。

2011～2021年，碳排放达峰的国家有5个，包括日本（2013）、韩国（2013）、印度尼西亚（2015）、马耳他（2020）、新西兰（2020）。

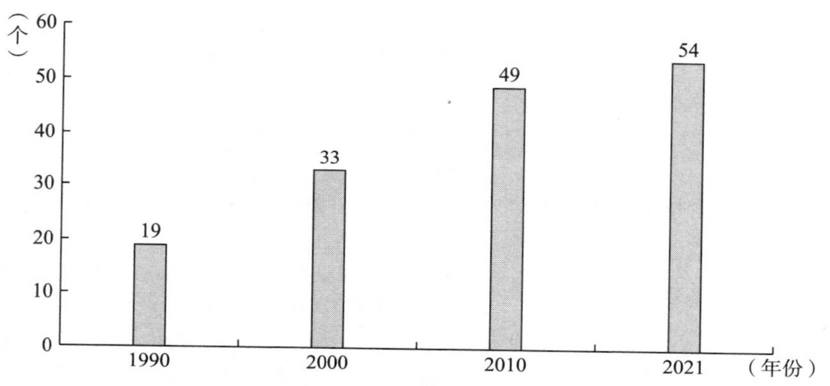

图2－1　1990～2021年全球已实现碳达峰的国家数量

资料来源：世界资源研究所、中能智库。

截至2022年，全球已有超过130个国家和地区提出碳中和目标，欧盟、英国、美国、加拿大、日本、新西兰、南非等大部分经济体计划在2050年实现。一些国家计划实现碳中和的时间更早，挪威、乌拉圭提出2030年实现碳中和，芬兰是2035年，冰岛、奥地利是2040年，瑞典是2045年。苏里南、不丹已分别于2014年和2018年实现碳中和目标，进入负排放时代。

在提出碳中和目标的国家中，大部分国家是政策宣示，也有一部分国家将碳中和目标写入法律，如瑞典、德国、法国、加拿大、英国、丹麦、匈牙利、新西兰等（见表2－1）。

表 2－1　全球主要经济体碳中和目标规划

序号	经济体	承诺时间	承诺性质	目标内容
1	挪威	2030 年/2050 年	政策宣示	挪威议会是世界上最早讨论气候中和问题的议会之一，提出努力在 2030 年通过国际抵消实现碳中和，2050 年在国内实现碳中和
2	乌拉圭	2030 年	《巴黎协定》下的自主减排承诺	根据乌拉圭提交联合国公约的国家报告，加上减少肉牛养殖、废弃物和能源排放的政策，预计到 2030 年，该国将成为净碳汇国
3	芬兰	2035 年	政策宣示	2020 年 2 月，芬兰政府宣布，计划在 2035 年实现碳中和
4	冰岛	2040 年	政策宣示	2018 年，冰岛政府通过并开始实施《气候行动计划（2018～2030）》，提出在 2030 年禁掉新柴油和汽油车，并在 2040 年前完全实现碳中和
5	奥地利	2040 年	政策宣示	奥地利联合政府 2020 年宣誓就职，承诺在 2040 年实现气候中立，在 2030 年实现 100% 清洁电力，并以约束性碳排放为基础
6	瑞典	2045 年	法律规定	2017 年，瑞典议会通过了气候法案，该法案承诺政府将在 2045 年之前成为一个净零碳排放国
7	德国	2045 年	法律规定	2021 年 6 月 24 日，德国联邦议院通过了《联邦气候保护法》的修订案，将 2030 年减排目标上调至 65%，提出 2040 年减排目标为 88%，将碳中和的时间从 2050 年提前到 2045 年，2050 年之后实现负排放
8	法国	2050 年	法律规定	2020 年 4 月，法国颁布法令通过“国家低碳战略”，设定 2050 年实现碳中和的目标
9	美国	2050 年	政策宣示	拜登在竞选总统时就提出，以“绿色新政”为框架，将在未来 10 年内对清洁能源的基础设施建设投资 4000 亿美元；在 2030 年底前部署超过 50 万个新的公共充电网点，同时恢复全额电动汽车税收抵免；到 2030 年将海上风能增加一倍；到 2050 年之前达到净零排放（即通过植树造林、碳捕集等方式抵消碳排放）
10	日本	2050 年	政策宣示	2020 年 10 月 26 日，时任日本首相菅义伟在向国会发表首次施政演说时提出日本将在 2050 年达成国内温室气体零排放的目标
11	欧盟	2050 年	政策宣示	根据 2019 年 12 月公布的“绿色协议”，欧盟委员会正在努力实现整个欧盟 2050 年净零排放目标。2020 年 12 月，欧盟宣布计划 2030 年温室气体排放要比 1990 年降低至少 55%

续表

序号	经济体	承诺时间	承诺性质	目标内容
12	加拿大	2050 年	政策宣示	特鲁多于 2019 年 10 月连任加拿大总理，其政纲是以气候行动为中心的，承诺净零排放目标，并制定具有法律约束力的五年一次的碳预算
13	英国	2050 年	法律规定	2019 年 6 月 27 日，英国新修订的《气候变化法案》生效，正式确立英国到 2050 年实现温室气体“净零排放”的目标
14	韩国	2050 年	政策宣示	2020 年 10 月 28 日，时任韩国总统文在寅在国会发表演讲时宣布，韩国将在 2050 年前实现碳中和
15	南非	2050 年	政策宣示	2020 年 9 月，南非政府公布“低排放战略计划”（LEDS），概述了到 2050 年成为净零排放经济体的目标
16	丹麦	2050 年	法律规定	丹麦政府在 2018 年制订了到 2050 年建立“气候中性社会”的计划，包括从 2030 年起禁止销售新的汽油和柴油汽车，并支持电动汽车
17	智利	2050 年	政策宣示	皮涅拉总统于 2019 年 6 月宣布，智利努力实现碳中和。2020 年 4 月，政府向联合国提交了一份强化的中期承诺，重申了其长期目标，即 2050 年成为首个实现“碳中和”的发展中国家。这意味着到 2050 年，智利可将产生的二氧化碳全部吸收，使其对环境的影响为零
18	匈牙利	2050 年	法律规定	2020 年 6 月匈牙利议会通过一项法律，承诺到 2050 年实现气候中和
19	新西兰	2050 年	法律规定	2020 年 12 月 2 日，新西兰议会通过议案，宣布国家进入气候紧急状态，承诺 2025 年公共部门将实现碳中和，2050 年全国整体实现碳中和
20	瑞士	2050 年	政策宣示	2019 年 8 月 26 日，瑞士联邦委员会宣布在 2050 年前实现净零排放

资料来源：中能智库整理。

第二节　世界典型国家和地区碳达峰碳中和经验

近年来，美国、欧盟、英国、日本等发达经济体围绕碳达峰碳中和目标积极探索，在气候立法、低碳技术、绿色金融投资等方面走在世界前列，在减碳节能方面取得了突出成效，为我国推进碳达峰碳中和工作提供了经验借鉴和实践参考。

一 主要做法

（一）美国

美国综合利用法律、行政、经济等手段，实施减污降碳协同治理，开展温室气体排放减排治理，推动碳达峰碳中和工作。

1. 立法支持

1963 年，美国国会颁布《清洁空气法案》，支持各州在与个人或临近州之间存在有关污染排放等问题时，向卫生、教育与福利部要求听证、开会或向联邦法庭提请诉讼，这是首部以空气污染治理为核心内容的联邦法律。1965 年，美国颁布《机动车空气污染控制法案》，授权卫生、教育与福利部制定机动车排放标准，是第一部针对生产商制定的联邦层面的法案。1967 年，美国颁布《空气质量法案》，进一步扩展联邦政府的空气污染治理行动的覆盖范围。1970 年，美国颁布新修订的《清洁空气法案》，规定联邦政府和州政府都要针对固定（工业排放等）或移动（机动车排放等）污染排放源制定限制排放的规章；设立环境保护局，以行使对全国公共环境健康监管、环保技术开发等职责。1977 年，美国出台《清洁空气法案修正案》，在污染源控制方面实行“新源控制原则”，进一步细化了污染防治的工业技术。1990 年，美国再次出台《清洁空气法案修正案》，进一步修正和增补了国家环境空气质量标准。2005 年，美国出台《新能源法案》《美国清洁能源与安全法案》，把削减温室气体排放纳入法律框架。美国从法律体系建设上不断加强空气污染治理，制订温室气体减排计划，产生了良好的污染控制和治理效果①。2022 年 8 月 16 日，美国总统拜登签署《2022 年通胀削减法案》，其中提出拨款 3690 亿美元用于能源安全和气候投资，主要包括清洁用电和减排安排、

① 黄衔鸣，蓝志勇．美国清洁空气法案：历史回顾与经验借鉴［J］. 中国行政管理，2015（10）：140 – 146.

增加可再生能源和替代能源生产补贴、对个人使用清洁能源提供信贷激励和税收抵免、对新能源汽车发展提供支持等，旨在推动经济低碳化或脱碳化发展，提升能源使用效率，降低能源成本。

2. 政策保障

1993 年 10 月，美国宣布《气候变化行动方案》，确定了 2000 年温室气体排放量减少到 1990 年水准的目标。2005 年 12 月，美国 7 个州签订了区域温室气体倡议（Regional Greenhouse Gas Initiative，RGGI）框架协议，形成了美国第一个以市场为基础的温室气体排放贸易体系。2013 年，时任美国总统奥巴马签署行政命令《总统气候行动计划》，正式明确美国二氧化碳减排计划。虽然该计划在特朗普任期内被取消，但拜登在上任后重启该计划。2021 年美国重返《巴黎协定》，提出《清洁能源革命与环境正义计划》、《建设现代化的可持续的基础设施与公平清洁能源未来计划》和《关于应对国内外气候危机的行政命令》，加大交通、建筑和清洁能源等领域投入力度，把气候变化纳入美国外交政策和国家安全战略并加强国际合作，加速清洁能源技术创新等。2021 年 11 月，美国公布《美国长期战略：2050 年实现净零温室气体排放的路径》，明确了各个经济领域需要采取的行动，进一步设立了到 2050 年的路线图。

3. 资金投入

资金投入方面，美国主要支持低碳技术方面的研发和应用。2010 年 7 月 8 日，美国能源部拨出 5200 万美元资助电厂减少二氧化碳排放的技术开发，提高碳捕获程序的效率。2021 年 3 月 31 日，美国总统拜登宣布，计划在基础设施、清洁能源等重点领域投资 2 万亿美元，大力发展以风电和光伏为代表的清洁能源发电。2022 年 3 月，美国能源部先后宣布两笔资助招标计划，共计投入 1.15 亿美元支持碳捕集和利用技术研发，其中资助 9600 万美元用于推进天然气发电和工业碳捕集，资助 1900 万美元用于开发藻类固碳技术。2022 年 5 月 5 日，美国能源部启动 22.5 亿美元能源投资，用于将二氧化碳储存在地下，以应对气候变化。此外，还提供9100万美元用于推进碳管理技术。2022年8月26日，美国能源部化石能源和碳管理办公室宣布，将为包括天然气发电厂、生物质发电厂，以及在水泥和钢铁工业设施中捕获效率达到95%或更高的碳捕获技术在内的10个项目提供超过3100万美元的财政支持。2022年9月7日，美国能源部发布《工业脱碳路线图》，宣布提供1.04亿美元资助减排技术，用于推进工业脱碳技术的发展。

（二）欧盟

欧盟是全球碳中和行动起步最早、法律体系最完善的大型经济体，在全球绿色发展和可持续发展进程中一直处于引领者的地位。

1. 立法支持

1997年，欧盟提出《欧盟气候变化法案》，对2008~2012年温室气体排放量提出要求——在1990年基础上降低8%。2021年4月，欧洲议会和欧洲各国代表就2020年9月提出的《欧洲气候法》立法提案达成协议。2021年6月28日，欧盟国家正式通过《欧洲气候法》，明确未来30年欧盟减排目标，到2030年将温室气体净排放量在1990年水平上减少至少55%；到2050年在全欧盟范围内实现碳中和，到2050年之后实现负排放。2021年7月，欧盟委员会公布了“Fit for 55”① 的一揽子气候立法提案，在能源、工业、交通、建筑、林业碳汇和资金支持等方面制定了相应措施，推动欧盟实现兼顾竞争力和社会公正的绿色转型；旨在实现到2030年欧盟温室气体净排放量与1990年的水平相比至少减少55%，到2050年实现碳中和。

2. 政策保障

2007年3月，欧盟提出《2020年气候与能源一揽子计划》，要求温室气体排放量减少20%（以1990年水平为基准）、可再生能源占比达

① 欧盟最高决策机构——欧盟理事会提出的温室气体减排新要求（简称：Fit for 55），以实现2030年前至少减排55%（以1990年为基准）的目标。

20%、能源效率提高20%。2014年，欧洲理事会提出《2030年气候与能源框架》，确立了2021~2030年的目标，即温室气体排放量至少减少40%（以1990年水平为基准）、可再生能源占比达到32%、能源效率至少提高32.5%。2018年11月，欧盟进一步提出《2050年长期战略》，阐明2050年实现气候中和的愿景。2019年12月，欧盟委员会公布了应对气候变化、推动可持续发展的《欧洲绿色协议》，提出欧盟2030年温室气体减排目标，即比1990年水平降低至少50%，力争减少55%；计划到2050年欧盟温室气体实现净零排放，实现气候中和。2020年9月17日，欧盟委员会发布《2030年气候目标计划》，提出到2030年温室气体排放量比1990年至少减少55%，并提出了各经济部门实现这一目标所需的政策行动。

3. 绿色投融资

2019年6月，欧盟委员会技术专家组连续发布《欧盟可持续金融分类方案》、《欧盟绿色债券标准》和《自愿性低碳基准》等报告，为欧盟建立完善统一的可持续金融标准体系奠定坚实基础。为实现《欧洲绿色协议》提出的2030年气候与能源目标，欧盟提出“可持续欧洲投资计划”，未来欧盟长期预算中至少25%专门用于气候行动。欧洲投资银行也启动了相应的新气候战略和能源贷款政策，2025年将把与气候和可持续发展相关的投融资比例提升至50%。在《欧洲绿色协议》框架下，欧盟联合欧洲投资基金共同成立总额7500万欧元的“蓝色投资基金”，旨在通过扶持创新型企业成长，推动欧盟海洋经济的可持续发展。2019年8月1日，欧盟委员会NER300计划宣布通过创新基金能源示范项目资助7300万欧元用于支持波浪能、海上风电和电动汽车充电基础设施的发展。2020年5月，欧盟委员会的复兴计划草案提出在未来两年内为15GW可再生能源项目提供250亿欧元的援助支持。2020年10月，欧盟理事会表示欧洲投资银行将为欧盟27个成员国的公共机构提供100亿欧元的信贷用于能源转型。2022年9月21日，欧盟委员会表示已批准13

个欧盟成员国提供52亿欧元的公共资金，用于增加可再生低碳氢气的供应。

4. 碳市场及碳税政策

碳税和碳排放权交易是促进温室气体尤其是二氧化碳减排的有效手段。欧盟碳排放权交易系统建立于2005年，是全球最早建立的碳交易市场，也是欧洲气候政策的基石。在碳税方面，欧盟是碳税政策的先行者，并成功地实现由单一的碳税政策向碳税和碳排放权交易政策并行的复合政策转化[①]。早在20世纪90年代初期，欧洲的一些国家如芬兰、丹麦、瑞典、挪威、荷兰等率先引入了碳税，用此税收降低个人所得税和其他劳动税收，最终实现税负由劳动力向环境保护转移。此外，斯洛文尼亚、英国、拉脱维亚、爱沙尼亚也在2000年前后相继实施碳税，爱尔兰、法国、葡萄牙在2010年之后正式实施碳税。碳税的实施取得了一定的减排效果，例如芬兰在1990～1998年有效抑制约7%的二氧化碳排放量；爱尔兰碳税减排效果明显，极大地刺激可再生能源使用。

2022年6月22日，欧洲议会通过“Fit for 55”一揽子计划中的欧盟碳排放权交易系统（European Union Greenhouse Gas Emission Trading Scheme，EU ETS）改革、碳边界调整机制（Carbon Border Adjustment Mechanism，CBAM）相关规则的修正法律草案。欧盟碳排放权交易系统将强制要求发电厂和工业企业在产生环境污染时购买二氧化碳排放许可证，并对其排放许可证排放数量设上限。该草案提议，到2030年，碳排放权交易系统覆盖行业的合计排放量较2005年减少63%。欧盟碳关税的征收范围，除了涵盖钢铁、石油产品、水泥、有机基础化学品和化肥，还要纳入有机化学品、塑料、氢和氨。

（三）英国

英国是世界上首个以法律形式承诺到2050年实现净零排放的主要经

① 吴斌，曹丽萍，沃鹏飞．复合的碳税和碳排放权交易政策：欧盟的经验与启示［J］．广西师范大学学报（哲学社会科学版），2020，56（04）：84－94.

济体，在兼顾减排和促进经济增长方面，有着较为丰富的理论和实践经验。

1. 立法支持

2008年，英国颁布《气候变化法案》，成为世界上首个以法律形式明确中长期减排目标的国家，法案确立的长期减排目标是到2050年将温室气体排放量减少80%（与1990年水平相比）。2019年6月27日，英国新修订的《气候变化法案》生效，将英国2050年的温室气体减排目标从80%修改为100%（净零），正式确立2050年实现温室气体净零排放，即实现碳中和的目标。

2. 政策保障和资金支持

2020年11月18日，英国政府发布《绿色工业革命十点计划：更好地重建、支持绿色就业并加速实现净零排放》，提出10个走向净零排放并创造就业机会的计划要点，预计动员约210亿英镑的政府经费推动该计划执行。该计划主要包括：海上风能，氢能，核能，电动汽车，公共交通、骑行与步行，Jet Zero（喷气式飞机零排放）与绿色航运，住宅与公共建筑，碳捕集、利用与封存，自然保护，绿色金融与创新。2021年10月19日，英国政府发布《2050净零战略》，全面阐述该国实现2050年气候变化净零排放承诺采取的措施，包含英国政府一系列长期绿色改革承诺，涉及清洁电力、交通变革和低碳取暖等众多领域。此战略支持英国企业和消费者向使用清洁能源和绿色技术过渡，降低对化石燃料依赖，鼓励投资可持续清洁能源，减少价格波动风险，增强能源安全；旨在帮助英国在低碳技术领域获得竞争优势，如热泵、电动汽车、碳捕捉和储存、氢能技术等。

（四）日本

日本是最早提出碳减排的国家之一，减碳政策以开发利用新能源、创新减排技术、发展绿色产业为主线，利用税收、财政补贴、绿色金融等手段，积极推动碳减排工作，取得了一定减排效果。

1. 立法支持

1979 年，日本颁布实施《节约能源法》，明确工厂、运输、建筑物、机器器具等方面的节能措施。1997～2011 年，日本先后出台《新能源法》《地球温室化对策推进大纲》《新国家能源战略报告》《气候变暖对策基本法案》《低碳城市法》《战略能源计划》《全球变暖对策计划》等一系列法律法规，为应对气候问题、发展绿色经济提供了法律依据。2021 年 5 月 26 日，日本国会参议院正式通过修订后的《全球变暖对策推进法》，以立法的形式明确日本政府提出的到 2050 年实现碳中和的目标。2021 年 10 月，日本政府批准新的能源计划草案，明确在 2030 年可再生能源在电力结构中的占比提高至 36%～38%，化石燃料煤炭使用占比从 26% 减少至 19%，天然气使用占比从 56% 减少至 41%。

2. 政策保障

2020 年 1 月，日本政府公布《革新环境技术创新战略》，通过五大创新技术推动日本能源转型，实现“脱碳化”目标，包括以非化石能源技术创新为核心构建零碳电力供给体系，以能源互联网技术创新为基础构建智慧能源体系，以氢能技术创新为突破构建氢能社会体系，以碳捕集、利用与封存技术创新为支柱构建碳循环再利用体系，以农林水产业零碳技术为着力点构建自然生态平衡体系。2020 年 12 月 25 日，日本政府发布《绿色增长战略》，明确到 2050 年实现净零碳排放的目标，在海上风力发电、电动车、氢能、航运、航空住宅建筑等 14 个重点领域推进减排，通过标准化改革、税收减免等多种手段为绿色转型提供支持，每年创造近 2 万亿美元的绿色经济增长。2021 年 6 月，日本经济产业省发布新版《2050 年碳中和绿色增长战略》，将原有重点发展产业进行调整，形成海上风电、太阳能、地热、新一代热能等全新的 14 个碳中和战略产业体系。2021 年 10 月，日本发布第六版能源基本计划，明确推进实现“2050 年碳中和”和“2030 年温室气体减排 46%”的能源政策实施路径。

3. 财政和投融资支持

2020年1月，日本政府发布《革新环境技术创新战略》，通过五大技术推动能源转型，实现“脱碳化”目标，计划投入30万亿日元，以促进绿色技术的快速发展。2020年12月25日，日本颁布的《绿色增长战略》提出设立2万亿日元的绿色创新基金，援助碳中和相关项目的创新型技术研发；针对进行节能和绿色转型投资企业，采取减税措施；投入1094亿日元，创设绿色住宅积分制度，引导居住领域绿色化，从技术研发、实证、推广、商业化各环节予以扶持。建立碳中和的转型金融体系，设立长期资金支持机制和成果联动型利息优惠制度，大力引导尖端低碳设备投资超过1500亿日元，成立绿色投资促进基金以提供风险资金支持，推进企业信息公开促进脱碳融资。

4. 碳税和碳市场

2007年，日本开始推行碳税政策，当时的环境税是针对二氧化碳排放征收的独立税种，税率为2400日元/吨二氧化碳含碳量。2011年，日本对碳税征收方式和税率进行改革，将碳税作为石油煤炭税附加税征收，征收基础由按照化石燃料的二氧化碳含碳量征收，改为按照化石燃料的二氧化碳排放量征收，税率为289日元/吨二氧化碳排放量。2012年，东京碳交易所正式启动，同年10月1日，日本正式对石油、煤炭和液化气等能源征税，碳税改名为全球气候变暖对策税[①]。2020年12月25日，日本政府公布《绿色增长战略》，强调引入碳税可以抑制企业二氧化碳排放，促进低碳技术创新。2022年5月，日本政府向国际海事组织表示，将支持对船舶征收碳税，2025～2030年航运业的碳税为56美元/吨二氧化碳排放量，预计每年近10亿吨的排放量可带来超过500亿美元的税收。

---

① 邓微达，王智烜．日本碳税发展趋势与启示［J］．国际税收，2021（05）：57－61.

二　经验启示

综合美国、欧盟、英国、日本等地区碳达峰现实历程及碳中和政策走向，尽管其发展阶段等与我国有所不同，但发达经济体在实施碳达峰碳中和过程中积累的经验教训，对我国推进碳达峰碳中和工作具有重要借鉴意义。

（一）加强政策顶层设计，强化总体部署

欧盟、英国、日本等纷纷提出绿色新政，美国将气候变化置于内外政策的优先位置。欧洲绿色协议涵盖交通、能源、工业、农业、生态环境保护等多个领域，旨在全面系统地推动欧盟经济向可持续发展转型。借鉴国际经验，我国应继续加强碳达峰碳中和顶层设计，进一步明确中长期绿色发展目标，不断完善碳达峰碳中和“1+N”政策体系，健全能源、工业、交通、城乡建设等各领域碳达峰行动计划，建立全面系统的碳达峰碳中和实施路线图。

（二）加强气候立法监督，加大资金支持

气候立法是各国实现碳达峰碳中和目标的重要法律保障，欧盟、英国、日本等先后出台框架性的气候变化法，规定减排目标、实施路径、减排责任和问责机制，并在绿色项目方面给予大力投融资支持。我国在应对气候变化方面尚无国家层面的专门立法，应借鉴发达经济体碳中和立法经验，围绕我国碳达峰和碳中和目标愿景，研究制定相应的应对气候变化法律文件，明确碳减排分工主体，压实各行业主体责任，加强法律监督和保障。加大绿色产业资金支持力度，积极发展绿色金融，健全绿色金融标准体系，充分发挥绿色贷款、绿色债券、绿色基金等在应对气候变化、推进碳达峰碳中和工作中的重要作用。

（三）优化调整能源结构，创新低碳技术

美国、欧盟、日本等发达经济体多措并举减少化石能源使用、加快

调整能源结构、鼓励绿色低碳技术研发创新。美国提出实现 100% 的清洁能源和零排放车辆的目标，引导企业增加清洁能源占比，推进生物能源等新兴绿色能源发展；日本制定以能源转型为核心实现绿色产业发展的减碳发展路线，运用政策引导和市场机制推动企业保持绿色技术创新。现在及未来相当长一段时间，煤炭仍然是我国的主体能源，结合基本国情，我国应坚持“先立后破”、通盘谋划、有序推进、安全降碳的原则，因地制宜调整能源结构，压减煤炭总量，提升低碳技术创新能力，加强煤炭清洁化利用，对现有燃煤机组进行超低碳排放改造，逐步更换为清洁能源设备；提升可再生能源开发技术，促进可再生能源大规模推广和应用，加速能源行业电气化、燃料脱碳化进程；借助 5G 等新一代信息技术，提高能源行业数字化、智能化水平，提高能源利用效率，促进节能减排。

（四）加快推动碳市场建设，完善绿色税收

欧盟、日本等发达经济体均建立了碳交易市场。其中，欧盟在碳排放权交易制度体系建设中走在前列，建立了世界上第一个国际性的碳排放权交易制度体系。我国应借鉴欧盟、日本等发达经济体的经验，稳步推动碳排放权交易法律体系建设，加强和完善碳市场立法。继续扩大碳市场覆盖范围，有序纳入水泥、有色、钢铁、石化化工等行业企业。逐步打破全国碳市场与地方试点碳市场的隔阂，统一碳定价，提高碳配额交易的流动性，提高碳交易效率。部分西方国家在绿色税法方面积极探索，也为我国碳减排政策选择提供了宝贵经验。在充分预评估我国开征碳税对经济、社会及碳减排影响的基础上，积极探索和研究制定碳税等绿色税收政策，发挥碳税等绿色税种的积极作用，确保通过绿色税收体系实现改善环境和促进经济可持续发展的双赢局面。

第三章　中国低碳行动

作为负责任的发展中国家，中国始终积极践行应对气候变化务实行动。在坚持节能优先的前提下，积极调整能源战略，从采取单一的行政命令控制手段到兼顾市场化调节机制，在降低能耗、治理环境污染等方面取得一定成效。

第一节　中国低碳发展历程

改革开放以来，面对传统粗放的发展模式带来的资源环境问题，中国政府坚持节约资源和保护环境的基本国策，从节约能源、减污降耗到绿色低碳循环，在绿色低碳转型发展的道路上做出许多积极探索和不懈努力。

一　节能降耗（1978～2000年）

1978年，党的十一届三中全会决定将工作重点转移到经济建设上来之后，全国的生产能力迅速得到释放，但同时也带来了能源供应紧张、能源利用效率低下等问题。随后，国家陆续发布一系列节能政策方案，大力推动节能降耗（见表3－1）。自1997年《节约能源法》审议通过后，我国将节能放到更加重要的位置，相应的部门规章和地方性节能法规相继出台，我国节能工作逐渐走上法制化轨道。

表 3-1　1980～1997 年我国主要节能措施

序号	发布时间	政策措施	主要内容
1	1980 年	《关于加强节约能源工作的报告》《关于逐步建立综合能耗考核制度的通知》	节能作为一项专门工作被纳入国家宏观管理范畴，同时成立专门的节能管理机构，确立“开发与节约并重，充分发挥资源的可利用率”的政策方针
2	1982 年	《中华人民共和国国民经济和社会发展第六个五年计划（1981～1985）》	5 年内，全国节约和少用能源达到 7000 万～9000 万吨标准煤，国家安排节能措施项目 1303 个，其中投资 1000 万元以上的重大技术改造项目 195 个
3	1985 年	《中华人民共和国国民经济和社会发展第七个五年计划（1986～1990）》	进一步推动节能技术改造；5 年内，国家建设一批骨干节能项目以及技术先进、节能效果和经济效益好、有普遍推广意义的示范项目；加快量大面广和节能效益显著的节能新工艺、新技术、新设备、新材料的试验和推广
4	1991 年	《中华人民共和国国民经济和社会发展十年规划和第八个五年计划纲要》	能源工业要坚持开发与节约并重的方针，把节约放在突出位置；万元国民生产总值消耗的能源由 1990 年的 9.3 吨标准煤下降到 1995 年的 8.5 吨标准煤，平均每年的节能率为 2.2%
5	1992 年	《关于出席联合国环境与发展大会的情况及有关对策的报告》	提出我国环境与发展领域应采取的 10 条对策和措施，其中“提高能源利用效率，改善能源结构”被列为十大对策之一。为履行气候公约，控制二氧化碳排放，减轻大气污染，最有效的措施是节约能源；提高全民节能意识，落实节能措施
6	1995 年	《新能源和可再生能源发展纲要》	今后 15 年，新能源和可再生能源发展的总目标是：提高转换效率，降低生产成本，增大在能源结构中所占比例
7	1996 年	《中华人民共和国国民经济和社会发展“九五”计划和 2010 年远景目标纲要》	万元国民生产总值消耗的能源由 1995 年的 2.2 吨标准煤下降到 2000 年的 1.7 吨标准煤，年均节能率为 5%
8	1997 年	《中华人民共和国节约能源法》	实行有利于节能和环境保护的产业政策，限制发展高耗能、高污染行业，发展节能环保型产业；鼓励、支持开发和利用新能源、可再生能源；鼓励、支持节能科学技术的研究、开发、示范和推广，促进节能技术创新与进步

资料来源：中能智库整理。

二　增效减排（2001～2011 年）

进入 21 世纪以后，随着我国经济总体规模不断扩大，“高投入、高消耗、高排放，低效率”的传统增长模式带来的资源、能源问题更加突出。对此，2001～2011年，国家采取一系列举措减少污染物排放，提升能源利用效率（见表3－2）。“十一五”期间，我国通过节能降耗减少二氧化碳排放14.6亿吨，单位国内生产总值能耗由“十五”后三年上升9.8%转为下降19.1%，基本实现了“十一五”规划纲要确定的节能减排约束性目标，节能减排工作取得了显著成效。

表3－2　2001～2011年我国主要减排措施

序号	发布时间	政策措施	主要内容
1	2001年	《中华人民共和国国民经济和社会发展第十个五年计划纲要》	将“2005年主要污染物排放总量比2000年减少10%”作为可持续发展的主要预期目标之一。 加快转变工业增长方式，围绕增加品种、改善质量、节能降耗、防治污染和提高劳动生产率，鼓励采用高新技术和先进适用技术改造传统产业，带动产业结构优化升级
2	2002年	《中华人民共和国清洁生产促进法》	鼓励开展有关清洁生产的科学研究、技术开发和国际合作，组织宣传、普及清洁生产知识，推广清洁生产技术。 加强对清洁生产促进工作的资金投入，包括中央财政清洁生产专项资金和中央预算安排的其他清洁生产资金，用于支持国家清洁生产推行规划确定的重点领域、重点行业、重点工程实施清洁生产及其技术推广工作，以及生态脆弱地区实施清洁生产的项目
3	2006年	《中华人民共和国国民经济和社会发展第十一个五年规划纲要》	到2010年，单位国内生产总值能耗比“十五”期末降低20%，主要污染物排放总量减少10%左右。 坚持节约优先、立足国内、煤为基础、多元发展，优化生产和消费结构，构筑稳定、经济、清洁、安全的能源供应体系
4	2006年	《国务院关于加强节能工作的决定》	到“十一五”期末，万元国内生产总值（按2005年价格计算）能耗下降到0.98吨标准煤，比“十五”期末降低20%左右，平均年节能率为4.4%。 六大重要措施包括加快构建节能型产业结构，着力抓好重点领域节能，大力推进节能技术进步，加大节能监督管理力度，建立健全节能保障机制，加强节能管理队伍建设和基础工作
5	2007年	《关于印发节能减排综合性工作方案的通知》	控制高耗能高污染行业过快增长、加快淘汰落后生产能力、完善促进产业结构调整的政策措施、积极推进能源结构调整、加快实施10大重点节能工程、加快水污染治理工程建设、推动燃煤电厂二氧化硫治理、多渠道筹措节能减排资金、实施水资源节约利用、推进资源综合利用、强化重点企业节能减排管理、积极稳妥推进资源性产品价格改革、完善促进节能减排的财政政策、加强政府机构节能和绿色采购等

续表

序号	发布时间	政策措施	主要内容
6	2011 年	《中华人民共和国国民经济和社会发展第十二个五年规划纲要》	2015 年比 2010 年单位国内生产总值能源消耗降低 16%，单位国内生产总值二氧化碳排放降低 17%，非化石能源占一次能源消费比重达到 11.4%
7	2011 年	《“十二五”控制温室气体排放工作方案》	明确我国控制温室气体排放的总体要求和重点任务，到 2015 年全国单位国内生产总值二氧化碳排放比 2010 年下降 17%。综合运用各种手段加强低碳技术的研发，推广一批具有良好减排效果的低碳技术和产品，大力推进节能降耗

资料来源：中能智库整理。

三　绿色循环低碳（2012 年至今）

2012 年 11 月，党的十八大报告首次提出要着力推进绿色发展、循环发展、低碳发展，形成节约资源和保护环境的空间格局、产业结构、生产方式、生活方式。推进绿色循环低碳发展，成为我国加快生态文明建设的重要抓手和着力点。

在相关政策指导下，绿色循环低碳发展持续推进（见表 3－3）。2021 年 2 月 22 日，《国务院关于加快建立健全绿色低碳循环发展经济体系的指导意见》发布，提出建立健全绿色低碳循环发展经济体系，促进经济社会发展全面绿色转型，是解决我国资源环境生态问题的基础之策。该文件为我国绿色发展设计了“总蓝图”，明确了具体目标，我国绿色低碳循环发展迈入新阶段。2022 年是我国第二个百年奋斗目标的开局之年，也是落实“十四五”规划的关键之年。2022 年 6 月 13 日，生态环境部、发展改革委、工业和信息化部、住房城乡建设部、交通运输部、农业农村部、能源局联合印发《减污降碳协同增效实施方案》。这是碳达峰碳中和“1＋N”政策体系的重要组成部分，对进一步优化生态环境治理、形成减污降碳协同推进工作格局、助力建设美丽中国、实现碳达峰碳中和具有重要意义。

表 3-3　2012 年以来我国推进绿色循环低碳发展措施

序号	发布时间	政策措施	主要内容
1	2012 年	《节能减排"十二五"规划》	到 2015 年，全国万元国内生产总值能耗下降到 0.869 吨标准煤（按 2005 年价格计算），比 2010 年的 1.034 吨标准煤下降 16%，比 2005 年的 1.276 吨标准煤下降 32%；"十二五"期间，实现节约能源 6.7 亿吨标准煤。 十大重点工程包括调整优化产业结构、推动能效水平提高、强化主要污染物减排三大主要任务，节能改造、节能产品惠民、合同能源管理推广、节能技术产业化示范、重点流域水污染防治、脱硫脱硝、规模化畜禽养殖污染防治、循环经济示范推广、节能减排能力建设
2	2014 年	《2014~2015 年节能减排低碳发展行动方案》	2014~2015 年，单位 GDP 能耗、化学需氧量、二氧化硫、氨氮、氮氧化物排放量分别逐年下降 3.9%、2%、2%、2%、5% 以上，单位 GDP 二氧化碳排放量两年分别下降 4%、3.5% 以上。 大力推进产业结构调整，加快发展低能耗低排放产业；加快建设节能减排降碳工程，推进工业、建筑、交通运输等重点领域节能降碳
3	2016 年	《中华人民共和国国民经济和社会发展第十三个五年规划纲要（2016~2020 年）》	大力发展循环经济。实施循环发展引领计划，推进生产和生活系统循环链接，加快废弃物资源化利用。按照物质流和关联度统筹产业布局，推进园区循环化改造，建设工农复合型循环经济示范区，促进企业间、园区内、产业间耦合共生。推进城市矿山开发利用，做好工业固废等大宗废弃物资源化利用，加快建设城市餐厨废弃物、建筑垃圾和废旧纺织品等资源化利用和无害化处理系统，规范发展再制造。 有效控制电力、钢铁、建材、化工等重点行业碳排放，推进工业、能源、建筑、交通等重点领域低碳发展
4	2016 年	《"十三五"控制温室气体排放工作方案》	到 2020 年，单位国内生产总值二氧化碳排放比 2015 年下降 18%，碳排放总量得到有效控制。非二氧化碳温室气体控排力度进一步加大。碳汇能力显著增强。应对气候变化法律法规体系初步建立，低碳试点示范不断深化，公众低碳意识明显提升
5	2017 年	《"十三五"节能减排综合工作方案》	到 2020 年，全国万元国内生产总值能耗比 2015 年下降 15%，能源消费总量控制在 50 亿吨标准煤以内。 提出优化产业和能源结构，加强重点领域节能，强化主要污染物减排，大力发展循环经济，实施节能减排工程，强化节能减排技术支撑和服务体系建设，完善节能减排支持政策，建立和完善节能减排市场化机制，落实节能减排目标责任，强化节能减排监督检查，动员全社会参与节能减排等重点任务

续表

序号	发布时间	政策措施	主要内容
6	2021 年	《国务院关于加快建立健全绿色低碳循环发展经济体系的指导意见》	到 2025 年，产业结构、能源结构、运输结构明显优化，绿色产业比重显著提升，基础设施绿色化水平不断提高，清洁生产水平持续提高，生产生活方式绿色转型成效显著，能源资源配置更加合理、利用效率大幅提高，主要污染物排放总量持续减少，碳排放强度明显降低，生态环境持续改善，市场导向的绿色技术创新体系更加完善，法律法规政策体系更加有效，绿色低碳循环发展的生产体系、流通体系、消费体系初步形成。 到 2035 年，绿色发展内生动力显著增强，绿色产业规模迈上新台阶，重点行业、重点产品能源资源利用效率达到国际先进水平，广泛形成绿色生产生活方式，碳排放达峰后稳中有降，生态环境根本好转，美丽中国建设目标基本实现
7	2021 年	《中华人民共和国国民经济和社会发展第十四个五年规划和 2035 年远景目标纲要》	落实 2030 年应对气候变化国家自主贡献目标，制定 2030 年前碳排放达峰行动方案。完善能源消费总量和强度双控制度，重点控制化石能源消费。实施以碳强度控制为主、碳排放总量控制为辅的制度，支持有条件的地方和重点行业、重点企业率先达到碳排放峰值。推动能源清洁低碳安全高效利用，深入推进工业、建筑、交通等领域低碳转型。 全面推行循环经济理念，构建多层次资源高效循环利用体系。深入推进园区循环化改造，补齐和延伸产业链，推进能源资源梯级利用、废物循环利用和污染物集中处置。 大力发展绿色经济。坚决遏制高耗能、高排放项目盲目发展，推动绿色转型实现积极发展
8	2022 年	《“十四五”节能减排综合工作方案》	到 2025 年，全国单位国内生产总值能源消耗比 2020 年下降 13.5%，能源消费总量得到合理控制，化学需氧量、氨氮、氮氧化物、挥发性有机物排放总量比 2020 年分别下降 8%、8%、10% 以上、10% 以上。 节能减排政策机制更加健全，重点行业能源利用效率和主要污染物排放控制水平基本达到国际先进水平，经济社会发展绿色转型取得显著成效
9	2022 年	《减污降碳协同增效实施方案》	到 2025 年，减污降碳协同推进的工作格局基本形成；重点区域、重点领域结构优化调整和绿色低碳发展取得明显成效；形成一批可复制、可推广的典型经验；减污降碳协同度有效提升。 到 2030 年，减污降碳协同能力显著提升，助力实现碳达峰目标；大气污染防治重点区域碳达峰与空气质量改善协同推进取得显著成效；水、土壤、固体废物等污染防治领域协同治理水平显著提高

资料来源：中能智库整理。

第二节　中国低碳发展成效

在探索绿色低碳发展道路的进程中，我国在产业结构调整、能源结构优化、节能管理和循环经济发展、低碳发展试点示范、低碳社会建设等方面积极探索和实践，推动形成了绿色低碳的发展方式和生活方式，促进了二氧化碳排放强度的持续降低，以及非化石能源消费比重的逐步提高，低碳发展取得显著成效。本节将从以下九个方面详细阐述中国低碳发展成效（见图3－1）。

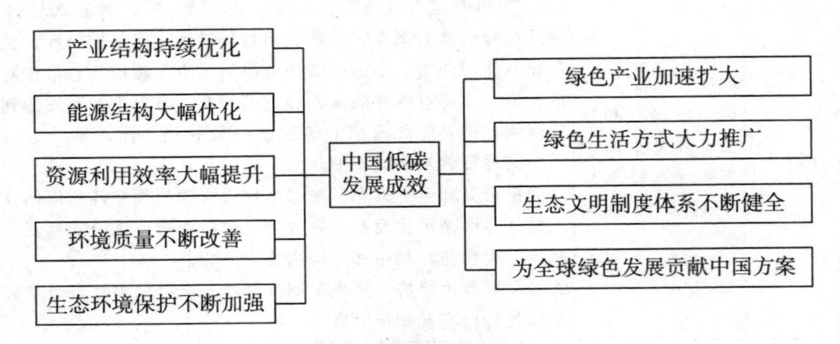

图3－1　中国低碳发展成效

一　产业结构持续优化

近年来，为加快转变经济发展方式，我国实施“一揽子”产业结构调整战略，促进低碳经济发展以及绿色低碳产业体系完善。国家统计局数据显示，产业结构进一步优化，一、二、三次产业增加值占国内生产总值的比重从2012年的9.1%、45.4%、45.5%优化为2022年的7.3%、39.9%、52.8%。

农业发展方式加快转变。一是现代农业根基进一步巩固，农业综合生产能力实现新提升。农业农村部统计数据显示，2022年，新建成高标准农田超1亿亩，实施保护性耕作面积达8300万亩，农机装备创制实现突破，粮食机收损失率控制在3%以内。二是农业绿色转型持续推进。2022年，化肥、农药利用率均超过41%，畜禽粪污、秸秆、农膜利用率分别超过78%、88%、80%。农业生产和农产品“三品一标”深入推进，绿色、有机、地理标志农产品产量占比达11%，农产品质量安全例行监测合格率达97.6%。

制造业加快转型升级。随着供给侧结构性改革的持续推进，我国加快落后产能及重污染企业退出，新技术、新业态、新模式持续涌现，制造业规模不断扩大，向智能化、绿色化和服务化转型步伐加快，可持续发展能力显著增强。国家统计局数据显示，2022年，规模以上工业增加值增长3.6%。其中，高技术制造业增加值较上年增长7.4%，对规上工业增长的贡献率为32.4%，较上年提高3.8个百分点；装备制造业增加值较上年增长5.6%，高于全部规上工业平均水平2.0个百分点。

服务业质量加快提升。自2013年开始，我国成为全球第二大服务业国家，规模仅次于美国。我国服务业快速发展，占比持续上升，成为支撑经济增长的重要动力。国家统计局数据显示，2022年，服务业增加值为638698亿元，比上年增长2.3%；占国内生产总值比重为52.8%，高于第二产业12.9个百分点；服务业对国民经济增长的贡献率为41.8%，拉动国内生产总值增长1.3%；信息传输、软件和信息技术服务业以及金融业增加值比上年分别增长9.1%和5.6%，合计拉动服务业增加值增长1.5%。

二　能源结构大幅优化

近年来，随着我国经济快速发展，我国能源生产逐步由弱到强，生产能力和水平大幅提升，成为世界能源生产第一大国，基本形成了煤、油、气、可再生能源多轮驱动的能源生产体系，充分发挥了坚实有力的基础保障作用。能源消费结构持续优化改善，煤炭占能源消费总量比重持续下降，能源结构大幅优化，清洁低碳化进程不断加快。

能源产业结构更趋合理。经过近十年来的快速发展，我国充分发挥煤炭主体能源作用，不断加大油气勘探开发力度，大力发展多元清洁供电体系，能源保供能力显著提高。随着国家大力支持清洁能源产业，原煤、原油产量占比呈现下降趋势，天然气、一次电力及其他能源占比持续增长。国家统计局数据显示，2012 年，我国一次能源生产总量为 35.1 亿吨标准煤，其中原煤占比为 76.2%，原油占比为 8.5%，天然气占比为 4.1%，一次电力及其他能源占比为 11.2%。2022 年，我国一次能源生产总量为 46.6 亿吨标准煤，规模以上工业煤、油、气、电等主要能源产品生产均保持增长。

能源消费结构更趋绿化。近年来，在能耗“双控”和坚决遏制“两高”项目盲目发展等产业政策引导下，我国能源消费结构持续向更清洁、更高效、更可持续的方向转变。国家统计局数据显示，2012 年，我国能源消费量为 40.2 亿吨标准煤，其中煤炭消费占比为 68.5%，石油占比为 17.0%，天然气占比为 4.8%，一次电力及其他能源占比为 9.7%。2022 年能源消费总量为 54.1 亿吨标准煤，其中煤炭消费量占能源消费总量的 56.2%，比 2012 年下降 12.3 个百分点；天然气、水电、核电、风电、太阳能发电等清洁能源消费量占能源消费总量的比重为 25.9%。

三　资源利用效率大幅提升

近年来，我国从加强规划指导、促进产业转型、推进重点领域、引导技术进步、完善扶持政策、推广典型模式等方面不断加强有利于资源综合利用的制度建设，大力推进资源综合高效利用。

2021 年 7 月 1 日，国家发展改革委发布《“十四五”循环经济发展规划》提出，到 2025 年，主要资源产出率比 2020 年提高约 20%，单位 GDP 能源消耗、用水量比 2020 年分别降低 13.5%、16% 左右，农作物秸秆综合利用率保持在 86% 以上，大宗固废综合利用率达到 60%，建筑垃圾综合利用率达到 60%，废纸利用量达到 6000 万吨，废钢利用量达到

3.2 亿吨，再生有色金属产量达到 2000 万吨，资源循环利用产业产值达到 5 万亿元。2022 年 1 月 17 日，国家发展改革委联合七部门印发《关于加快废旧物资循环利用体系建设的指导意见》提出，到 2025 年，废旧物资回收网络体系基本建立，建成绿色分拣中心 1000 个以上；废钢铁、废铜、废铝、废铅、废锌、废纸、废塑料、废橡胶、废玻璃 9 种主要再生资源循环利用量达到 4.5 亿吨；60 个左右大中城市率先建成基本完善的废旧物资循环利用体系。国家统计局数据显示，2022 年，我国重点耗能工业企业单位电石综合能耗下降 1.6%，单位合成氨综合能耗下降 0.8%，吨钢综合能耗上升 1.7%，单位电解铝综合能耗下降 0.4%，每千瓦时火力发电标准煤耗下降 0.2%，全国万元国内生产总值二氧化碳排放下降 0.8%。

四　环境质量不断改善

近年来，我国不断加强环境保护，深入实施大气、水、土壤污染防治三大行动计划，着力打好污染防治攻坚战，环境质量持续改善，大气环境、水环境状况明显改观，土壤环境保持总体安全。

生态环境部数据显示，2022 年，全国空气质量稳中向好，全国地级及以上城市优良天数比例为 86.5%，重污染天数比例首次降到 1% 以内，细颗粒物（PM2.5）有监测数据以来浓度首次降到每立方米 30 微克以内。近岸海域海水水质总体向好，达到国家一、二类海水水质标准的面积占 81.9%，较 2012 年上升 12.5 个百分点；三类海水占 4.1%，较 2012 年下降 2.5 个百分点；四类、劣四类海水占 14.0%，较 2012 年下降 9.9 个百分点。地表水质量持续向好，全国水质优良（Ⅰ～Ⅲ类）断面比例为 87.9%，较 2012 年的 63.9% 上升 24 个百分点。

五　生态环境保护不断加强

近年来，我国持续加大生态保护修复力度，继续推进大规模国土绿化，推进山水林田湖草系统保护修复，生态系统的稳定性、功能性不断提升，生态安全屏障更加牢固。

生态环境部数据显示，2022 年造林面积为 383 万公顷，其中人工造林面积为 120 万公顷，占全部造林面积的 31.4%，种草改良面积为 321 万公顷。截至 2022 年末，设立国家公园 5 个，新增水土流失治理面积为 6.3 万平方千米。全国生态环境系统蓝天保卫战持续推进，全年新增 25 个城市纳入北方地区清洁取暖支持范围，累计完成 2.1 亿吨粗钢产能全流程超低排放改造和 4.6 万余个挥发性有机物（VOCs）突出问题整改。

六　绿色产业加速扩大

绿色产业是实现碳达峰碳中和目标的主力，同时也是带动产业升级、实现高质量发展的重要引擎。加快发展节能环保、清洁能源等绿色产业，既能为生态文明建设提供有力支撑，也能拉动投资和消费。①

节能环保产业不断发展。我国节能环保产业园区分布呈现明显集聚状态，产业集群化、生态化发展格局凸显。目前，国内节能环保产业园区主要分布在广东、江苏、浙江、山东和上海。近年来，国家在财政支出方面，把生态环保、绿色发展作为重要的领域。2021 年，全国节能环保财政支出规模达 6305 亿元。在国家政策和财政支出的推动下，我国节能环保产业快速发展。据国家发展和改革委员会公布数据，“十三五”期间，节能环保产业产值由 2015 年的 4.5 万亿元上升到 2020 年的 7.5 万亿元左右。未来我国节能环保市场发展仍具有较大空间，预计 2025 年节能环保产业产值将突破 15 万亿元。

清洁能源产业持续提升。国家统计局数据显示，截至 2022 年底，全国非化石能源发电装机容量为 12.7 亿千瓦，同比增长 13.8%，占总装机容量的比重为 49.6%，电力装机延续绿色低碳发展趋势。其中，水电装

① 谢海燕，贾彦鹏，杨春平．生态文明与经济建设协调发展的实现路径［J］．宏观经济管理，2020（05）：30－36.

机容量为4.1亿千瓦，同比增长5.8%；全国并网风电装机容量为3.65亿千瓦，同比增长11.2%；并网太阳能发电装机容量达到3.9亿千瓦，同比增长28.1%。

七　绿色生活方式大力推广

我国不断强化生态文明宣传教育，增强全民节约意识、环保意识、生态意识，培育绿色生活新风尚，生态文明理念更加深入人心，简约适度、绿色低碳、文明健康的生活方式正在成为更多人的自觉选择。

在低碳社会建设的实践中，通过开展节能宣传周、全国低碳日、绿色出行宣传月、公交出行宣传周、气候变化科普宣传、“节能校园，你我共建”主题宣传、绿色商场“减塑”和绿色餐饮倡议等活动，普及了低碳发展理念，倡导了绿色生活方式。企业全面贯彻落实国家应对气候变化及节能减排有关政策，积极优化产业结构，加快绿色低碳转型发展，推动了低碳社会建设。各界媒体积极宣传低碳环保理念，及时宣传报道和深入解读低碳领域重要战略规划、政策文件，介绍各地生态文明案例和绿色发展案例，录制“倡导低碳生活、宣传节能减排”的广播电视节目，引导公众关注低碳发展。近年来成立的自然之友、北京地球村、绿色家园志愿者、绿色和平、乐施会等环保民间组织，积极开展各类公益活动，传播绿色低碳发展理念。公众广泛参与自备购物袋、双面使用纸张、控制空调温度、不使用一次性筷子、购买节能产品、低碳出行、低碳饮食、低碳居住等节能低碳活动，低碳生活实践进程加快推进。

八　生态文明制度体系不断健全

我国高度重视生态文明建设，促进人与自然和谐共生成为生态文明制度建设的价值取向。积极搭建生态文明制度体系的“四梁八柱”，陆续出台各项制度，生态文明法律法规体系逐步健全，国家生态文明试验区探索实践稳步推进。

党的十八大以来，我国加快推进生态文明顶层设计和制度体系建设，相继出台《关于加快推进生态文明建设的意见》《生态文明体制改革总体方案》，制定了40多项涉及生态文明建设的改革方案，从总体目标、基本理念、主要原则、重点任务、制度保障等方面对生态文明建设进行全面系统的部署安排。建立健全生态文明建设目标评价考核和责任追究制度、生态补偿制度、河湖长制、林长制、环境保护“党政同责”和“一岗双责”等制度。“增强绿水青山就是金山银山的意识”被写入党章，加强生态文明建设要求被写入宪法。制定《土壤污染防治法》《长江保护法》《噪声污染防治法》等法律，修订《环境保护法》《大气污染防治法》《水污染防治法》等法律。从顶层设计上完善党领导生态文明建设的体制机制，形成党委领导、政府主导、企业主体、社会组织和公众共同参与的“大环保”工作格局，不断提升生态文明领域国家治理体系和治理能力现代化水平。

九　为全球绿色发展贡献中国方案

1971年，中国重返联合国后，在世界环境保护和可持续发展进程中，实现逐渐从旁观者、跟进者、参与者、贡献者向引领者的角色转换，为全球绿色低碳发展贡献了中国智慧、中国方案和中国力量。

中国秉承构建人类命运共同体的理念，积极推进《巴黎协定》达成和落实。率先发布《我国落实2030年可持续发展议程国别方案》，联合发起“一带一路”绿色发展国际联盟，促进绿色“一带一路”建设和联合国《2030年可持续发展议程》的实施。倡议发起21世纪海上丝绸之路蓝碳计划，与沿线国共同开展海洋和海岸带蓝碳生态系统监测、标准规范与碳汇研究，联合发布21世纪海上丝绸之路蓝碳报告，推动建立国际蓝碳论坛与合作机制，深度参与全球海洋治理。积极向联合国气候变化框架公约秘书处提交《中国落实国家自主贡献成效和新目标新举措》和《中国本世纪中叶长期温室气体低排放发展战略》两份文件。同时，中国还成功举办《生物多样性公约》第十五次缔约方大会第一阶段会议，通过《昆明宣言》，为第二阶段会议奠定了坚实的政治基础；推动《生物多样性公约》第十五次缔约方大会第二阶段会议通过“昆明-蒙特利尔全球生物多样性框架”。

我国带头落实温室气体减排承诺、坚定支持《巴黎协定》，是主动承担全球环境责任、深度参与和积极引领全球气候治理的行动体现，充分展现了中国作为负责任大国的自觉担当，为全球应对气候变化树立典范。

第三节　中国低碳转型发展形势

经过多年的努力，我国低碳发展取得了积极成效，碳排放强度显著降低，生态文明建设持续推进。但与国际先进水平相比，我国低碳发展仍然存在产业结构亟须升级、技术创新水平不高、政策体系有待完善等问题。

一　产业结构亟须升级

当前，我国产业结构高碳排放特征明显，第二产业及重工业所占比重偏高，第三产业和高新技术产业比重偏低。与发达国家相比，第二产业占比仍有下降空间，第三产业仍有提升空间，产业结构仍须进一步优化。

作为制造业大国，我国供给体系仍不完善，存在许多无效和低端供给，产业链处于全球价值链的中低端发展水平。我国一些传统领域循环经济发展存在质量不高、循环不经济、循环不低碳等现象。例如，在再生资源循环利用领域，70%是中小企业，加上行业种类多、差异大，一些行业的能耗量较高，甚至属于高能耗、高碳的制造行业。[①] 对循环利用技术缺乏全生命周期的经济成本效益、资源环境效益、能源碳排放效

① 孟小燕，熊小平，王毅．构建面向“双碳”目标的循环经济体系：机遇、挑战与对策[J].环境保护，2022，50（Z1）：51-54.

益等综合评估，一些企业在技术选择中缺乏指导，循环经济产业中仍存在一些落后技术和产能，影响了产业的高质量发展。我国传统循环利用技术的清洁化低碳化水平和行业规模化规范化发展程度仍有待进一步提升。因此，加快调整产业结构，加大政策引导和支持力度，是实现我国经济绿色低碳可持续发展的必由之路。

二　技术创新水平不高

目前，我国一些关键行业低碳技术应用比例较低，工艺技术比较落后，低碳技术研发和应用进展缓慢，技术创新能力和应用水平尚不能满足低碳发展转型的需求。金融系统对低碳发展相关项目支持不足，缺乏合理规划和有效的激励机制，低碳技术创新动力不足的问题亟待解决。

我国绿色低碳技术整体水平与世界先进国家相比仍有明显差距，在许多关键核心领域、关键环节仍存在技术阻碍，许多技术设备、关键核心零部件仍依赖国外。中国科学技术发展战略研究院研究表明，在储能、氢能、可再生能源、煤炭、核能、能源互联网等多个关键领域为代表的绿色低碳技术中，我国目前有 19.7% 的绿色低碳技术达到国际领先水平、54.4% 的技术与国际平均水平持平、25.9% 的技术仍落后于国际平均水平。同时，我国绿色低碳技术平均水平与国际领先国家仍有约 7.3 年的较大差距。除此以外，成本与成熟度直接影响了相关技术的应用发展。例如，燃烧后捕集、燃烧前捕集、富氧燃烧等第一代二氧化碳捕集、利用与封存技术发展渐趋成熟，主要瓶颈为成本和能耗偏高、缺乏广泛的大规模示范工程经验；而新型膜分离、新型吸收、新型吸附、增压富氧燃烧等第二代技术仍处于实验室研发或小试阶段，成本高或技术不成熟直接导致相关技术目前难以进行大规模推广应用。[①]

① 蔡博峰，李琦，张贤等．中国二氧化碳捕集利用与封存（CCUS）年度报告（2021）——中国 CCUS 路径研究［R］. 生态环境部环境规划院，中国科学院武汉岩土力学研究所，中国 21 世纪议程管理中心，2021.

三　政策体系有待完善

党的十六大以来，我国强调将资源环境指标纳入政府官员政绩考核体系，要求各级政府树立正确的发展观和政绩观，但一直以来以经济发展为中心的发展观仍有市场。与此同时，我国生态环保与低碳发展工作主要依靠政府主导推动，社会公众自觉参与的意识不强。低碳发展立法进程滞后，政策体系有待进一步完善。

碳达峰目标不但要求与碳排放相关的粗放型高排放经济发展模式转型，而且督促政府绿色低碳治理方式的转型。就目前来说，首先，我国提出碳达峰碳中和目标的时间不长，相关配套的顶层设计、战略规划以及政策法规都尚在制定完善当中，各级地方政府也都在因地制宜地调整政策方案，但没有完全到位。其次，我国承诺实现碳达峰与碳中和的时间间隔较短，仅为 30 年，远比其他发达国家用时短，碳排放控制压力大，留给政府做出行业产业调整、减排政策制定以及监管机构设置的时间也较短。最后，虽然我国已经建立初级的碳交易市场，但是由于参与主体少、配套设施不完善、法规政策不健全、与国际碳交易市场不接轨以及投融资功能较弱等相关问题没有得到有效解决，因此我国碳交易市场制度将面临成熟化和开放化的转型升级任务。①

① 杨锦琦．我国碳交易市场发展现状、问题及其对策［J］．企业经济，2018，37（10）：29－34.

第四章　中国碳达峰碳中和战略

作为全球最大的发展中国家，我国正处在工业化、城镇化快速发展阶段，面临着发展经济、改善民生、治理环境等艰巨任务。实现碳达峰碳中和战略目标，不仅是我国贯彻新发展理念、实现可持续发展的内在要求，也是深度参与全球气候治理、推动构建人类命运共同体的责任担当。

第一节　碳达峰碳中和战略目标提出

长期以来，中国政府积极寻求减少碳排放、发展低碳经济之路，对外多次在国际重要场合发出中国声音，对内积极制定和实施一系列应对气候变化战略、法规、政策、标准与行动。2020 年我国正式提出碳达峰碳中和目标以来，碳达峰碳中和进程加快推进。

一　碳达峰碳中和战略目标主要内容

2020 年 9 月 22 日，国家主席习近平在第七十五届联合国大会一般性辩论上发表重要讲话，并向世界郑重宣布，中国将提高国家自主贡献力度，采取更加有力的政策和措施，二氧化碳排放力争于 2030 年前达到峰值，努力争取 2060 年前实现碳中和。这一重要宣示是我国首次向全世界明确实现碳达峰碳中和的时间表，也标志着我国碳达峰碳中和目标正式成为国家战略重大决策，拉开了我国碳达峰碳中和政策体系建设序幕。

此后，习近平主席多次在国际重要场合进一步阐述实现碳达峰碳中和的远景目标，明确实现碳达峰碳中和的相关政策、规划和措施，描绘出了未来实现绿色低碳高质量发展的蓝图，为我国绿色低碳转型指明了前进方向，也为推进全球气候治理进程和经济社会绿色低碳发展注入新动能（见表4－1）。

表4－1　关于碳达峰碳中和的重要论述

序号	时间	会议	主要内容
1	2020年9月30日	联合国生物多样性峰会	习近平主席在讲话中强调，采取更加有力的政策和措施，二氧化碳排放力争于2030年前达到峰值，努力争取2060年前实现碳中和，为实现应对气候变化《巴黎协定》确定的目标做出更大努力和贡献
2	2020年11月22日	二十国集团领导人利雅得峰会“守护地球”主题边会	习近平主席在致辞中强调，中国将提高国家自主贡献力度，力争2030年前二氧化碳排放达到峰值，2060年前实现碳中和。中国言出必行，将坚定不移地加以落实
3	2020年12月12日	气候雄心峰会	习近平主席进一步宣布，到2030年，中国单位国内生产总值二氧化碳排放将比2005年下降65%以上，非化石能源占一次能源消费比重将达到25%左右，森林蓄积量将比2005年增加60亿立方米，风电、太阳能发电总装机容量将达到12亿千瓦以上
4	2021年4月22日	领导人气候峰会	习近平主席在讲话中表示，中国将碳达峰、碳中和纳入生态文明建设整体布局，正在制定碳达峰行动计划，广泛深入开展碳达峰行动，支持有条件的地方和重点行业、重点企业率先达峰。中国将严控煤电项目，“十四五”时期严控煤炭消费增长、“十五五”时期逐步减少
5	2021年7月16日	亚太经合组织领导人非正式会议	习近平主席在讲话中表示，中方高度重视应对气候变化，将力争2030年前实现碳达峰、2060年前实现碳中和
6	2021年9月21日	第七十六届联合国大会一般性辩论	习近平主席强调，中国将力争2030年前实现碳达峰、2060年前实现碳中和，这需要付出艰苦努力，但我们会全力以赴。中国将大力支持发展中国家能源绿色低碳发展，不再新建境外煤电项目
7	2021年10月12日	《生物多样性公约》第十五次缔约方大会领导人峰会	习近平主席在主旨讲话中指出，为推动实现碳达峰、碳中和目标，中国将陆续发布重点领域和行业碳达峰实施方案和一系列支撑保障措施，构建起碳达峰、碳中和“1＋N”政策体系。中国将持续推进产业结构和能源结构调整，大力发展可再生能源，在沙漠、戈壁、荒漠地区加快规划建设大型风电光伏基地项目

续表

序号	时间	会议	主要内容
8	2021 年 11 月 1 日	《联合国气候变化框架公约》第二十六次缔约方大会世界领导人峰会	习近平主席强调，中国秉持人与自然生命共同体理念，坚持走生态优先、绿色低碳发展道路，加快构建绿色低碳循环发展的经济体系，持续推动产业结构调整，坚决遏制高耗能、高排放项目盲目发展，加快推进能源绿色低碳转型，大力发展可再生能源，规划建设大型风电光伏基地项目
9	2021 年 11 月 12 日	亚太经合组织第二十八次领导人非正式会议	习近平主席在讲话中强调，要坚持人与自然和谐共生，积极应对气候变化，促进绿色低碳转型，努力构建地球生命共同体。中国将力争 2030 年前实现碳达峰、2060 年前实现碳中和，支持发展中国家发展绿色低碳能源
10	2022 年 1 月 17 日	2022 年世界经济论坛视频会议	习近平主席在讲话中表示，实现碳达峰碳中和是中国高质量发展的内在要求，也是中国对国际社会的庄严承诺。中国将践信守诺、坚定推进，已发布《2030 年前碳达峰行动方案》，还将陆续发布能源、工业、建筑等领域具体实施方案
11	2022 年 11 月 17 日	亚太经合组织工商领导人峰会	习近平主席在书面演讲中表示，中国确定了力争 2030 年前实现碳达峰、2060 年前实现碳中和的目标，这是我们对国际社会的庄严承诺。10 年来，中国是全球能耗强度降低最快的国家之一，超额完成到 2020 年碳排放强度下降 40% ~45% 的目标，累计减少排放二氧化碳 58 亿吨。中国已建成全球规模最大的碳市场和清洁发电体系。希望各方加强合作，在绿色低碳转型的道路上坚定走下去，共同构建人与自然生命共同体

资料来源：中能智库整理。

二　碳达峰碳中和战略目标主要内涵

从概念上讲，碳达峰是指一个地区或空间内二氧化碳排放量达到历史最高值，然后经历平台期进入持续下降的过程，是二氧化碳排放量由增转降的历史拐点。碳中和是指一定时间内直接或间接产生的二氧化碳排放总量，通过植树造林、节能减排等形式抵消，实现二氧化碳的净零排放。我国提出二氧化碳排放力争于 2030 年前达到峰值、努力争取 2060 年前实现碳中和，意味着：在 2030 年前，我国经济体中多数部门的二氧化碳排放量达到最高水平，此后开始逐渐下降；2060 年前，通过碳吸收端与排放端的抵消，我国真正实现净零碳排放。

从时间上看，碳达峰是近期目标，碳中和是中长期远景目标。尽早实现碳达峰，可以为后续碳中和目标留下更大的空间和灵活性。碳达峰时间越晚，峰值越高，后续实现碳中和目标挑战和压力越大。因此，为实现2030年前碳达峰、2060年前碳中和，我国经济需要加快摆脱对化石燃料的依赖，同时调整经济结构、能源结构和产业结构，大幅减少化石燃料消耗，形成绿色低碳循环发展新方式。

（一）碳达峰碳中和目标与我国全面建成社会主义现代化强国“两步走”战略密切联系

党的二十大报告对全面建成社会主义现代化强国做出“分两步走”总的战略安排，即从2020年到2035年基本实现社会主义现代化，从2035年到21世纪中叶把我国建成富强民主文明和谐美丽的社会主义现代化强国。我国力争2030年前实现碳达峰，将是2035年基本实现现代化的一个重要标志。努力争取2060年前实现碳中和，与21世纪中叶把我国建成富强民主文明和谐美丽的社会主义现代化强国目标相契合，实现碳中和是建成现代化强国的一个重要内容。

（二）碳达峰碳中和目标与经济社会发展紧密相关

从国际看，以低碳发展为特征的新增长路径已经成为世界经济发展的重要方向，低碳技术、低碳产业和治理能力将成为各国经济发展的核心竞争力之一。从国内看，实现碳达峰碳中和，关乎我国未来经济社会变革，涉及价值观念、产业结构、能源体系、消费模式等诸多层面。实现碳达峰碳中和目标，根本上依靠经济社会发展全面绿色转型。推动经济走上绿色低碳循环发展的道路，这是解决我国资源环境生态问题的基础之策，也是实现碳达峰碳中和目标的首要途径。

（三）碳达峰碳中和目标与绿色低碳转型目标相辅相成

实现碳达峰碳中和目标，以绿色低碳转型为重要前提，同时对绿色低碳转型提出更加紧迫的要求。要求加快产业结构优化升级，发展战略性新兴产业和现代服务业，抑制高耗能高排放项目发展，推动传统产业绿色低碳转型；加快构建清洁低碳安全高效的能源体系，严格控制化石能源消费特别是煤炭消费增长，加快发展风能、太阳能、生物质能、海洋能、地热能等非化石能源；大幅提升能源效率，加强重点领域节能，构建以绿色低碳为特征的工业、建筑、交通体系和消费模式，大幅度降低能源消耗和二氧化碳排放强度，合理控制能源消费总量和二氧化碳排放总量，将碳达峰、碳中和的压力转化为产业升级、技术进步和绿色低碳转型的动力。

（四）碳达峰碳中和目标与生态文明建设相辅相成

习近平总书记强调，实现碳达峰、碳中和是一场广泛而深刻的经济社会系统性变革，要把碳达峰、碳中和纳入生态文明建设整体布局。生态文明建设是中国特色社会主义事业“五位一体”总体布局和“四个全面”战略布局及实现中华民族伟大复兴的中国梦、建设美丽中国的重要内容。“十四五”时期，我国生态文明建设进入以降碳为重点战略方向、推动减污降碳协同增效、促进经济社会发展全面绿色转型、实现生态环境质量改善由量变到质变的关键时期，加快实现碳达峰碳中和目标，是贯彻落实习近平生态文明思想的根本举措，也是新时代建设人与自然和谐共生的现代化、实现高质量发展的根本要求。

第二节　碳达峰碳中和战略目标的意义与挑战

实现碳达峰碳中和目标，是中国向全世界做出的庄严宣示，是贯彻新发展理念、构建新发展格局、推动高质量发展的内在要求，对我国而言意义重大。但同时，我国在推进碳达峰碳中和过程中仍然面临多重挑战。

一　实现碳达峰碳中和的重大意义

新发展阶段下，我国做好碳达峰碳中和工作，对于推动全球气候治理进程、促进经济社会高质量发展、保障国家能源安全、改善生态环境等具有重要意义。

（一）实现碳达峰碳中和彰显推动全球气候治理进程的大国担当

气候变化是事关人类前途命运的一个重大挑战，需要国际社会携手共同应对。我国作为世界第二大经济体和全球第一大发展中国家，将碳达峰、碳中和纳入生态文明建设整体布局，力争2030年前二氧化碳排放达到峰值，努力争取2060年前实现碳中和，体现了同世界各国一起合作应对气候变化的坚定决心和务实行动，对于全球气候治理产生了建设性的积极作用，彰显了构建人类命运共同体的责任和担当。

（二）实现碳达峰碳中和是促进经济社会高质量发展的必然要求

我国正处在工业化、城镇化发展的关键阶段，处于从高速度增长到高质量发展的转型变革进程中，实现碳达峰碳中和目标，有利于改变传统、粗放、浪费的生产模式和消费模式，促进产业结构、能源结构、交通运输结构、用地结构绿色低碳转型，推动从根本上实现经济增长与二氧化碳排放从相对脱钩走向绝对脱钩，建立健全绿色低碳循环发展的经济体系，实现经济社会发展与生态环境保护协同推进。

（三）实现碳达峰碳中和是保障国家能源安全的有效手段

碳达峰碳中和目标愿景要求我国建立健全绿色低碳循环发展的经济体系，建立清洁、低碳、高效、安全的现代化能源生产和消费体系。实现碳达峰碳中和，要求以能源脱碳为主线，加速推动工业、交通、建筑等行业大规模去碳化，其本质是推动能源高效转型。在保障国家能源安全的前提下，一方面，合理控制煤炭等化石能源总量，提高能源利用效率；另一方面，加快提高风电、光伏等可再生能源比重，优化能源生产和消费结构。

（四）实现碳达峰碳中和是实现建设美丽中国的重要举措

二氧化碳排放量的增长大部分来自化石能源的燃烧和利用，我国产业结构、能源结构均呈现高碳排放特征。实现碳达峰碳中和目标，将重塑我国产业结构、能源结构和发展方式，推动各行业清洁生产和资源循环利用，大幅度减少空气污染物的排放，实现减污降碳、改善环境质量与应对气候变化协同增效，为生态环境根本性整体好转和美丽中国建设提供坚实的基础。

二　推进碳达峰碳中和工作面临的挑战

随着碳达峰碳中和“1＋N”政策体系的逐步构建，我国碳达峰碳中和工作稳步推进，但依然面临时间紧任务重、高碳结构特征明显、能源转型任务艰巨、碳减排资金仍存缺口等一系列挑战。

（一）实现碳达峰碳中和目标时间紧任务重

英国、法国、德国等欧洲发达国家早在1990年开启国际气候谈判之前就实现了碳达峰，美国、加拿大、西班牙、意大利等国在2007年前后实现碳达峰，这些国家从碳达峰到2050年实现碳中和的窗口期短则40余年，长则60～70年，甚至更长。而我国从2030年前碳排放达峰到2060年前实现碳中和的时间跨度仅有30年左右，远远短于欧美等国，实现难度也将远大于发达国家。[①] 作为全球最大的发展中国家，我国当前的产业结构和经济增长仍处于转型升级阶段，碳排放量处于增长期。要在不到10年的时间内实现碳达峰，进而在30年时间内完成发达国家40～60年才能实现的碳中和目标，我国将面临前所未有的巨大压力。[②]

---

① 刘晓龙，崔磊磊，李彬，杜祥琬．碳中和目标下中国能源高质量发展路径研究［J］.北京理工大学学报（社会科学版），2021，23（03）：1－8.

② 曾诗鸿，李根，翁智雄，李腾飞．面向碳达峰与碳中和目标的中国能源转型路径研究［J］.环境保护，2021，49（16）：26－29.

（二）高碳结构特征明显

从产业结构来看，与世界发达国家相比，我国经济结构中工业比重高，国家统计局数据显示，2022年我国第二产业增加值占GDP比重约为39.9%，其中钢铁、水泥等重工业占比远高于其他发达国家，高附加值产业占比仍处于较低水平。从能源结构来看，我国的资源禀赋是“富煤缺油少气”，能源消费仍以煤炭等化石能源消费为主，特别是煤炭消费占据主导地位。2022年，煤炭消费占能源消费总量比重为56.2%，依然呈现“一煤独大”的能源消费格局。我国正处于工业化城镇化快速发展阶段，以工业为主的产业结构和以煤为主的能源结构决定了我国长期以来的高碳排放特征，增加了我国实现碳达峰和碳中和的压力。

（三）能源转型任务艰巨

我国是全球最大的能源消费国，且能源需求呈上升态势。从一次能源消费结构来看，化石能源仍然是主导能源。国家统计局数据显示，2022年，我国能源消费总量为54.1亿吨标准煤，比上年增长2.9%。电力供应方面，煤电仍然是我国电力系统的供应基础。截至2022年底，全国发电装机容量为25.6亿千瓦，其中煤电装机容量为13.3亿千瓦，煤电以52%的装机占比贡献了全国超过65%的发电量。作为发展中国家，我国仍处于工业化和城镇化中后期，经济发展仍需保持合理增速，能源需求将持续增长。在迈向碳达峰碳中和的进程中，能源需求刚性增长和绿色低碳转型之间的矛盾仍将持续一段时间，能源转型面临挑战，减排降碳压力巨大。

（四）金融支持减排力度有待提升

推动碳减排、实现经济绿色低碳转型对资金的需求量非常巨大，绿色金融在服务碳达峰碳中和目标、推动经济社会绿色转型中发挥重要作用。我国金融支持绿色发展仍存在不充分、不平衡问题，与发达国家发展水平相比仍有差距。绿色金融主要依赖间接融资，直接融资市场不够活跃；支持绿色金融发展的机构以银行为主，其他服务直接融资的金融机构比重较小。另外，碳金融市场发展起步晚、规模有限。尽管部分试点地区和金融机构陆续开发了碳债券、碳远期、碳期权、碳基金等产品，但碳金融仍处于零星试点状态，区域间发展情况有所差异，碳金融市场未来仍有较大提升空间。[①]

① 庞超然，李悦怡．我国绿色金融发展形势、存在的问题和应对建议［J］．中国国情国力，2022（12）：20－25.

政策篇

第五章　国家政策

我国提出碳达峰碳中和目标后，推动碳达峰碳中和进程及实现路径等相关顶层规划及措施方案陆续出台。碳达峰碳中和目标是多重约束、综合平衡的战略目标，需要产业结构、生产方式、生活方式、空间格局的全方位深层次变革，因此必须在科学的顶层设计下，统筹各行业各领域各地方发展，才能确保目标如期实现。

第一节　顶层规划和试点

碳达峰碳中和“1+N”政策体系主要包括：《中共中央 国务院关于完整准确全面贯彻新发展理念做好碳达峰碳中和工作的意见》（中发〔2021〕36号，以下简称《意见》）和《国务院关于印发2030年前碳达峰行动方案的通知》（国发〔2021〕23号，以下简称《方案》），各有关部门制定的能源、工业、交通运输、城乡建设等分领域分行业实施方案，科技支撑、能源保障、碳汇能力、财政金融价格、标准计量体系、督察考核等相关支撑保障政策，以及各省（自治区、直辖市）制订的本地区碳达峰碳中和实施方案。

一　国家顶层规划

2021年9月22日，《意见》印发，10月24日正式对外发布。《意见》作为“1+N”碳达峰碳中和政策体系中的“1”，是党中央、国务院对碳达峰碳中和工作进行的系统谋划和总体部署，覆盖碳达峰、碳中和两个阶段，是管总管长远的顶层设计，在碳达峰碳中和政策体系中发挥统领作用。

2021 年 10 月 24 日，《方案》印发，于当月 26 日正式对外发布。《方案》为“N”中为首的政策文件，是部署制定能源、工业、城乡建设、交通运输、农业农村等领域以及具体行业的碳达峰实施方案的重要依据，各地区也按照文件相关要求制定本地区碳达峰行动方案。

（一）《中共中央 国务院关于完整准确全面贯彻新发展理念做好碳达峰碳中和工作的意见》

《意见》提出，我国碳达峰碳中和工作分为三个阶段，即 2025 年为实现碳达峰、碳中和奠定坚实的基础，2030 年碳排放达峰后稳中有降，2060 年碳中和目标顺利实现。同时，《意见》提出具体的阶段性目标。到 2025 年，绿色低碳循环发展的经济体系初步形成，重点行业能源利用效率大幅提升；单位国内生产总值能耗比 2020 年下降 13.5%；单位国内生产总值二氧化碳排放比 2020 年下降 18%；非化石能源消费比重达到 20% 左右；森林覆盖率达到 24.1%，森林蓄积量达到 180 亿立方米。到 2030 年，经济社会发展全面绿色转型取得显著成效，重点耗能行业能源利用效率达到国际先进水平；单位国内生产总值能耗大幅下降；单位国内生产总值二氧化碳排放比 2005 年下降 65% 以上；非化石能源消费比重达到 25% 左右，风电、太阳能发电总装机容量达到 12 亿千瓦以上；森林覆盖率达到 25% 左右，森林蓄积量达到 190 亿立方米；二氧化碳排放量达到峰值并实现稳中有降。到 2060 年，绿色低碳循环发展的经济体系和清洁低碳安全高效的能源体系全面建立，能源利用效率达到国际先进水平，非化石能源消费比重达到 80% 以上，碳中和目标顺利实现。

为了顺利实现碳达峰碳中和，《意见》提出了重点工作和应采取的主要措施（见表 5－1）。

表 5－1 碳达峰碳中和重点工作和主要措施

序号	重点工作	主要措施
1	推动经济社会发展全面绿色转型	强化绿色低碳发展规划引领 优化绿色低碳发展区域布局 加快形成绿色生产生活方式
2	深度调整产业结构	推动产业结构优化升级 坚决遏制高耗能高排放项目盲目发展 大力发展绿色低碳产业
3	加快构建清洁低碳安全高效能源体系	强化能源消费强度和总量双控 大幅提升能源利用效率 严格控制化石能源消费 积极发展非化石能源 深化能源体制机制改革
4	加快推进低碳交通运输体系建设	优化交通运输结构 推广节能低碳型交通工具 积极引导低碳出行
5	提升城乡建设绿色低碳发展质量	推进城乡建设和管理模式低碳转型 大力发展节能低碳建筑 加快优化建筑用能结构
6	加强绿色低碳重大科技攻关和推广应用	强化基础研究和前沿技术布局 加快先进适用技术研发和推广
7	持续巩固提升碳汇能力	巩固生态系统碳汇能力 提升生态系统碳汇增量
8	提高对外开放绿色低碳发展水平	加快建立绿色贸易体系 推进共建绿色“一带一路” 加快国际交流与合作
9	健全法律法规标准和统计监测体系	健全法律法规 完善标准计量体系 提升统计监测能力
10	完善政策机制	完善投资政策 积极发展绿色金融 完善财税价格政策 推进市场化机制建设
11	切实加强组织实施	加强组织领导 强化统筹协调 压实地方责任 严格监督考核

资料来源：《中共中央 国务院关于完整准确全面贯彻新发展理念做好碳达峰碳中和工作的意见》，中能智库整理。

同时，《意见》明确提出了五项工作原则。一是全国统筹，在全国一盘棋的基础上，根据各地实际分类施策，鼓励主动作为、率先达峰。二是节约优先，把节约能源资源放在首位，从源头和入口形成有效的碳排放控制阀门。三是双轮驱动，强调政府和市场两手发力。四是内外畅通，立足国情实际，统筹国内国际能源资源。五是防范风险，处理好减污降碳和能源安全、产业链供应链安全等关系，防止过度反应，确保安全降碳。

（二）《2030 年前碳达峰行动方案》

《方案》与《意见》同为纲领性文件，围绕 2030 年前碳达峰目标，对推进碳达峰工作进行了总体部署，针对不同的领域提出碳达峰十大行动（见表 5－2），使我国碳达峰路线图更加清晰。

表 5－2　我国碳达峰行动方案重点任务

序号	重点工作	主要措施
1	能源绿色低碳转型行动	推进煤炭消费替代和转型升级（加快现役机组节能升级和灵活性改造；新建输电通道可再生能源电量比例原则上不低于 50%；推进重点用煤行业减煤限煤、加强散煤替代） 大力发展新能源（发展综合可再生能源发电基地） 因地制宜开发水电（推进雅鲁藏布江下游水电开发，推动小水电绿色发展；“十四五”“十五五”期间分别新增水电装机容量 4000 万千瓦左右） 积极安全有序发展核电 合理调控油气消费［加快推进页岩气、煤层气、致密油（气）等非常规油气资源规模化开发］ 加快建设新型电力系统（大力提升电力系统综合调节能力；到 2025 年，新型储能装机容量达到 3000 万千瓦以上）
2	深度调整产业结构	全面提升节能管理能力（推行用能预算管理，强化固定资产投资项目节能审查） 实施节能降碳重点工程（实施城市、园区、重点行业、重大技术四大类工程） 推进重点用能设备节能增效（电机、风机、泵、压缩机、变压器、换热器、工业锅炉等） 加强新型基础设施节能降碳（完善通信、运算、存储、传输等设备能效标准，提升准入门槛）

续表

序号	重点工作	主要措施
3	加快构建清洁低碳安全高效能源体系	推动钢铁行业碳达峰（提高行业集中度；提升废钢资源回收利用水平，推行全废钢电炉工艺；鼓励钢化联产，探索氢冶金、二氧化碳捕集利用等试点示范） 推动有色金属行业碳达峰（推进清洁能源替代；加快再生有色金属产业发展） 推动建材行业碳达峰 推动石化化工行业碳达峰 坚决遏制“两高”项目盲目发展（排查在建项目，对能效水平低于本行业能耗限额准入值的，按有关规定停工整改，推动能效水平应提尽提）
4	加快推进低碳交通运输体系建设	推进城乡建设绿色低碳转型（加快推进新型建筑工业化，大力发展装配式建筑，推广钢结构住宅，推动建材循环利用） 加快提升建筑能效水平（到 2025 年，城镇新建建筑全面执行绿色建筑标准） 加快优化建筑用能结构（到 2025 年，城镇建筑可再生能源替代率达到 8%，新建公共机构建筑、新建厂房屋顶光伏覆盖率力争达到 50%） 推进农村建设和用能低碳转型
5	提升城乡建设绿色低碳发展质量	推动运输工具装备低碳转型（到 2030 年，当年新增新能源、清洁能源动力的交通工具比例达到 40% 左右，营运交通工具单位换算周转量碳排放强度比 2020 年下降 9.5% 左右，国家铁路单位换算周转量综合能耗比 2020 年下降 10%；陆路交通运输石油消费力争 2030 年前达到峰值） 构建绿色高效交通运输体系（发展智能交通；发展以铁路、水路为骨干的多式联运） 加快绿色交通基础设施建设
6	加强绿色低碳重大科技攻关和推广应用	推进产业园区循环化发展（到 2030 年，省级以上重点产业园区全部实施循环化改造） 加强大宗固废综合利用（到 2025 年，大宗固废年利用量达到 40 亿吨左右；到 2030 年，年利用量达到 45 亿吨左右） 健全资源循环利用体系（到 2025 年，废钢铁、废铜、废铝、废铅、废锌、废纸、废塑料、废橡胶、废玻璃 9 种主要再生资源循环利用量达到 4.5 亿吨，到 2030 年达到 5.1 亿吨） 大力推进生活垃圾减量化资源化（到 2025 年，生活垃圾资源化利用比例提升至 60% 左右；到 2030 年，提升至 65%）
7	持续巩固提升碳汇能力	完善创新体制机制 加强创新能力建设和人才培养 强化应用基础研究 加快先进适用技术研发和推广应用
8	提高对外开放绿色低碳发展水平	巩固生态系统固碳作用 提升生态系统碳汇能力（到 2030 年，全国森林覆盖率达到 25% 左右，森林蓄积量达到 190 亿立方米） 加强生态系统碳汇基础支撑 推进农业农村减排固碳

续表

序号	重点工作	主要措施
9	健全法律法规标准和统计监测体系	加强生态文明宣传教育 推广绿色低碳生活方式（完善绿色产品认证与标识制度） 引导企业履行社会责任 强化领导干部培训
10	完善政策机制	科学合理确定有序达峰目标（碳排放已经基本稳定的地区，在率先实现碳达峰的基础上进一步降低碳排放；产业结构较轻、能源结构较优的地区，力争率先实现碳达峰；产业结构偏重、能源结构偏煤的地区和资源型地区，力争与全国同步实现碳达峰） 因地制宜推进绿色低碳发展（有序推动高耗能行业向清洁能源优势地区集中） 上下联动制定地方达峰方案（坚持全国一盘棋，不抢跑） 组织开展碳达峰试点建设（选择 100 个具有典型代表性的城市和园区开展碳达峰试点建设）

资料来源：《国务院关于印发 2030 年前碳达峰行动方案的通知》，中能智库整理。

《方案》聚焦“十四五”和“十五五”两个碳达峰关键期，对重点领域和行业的碳达峰实施方案以及保障体系提出了具体的战略部署和量化目标，为分领域和分地区的碳达峰行动方案制定明确了方向。

二　低碳试点和示范

在我国提出碳达峰碳中和重大战略决策之前，2010 年 7 月，《国家发展改革委关于开展低碳省区和低碳城市试点工作的通知》（发改气候〔2010〕1587 号）印发，确定广东、辽宁、湖北、陕西、云南五省和天津、重庆、深圳、厦门、杭州、南昌、贵阳、保定八市开展试点工作。

2012 年 11 月，《国家发展改革委印发关于开展第二批国家低碳省区和低碳城市试点工作的通知》（发改气候〔2012〕3760 号）明确，北京市、上海市、海南省、石家庄市、秦皇岛市、晋城市、呼伦贝尔市、吉林市、大兴安岭地区、苏州市、淮安市、镇江市、宁波市、温州市、池州市、南平市、景德镇市、赣州市、青岛市、济源市、武汉市、广州市、桂林市、广元市、遵义市、昆明市、延安市、金昌市、乌鲁木齐市开展第二批国家低碳省区和低碳城市试点工作。

2017 年 1 月，《国家发展改革委关于开展第三批国家低碳城市试点工作的通知》（发改气候〔2017〕66 号）印发，确定在内蒙古自治区乌海市，辽宁省沈阳市、大连市、朝阳市，黑龙江省逊克县，江苏省南京市、常州市，浙江省嘉兴市、金华市、衢州市，安徽省合肥市、淮北市、黄山市、六安市、宣城市，福建省三明市，江西省共青城市、吉安市、抚州市，山东省济南市、烟台市、潍坊市，湖北省长阳土家族自治县，湖南省长沙市、株洲市、湘潭市、郴州市，广东省中山市，广西壮族自治区柳州市，海南省三亚市、琼中黎族苗族自治县，四川省成都市，云南省玉溪市、普洱市思茅区，西藏自治区拉萨市，陕西省安康市，甘肃省兰州市、敦煌市，青海省西宁市，宁夏回族自治区银川市、吴忠市，新疆维吾尔自治区昌吉市、伊宁市、和田市，新疆生产建设兵团第一师阿拉尔市 45 个城市（区、县）开展第三批低碳城市试点。

通过近几年的实践探索，低碳试点省份成效显著，碳排放强度平均下降幅度高于非试点省份，其中北京、上海、广东、天津、重庆等试点省份总体表现优良（见图 5－1）。

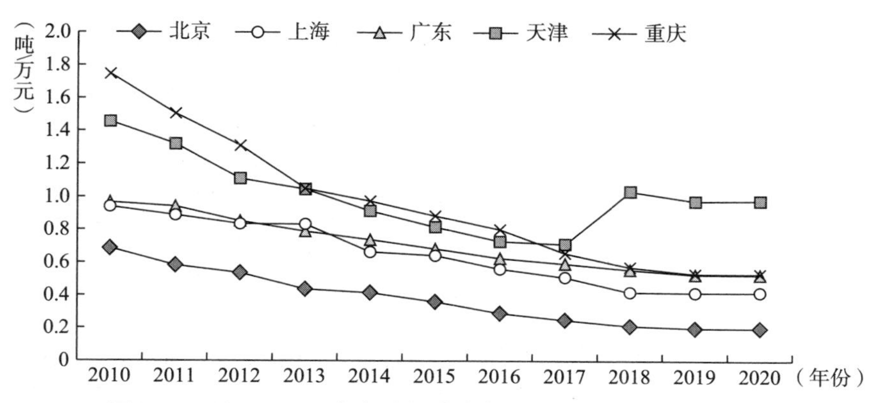

图 5－1　2010～2020 年部分低碳试点省份碳排放强度变化情况

资料来源：有关地方政府官网。

在试点城市中，北京、深圳、武汉、淄博、昆明、运城、邯郸已达峰，有望于近期达峰的10个城市分别为青岛、南京、厦门、广州、上海、长沙、柳州、济宁、无锡和榆林。

第二节　主要领域政策和行业规划

碳达峰碳中和顶层设计文件出台后，国家层面已有10余项“N”系列中的政策陆续发布，包括重点领域、行业、地区的碳达峰碳中和规划和实施方案，以及科技支撑和财政金融支持政策等发展保障方案。

一　分领域相关政策

《方案》印发以来，“N”系列文件不断丰富扩充（见表5－3），科技、碳汇、统计核算、督察考核等支撑措施和财政、金融、价格等保障政策持续出台。

表5－3　分领域政策情况

领域	时间	政策	主要措施
工业	2021年11月15日	《工业和信息化部关于印发〈“十四五”工业绿色发展规划〉的通知》（工信部规〔2021〕178号）	到2025年碳排放强度持续下降，单位工业增加值二氧化碳排放降低18%；污染物排放强度显著下降，重点行业主要污染物排放强度降低10%，规模以上工业单位增加值能耗降低13.5%，乙烯等重点工业产品单耗达到世界先进水平；大宗工业固废综合利用率达到57%，主要再生资源回收利用量达到4.8亿吨。单位工业增加值用水量降低16%，推广万种绿色产品，绿色环保产业产值达到11万亿元
	2022年1月20日	工业和信息化部、国家发展改革委、生态环境部《关于促进钢铁工业高质量发展的指导意见》（工信部联原〔2022〕6号）	到2025年，行业研发投入强度力争达到1.5%。关键工序数控化率达到80%左右，生产设备数字化率达到55%，打造30家以上智能工厂。电炉钢产量占粗钢总产量比例提升至15%以上。80%以上钢铁产能完成超低排放改造，吨钢综合能耗降低2%以上，水资源消耗强度降低10%以上，确保2030年前碳达峰。钢铁工业利用废钢资源量达到3亿吨以上

续表

领域	时间	政策	主要措施
工业	2022年3月28日	工业和信息化部、国家发展改革委、科学技术部、生态环境部、应急管理部、国家能源局《关于“十四五”推动石化化工行业高质量发展的指导意见》（工信部联原〔2022〕34号）	到2025年，规模以上企业研发投入占主营业务收入比重达到1.5%以上；突破20项以上关键共性技术和40项以上关键新产品。产能利用率达到80%以上；乙烯当量保障水平大幅提升，化工新材料保障水平达到75%以上。形成70个左右具有竞争优势的化工园区，化工园区产值占行业总产值70%以上。石化、煤化工等重点领域企业主要生产装置自控率达到95%以上，建成30家左右智能制造示范工厂、50个左右智慧化工示范园区。挥发性有机物排放总量比“十三五”降低10%以上
	2022年4月12日	工业和信息化部、国家发展改革委《关于化纤工业高质量发展的指导意见》（工信部联消费〔2022〕43号）	到2025年，规模以上化纤企业工业增加值年均增长5%，化纤产量在全球占比基本稳定。创新能力不断增强，行业研发经费投入强度达到2%，关键工序数控化率达80%。绿色制造体系不断完善，绿色纤维占比提高到25%以上，生物基化学纤维和可降解纤维材料产量年均增长20%以上，废旧资源综合利用水平和规模进一步提高和扩大，行业碳排放强度明显降低。形成一批具备较强竞争力的龙头企业，构建高端化、智能化、绿色化现代产业体系，全面建设化纤强国
	2022年4月12日	工业和信息化部、国家发展改革委《关于产业用纺织品行业高质量发展的指导意见》（工信部联消费〔2022〕44号）	到2025年，规模以上企业工业增加值年均增长6%左右，3～5家企业进入全球产业用纺织品第一梯队。科技创新能力明显提升，行业骨干企业研发经费占主营业务收入比重达到3%，循环再利用纤维及生物质纤维应用占比达到15%，非织造布企业关键工序数控化率达到70%，智能制造和绿色制造对行业提质增效作用明显，行业综合竞争力进一步提升
	2022年6月23日	工业和信息化部等六部门《关于印发〈工业能效提升行动计划〉的通知》（工信部联节〔2022〕76号）	2025年，重点工业行业能效全面提升，数据中心等重点领域能效明显提升，绿色低碳能源利用比例显著提高，节能提效工艺技术装备广泛应用，标准、服务和监管体系逐步完善，规模以上工业单位增加值能耗比2020年下降13.5%。能尽其用、效率至上成为市场主体和公众的共同理念和普遍要求，节能提效进一步成为绿色低碳的“第一能源”和降耗减碳的首要举措。同时，结合产业发展实际提出一系列具体目标，到2025年，新增高效节能电机占比达到70%以上，新增高效节能变压器占比达到80%以上，新建大型、超大型数据中心电能利用效率（PUE）优于1.3，工业领域电能占终端能源消费比重达到30%。提出7方面重点任务大力提升重点行业领域能效、持续提升用能设备系统能效、统筹提升企业园区综合能效、有序推进工业用能低碳转型、积极推动数字能效提档升级、持续夯实节能提效产业基础、加快完善节能提效体制机制

续表

领域	时间	政策	主要措施
工业	2022 年 7 月 7 日	工业和信息化部、国家发展改革委、生态环境部《关于印发〈工业领域碳达峰实施方案〉的通知》（工信部联节〔2022〕88 号）	到 2025 年，规模以上工业单位增加值能耗较 2020 年下降 13.5%，单位工业增加值二氧化碳排放下降幅度大于全社会下降幅度，重点行业二氧化碳排放强度明显下降。“十五五”期间，产业结构布局进一步优化，工业能耗强度、二氧化碳排放强度持续下降，努力达峰削峰，在实现工业领域碳达峰的基础上强化碳中和能力，基本建立以高效、绿色、循环、低碳为重要特征的现代工业体系。确保工业领域二氧化碳排放在 2030 年前达峰
交通运输	2022 年 4 月 18 日	《交通运输部 国家铁路局 中国民用航空局 国家邮政局贯彻落实〈中共中央 国务院关于完整准确全面贯彻新发展理念做好碳达峰碳中和工作的意见〉的实施意见》（交规划发〔2022〕56 号）	优化交通运输结构，包括加快建设综合立体交通网、提高铁路水路在综合运输中的承运比重、优化客货运组织；推广节能低碳交通工具，包括积极发展新能源和清洁能源运输工具、加强交通电气化替代、提高燃油车船能效标准；积极引导低碳出行；增强交通运输绿色转型新动能，包括强化绿色低碳发展规划引领、提升交通运输技术创新能力、发挥市场机制推动作用、加强交流合作等重点内容
	2022 年 7 月 4 日	国家发展改革委、交通运输部《关于印发〈国家公路网规划〉的通知》（发改基础〔2022〕1033 号）	推进绿色低碳发展。将生态保护、绿色低碳理念贯穿公路规划、设计、建设、运营、管理、养护等全过程、各环节，降低全寿命周期资源能源消耗和碳排放。依法依规避让各类生态保护区域、环境敏感区域、城乡历史文化资源富集区域，注重生态保护修复、资源循环利用、碳减排，加强大气、水及噪声污染防治，因地制宜建设绿色公路
城乡建设	2022 年 1 月 6 日	住房和城乡建设部《关于印发〈“十四五”推动长江经济带发展城乡建设行动方案〉〈“十四五”黄河流域生态保护和高质量发展城乡建设行动方案〉的通知》（建城〔2022〕3 号）	到 2025 年，长江经济带初步建成人与自然和谐共处的美丽家园，率先建成宜居、绿色、韧性、智慧、人文的城市转型发展地区。主要指标包括：到 2025 年，县级及以上城市建成区万人拥有绿道长度超过 1.0 千米，县级及以上城市绿地率超过 40%，城市公共管网核定漏损率稳定控制在 9% 以内，城市生活污水集中收集率不低于 70%，或较 2020 年提高 5 个百分点以上
	2022 年 1 月 6 日	住房和城乡建设部《关于印发〈“十四五”推动长江经济带发展城乡建设行动方案〉〈“十四五”黄河流域生态保护和高质量发展城乡建设行动方案〉的通知》（建城〔2022〕3 号）	到 2025 年，黄河流域人水城关系逐渐改善，城镇生态修复和水环境治理工程有效推进，城市风险防控和安全韧性能力持续加强，节水型城市建设取得重大进展；城市转型提制、县城建设补短板取得明显成效，城市绿色发展和社会生活方式普遍推广；黄河流域各省区城乡历史文化保护传承体系日益完善，沿黄城市风貌特色逐步彰显。主要指标包括：到 2025 年，城市生活污水集中收集率≥70%，或较 2020 年提高 5 个百分点以上；中下游地区城市生活垃圾焚烧处理能力≥65%，上游地区城市生活垃圾焚烧处理能力≥40%（其中成渝地区≥60%）；等等

续表

领域	时间	政策	主要措施
城乡建设	2022 年 3 月 1 日	住房和城乡建设部《关于印发〈“十四五”住房和城乡建设科技发展规划〉的通知》（建标〔2022〕23 号）	到 2025 年，住房和城乡建设领域科技创新能力大幅提升，科技创新体系进一步完善，科技对推动城乡建设绿色发展、实现碳达峰目标任务、建筑业转型升级的支撑带动作用显著增强。关键技术和重大装备取得突破。突破一批绿色低碳、人居环境品质提升、防灾减灾、城市信息模型（CIM）平台等关键核心技术及装备，形成一批先进适用的工程技术体系，建成一批科技示范工程。科技力量大幅增强。布局一批工程技术创新中心和重点实验室，支持组建高水平创新联合体，培育一批高水平创新团队和科技领军人才，建设一批科普基地。科技创新体系化水平显著提高。住房和城乡建设重点领域技术体系、装备体系和标准体系进一步完善，部省联动、智库助力的科技协同创新机制更加健全，科技成果转化取得实效
	2022 年 6 月 30 日	住房和城乡建设部、国家发展改革委《关于印发〈城乡建设领域碳达峰实施方案〉的通知》（建标〔2022〕53 号）	2030 年前，城乡建设领域碳排放达到峰值。城乡建设绿色低碳发展政策体系和体制机制基本建立；建筑节能、垃圾资源化利用等水平大幅提高，能源资源利用效率达到国际先进水平；用能结构和方式更加优化，可再生能源应用更加充分；城乡建设方式绿色低碳转型取得积极进展，“大量建设、大量消耗、大量排放”基本扭转；城市整体性、系统性、生长性增强，“城市病”问题初步解决；建筑品质和工程质量进一步提高，人居环境质量大幅改善；绿色生活方式普遍形成，绿色低碳运行初步实现。力争到 2060 年前，城乡建设方式全面实现绿色低碳转型，系统性变革全面实现，美好人居环境全面建成，城乡建设领域碳排放治理现代化全面实现，人民生活更加幸福
	2022 年 6 月 21 日	国家发展改革委《关于印发〈“十四五”新型城镇化实施方案〉的通知》（发改规划〔2022〕960 号）	推进生产生活低碳化。锚定碳达峰碳中和目标，推动能源清洁低碳安全高效利用，有序引导非化石能源消费和以电代煤、以气代煤，发展屋顶光伏等分布式能源，因地制宜推广热电联产、余热供暖、热泵等多种清洁供暖方式，推行合同能源管理等节能管理模式。促进工业、建筑、交通等领域绿色低碳转型，推进产业园区循环化改造，鼓励建设超低能耗和近零能耗建筑，推动公共服务车辆电动化替代，到 2025 年城市新能源公交车辆占比提高到 72%。开展绿色生活创建行动，倡导绿色出行和绿色家庭、绿色社区建设，推广节能产品和新建住宅全装修交付，建立居民绿色消费奖励机制。推进统一的绿色产品认证和标识体系建设，建立绿色能源消费认证机制。在 60 个左右大中城市率先建设完善的废旧物资循环利用体系

续表

领域	时间	政策	主要措施
农业农村	2021年11月17	《农业农村部关于拓展农业多种功能 促进乡村产业高质量发展的指导意见》（农产发〔2021〕7号）	到2025年，粮食产量保持在1.3万亿斤以上，农产品加工业产值与农业总产值比达到2.8 ：1，加工转化率达到80%，乡村休闲旅游年接待游客人数达40亿次，年营业收入达1.2万亿元。农产品网络零售额达1万亿元，农林牧渔专业及辅助性活动产值达1万亿元，新增乡村创业带头人100万人，带动一批农民直播销售员
碳汇能力	2021年12月31日	国家标准《林业碳汇项目审定和核证指南》（GB/T 41198－2021）	该指南确定了审定和核证林业碳汇项目的基本原则，提供了林业碳汇项目审定和核证的术语、程序、内容和方法等方面的指导和建议。适用于中国温室气体自愿减排市场林业碳汇项目的审定和核证，其他碳减排机制或市场下的林业碳汇项目审定和核证可参照使用
	2022年2月21日	海洋行业标准《海洋碳汇经济价值核算方法》	该办法由范围、规范性引用文件、术语和定义、海洋碳汇能力评估、海洋碳汇经济价值核算、附录6个部分组成。海洋碳汇是红树林、盐沼、海草床、浮游植物、大型藻类、贝类等从空气或海水中吸收并储存大气中二氧化碳的过程、活动和机制。针对红树林、盐沼等不同类型，进行了海洋碳汇能力评估
金融保障	2021年12月14日	国家开发银行发布《实施绿色低碳金融战略支持碳达峰碳中和行动方案》	到2025年，国家开发银行绿色贷款占信贷资产比重较2020年底提高5个百分点以上，到2030年绿色贷款占信贷资产比重达到30%左右
	2022年5月25日	《财政部关于印发〈财政支持做好碳达峰碳中和工作的意见〉的通知》（财资环〔2022〕53号）	到2025年，财政政策工具不断丰富，有利于绿色低碳发展的财税政策框架初步建立，有力支持各地区各行业加快绿色低碳转型。2030年前，有利于绿色低碳发展的财税政策体系基本形成，促进绿色低碳发展的长效机制逐步建立，推动碳达峰目标顺利实现。2060年前，财政支持绿色低碳发展政策体系成熟健全，推动碳中和目标顺利实现
统计核算	2022年12月19日	国家标准《企业温室气体排放核算与报告指南 发电设施》	主要包括发电设施的温室气体排放核算边界和排放源确定、化石燃料燃烧排放核算要求、购入电力排放核算要求、排放量计算、生产数据核算要求、数据质量控制计划、数据质量管理要求、定期报告要求和信息公开要求等。适用于全国碳排放权交易市场的发电行业重点排放单位（含自备电厂）使用燃煤、燃油、燃气等化石燃料及掺烧化石燃料的纯凝发电机组和热电联产机组等发电设施的温室气体排放核算，其他未纳入全国碳排放权交易市场的企业发电设施温室气体排放核算可参照本指南

续表

领域	时间	政策	主要措施
能源	2022年1月29日	国家发展改革委、国家能源局《关于印发〈"十四五"现代能源体系规划〉的通知》(发改能源〔2022〕210号)	到2025年，国内能源年综合生产能力达到46亿吨标准煤以上，原油年产量回升并稳定在2亿吨水平，天然气年产量达到2300亿立方米以上，发电装机总容量达到约30亿千瓦。非化石能源消费比重提高到20%左右，非化石能源发电量比重达到39%左右，电气化水平持续提升，电能占终端用能比重达到30%左右。灵活性调节电源占比达到24%左右，电力需求侧响应能力达到最大用电负荷的3%～5%。展望2035年，能源高质量发展取得决定性进展，基本建成现代能源体系。能源安全保障能力大幅提升，绿色生产和消费模式广泛形成，非化石能源消费比重在2030年达到25%的基础上进一步大幅提高，可再生能源发电成为主体能源，新型电力系统建设取得实质性成效，碳排放总量达峰后稳中有降
	2022年1月29日	国家发展改革委、国家能源局《关于印发〈"十四五"新型储能发展实施方案〉的通知》(发改能源〔2022〕209号)	到2025年，新型储能由商业化初期步入规模化发展阶段，具备大规模商业化应用条件。新型储能技术创新能力显著提高，核心技术装备自主可控水平大幅提升，标准体系基本完善，产业体系日趋完备，市场环境和商业模式基本成熟。其中，电化学储能技术性能进一步提升，系统成本降低30%以上；火电与核电机组抽汽蓄能等依托常规电源的新型储能技术、百兆瓦级压缩空气储能技术实现工程化应用；兆瓦级飞轮储能等机械储能技术逐步成熟；氢储能、热(冷)储能等长时间尺度储能技术取得突破。到2030年，新型储能全面市场化发展。新型储能核心技术装备自主可控，技术创新和产业水平稳居全球前列，市场机制、商业模式、标准体系成熟健全，与电力系统各环节深度融合发展，基本满足构建新型电力系统需求，全面支撑能源领域碳达峰目标如期实现
	2022年3月23日	国家发展改革委、国家能源局《氢能产业发展中长期规划(2021～2035年)》	到2025年，基本掌握核心技术和制造工艺，燃料电池车辆保有量约5万辆，部署建设一批加氢站，可再生能源制氢量达到10万～20万吨/年，实现二氧化碳减排100万～200万吨/年。到2030年，形成较为完备的氢能产业技术创新体系、清洁能源制氢及供应体系，有力支撑碳达峰目标实现。到2035年，形成氢能多元应用生态，可再生能源制氢在终端能源消费中的比例明显提升

续表

领域	时间	政策	主要措施
科技支撑	2022年8月18日	科学技术部、国家发展改革委等九部门《关于印发〈科技支撑碳达峰碳中和实施方案（2022～2030年）〉的通知》（国科发社〔2022〕157号）	到2025年，实现重点行业和领域低碳关键核心技术的重大突破，支撑单位国内生产总值（GDP）二氧化碳排放比2020年下降18%，单位GDP能源消耗比2020年下降13.5%；到2030年，进一步研究突破一批碳中和前沿和颠覆性技术，形成一批具有显著影响力的低碳技术解决方案和综合示范工程，建立更加完善的绿色低碳科技创新体系，有力支撑单位GDP二氧化碳排放比2005年下降65%以上，单位GDP能源消耗持续大幅下降

资料来源：国家相关部委官网、中能智库整理。

二　部分重点行业企业规划目标

围绕《国务院关于印发2030年前碳达峰行动方案的通知》，相关行业、重点领域相继出台碳达峰碳中和行动方案。

（一）主要行业方面情况

1. 钢铁行业

2022年8月，中国钢铁工业协会正式发布《中国钢铁工业“双碳”愿景及技术路线图》。考虑到中国资源禀赋、能源结构和钢铁工业发展现状，《中国钢铁工业“双碳”愿景及技术路线图》提出了“双碳”愿景及实施碳达峰碳中和工程的四个阶段：第一阶段（2030年前），积极推进稳步实现碳达峰；第二阶段（2030～2040年），创新驱动实现深度脱碳；第三阶段（2040～2050年），重大突破冲刺极限降碳；第四阶段（2050～2060年），融合发展助力碳中和。

文件同时提出中国钢铁工业碳达峰碳中和技术路径——系统能效提升、资源循环利用、流程优化创新、冶炼工艺突破、产品迭代升级、碳捕集封存利用。截至2022年，全国已有30家企业1.72亿吨粗钢产能完成全流程超低排放改造和评估监测工作。中国钢铁工业协会数据显示，我国基本完成主体改造工程的钢铁产能已近4亿吨，累计完成超低排放改造投资超过1500亿元。2025年之前要完成8亿吨钢铁产能改造工程，还有约4亿吨待实施，按平均吨钢投资360元测算，需要新增投资不少于1500亿元。

2. 建材行业

我国作为世界最大的建材生产国和消费国，水泥、平板玻璃等主要建材产品产量已跃居世界首位，受产业规模大、过程排放高、能源结构偏煤、窑炉工艺特点等影响，建材行业一直是工业能源消耗和碳排放的重点领域，是我国碳减排任务最重的行业之一。

2022年11月8日，工业和信息化部、国家发展改革委、生态环境部、住房和城乡建设部印发的《建材行业碳达峰实施方案》明确提出，“十四五”期间，建材产业碳排放强度不断下降。“十五五”期间，建材行业基本建立绿色低碳循环发展的产业体系，确保2030年前建材行业实现碳达峰。在转换用能结构方面，该方案提出要重点推动以下工作：一是加大替代燃料利用比例，提高水泥等行业燃煤替代率；二是加快清洁绿色能源应用，有序提高天然气和电的使用比例，引导建材企业积极消纳可再生能源；三是引导企业加强能源精细化管理，提高建材行业能源利用效率水平。

3. 有色行业

近年来，有色金属行业快速发展，形成上下游贯通的完整产业链，重点品种冶炼及压延加工产能产量全球过半，冶炼技术成熟，单位产品能耗和污染物排放达到国际先进水平，但受产业规模大、依赖火电、减碳技术缺乏革命性突破、循环经济体系不够完善等影响，碳减排任务依然艰巨。

2022年11月，工业和信息化部、国家发展改革委、生态环境部三部门联合印发《有色金属行业碳达峰实施方案》（工信部联原〔2022〕153号）提出：2025年前，有色金属产业结构、用能结构明显优化，低碳工艺研发应用取得重要进展，重点品种单位产品能耗、碳排放强度进一步降低，再生金属供应占比达到24%以上；2030年前，有色金属行业用能结构大幅改善，电解铝使用可再生能源比例达到30%以上，绿色低碳、循环发展的产业体系基本建立。

“十四五”时期是有色金属行业深度调整产业结构，加快构建清洁能源体系，研发应用绿色低碳技术的关键时期，重点品种要依据能效标杆水平持续推进节能改造升级，降低碳排放强度。《“十四五”循环经济发展规划》提出，2025 年我国再生有色金属产量达到 2000 万吨，其中再生铜、再生铝和再生铅产量分别达到 400 万吨、1150 万吨、290 万吨。“十五五”时期我国将建立清洁低碳安全高效的能源体系，到 2030 年形成非化石能源规模化替代化石能源存量的能源生产消费格局，随着电解铝产能向可再生能源富集地区转移，使用可再生能源比例进一步提高，有色金属行业用能结构大幅改善，产业绿色发展体系基本形成。

（二）企业方面情况

1. 工业企业

工业企业是我国碳排放大户，2021 年 12 月 3 日，工信部印发《“十四五”工业绿色发展规划》（工信部规〔2021〕178 号）提出：到 2025 年工业产业结构、生产方式绿色低碳转型取得显著成效，绿色低碳技术装备广泛应用，能源资源利用效率大幅提高，绿色制造水平全面提升，为 2030 年工业领域碳达峰奠定坚实的基础；碳排放强度持续下降；单位工业增加值二氧化碳排放降低 18%，钢铁、有色金属、建材等重点行业碳排放总量控制取得阶段性成果；污染物排放强度显著下降；有害物质源头管控能力持续加强，清洁生产水平显著提高，重点行业主要污染物排放强度降低 10%。

据相关机构统计，2021 年我国粗钢产量同比减少 3200 万吨。国家相关部门公告水泥行业 56 个项目产能置换方案，压减产能超过 1000 万吨。遴选发布 500 余项工业和通信业先进节能技术、装备、产品，组织开展线上线下“节能服务进企业”活动。实施变压器、电机能效提升计划，促进重点用能设备全产业链系统节能。制定《工业能效提升行动计划》，统筹部署“十四五”工业节能重点任务。2021 年，我国规模以上工业单位增加值能耗下降 5.6%。截至 2022 年，多家工业企业提出碳达峰碳中和目标（见表 5－4）。其中，河钢集团提出 2022 年实现碳达峰，中国宝武、宝钢集团、包钢集团2023年实现碳达峰，鞍钢集团计划2025年前实现碳达峰。中国建材集团已完成“双碳”路径分析和方案编制，下一步将重点抓好减碳、降碳、固碳、管碳四件事。汽车企业方面，通用汽车（中国）（2040年）、吉利集团（2045年）、长城汽车（2045年）、大众汽车（中国）（2050年）都明确了“碳中和”目标。

表5－4　国内主要工业企业“双碳”计划和目标

企业	“双碳”计划和目标	企业	“双碳”计划和目标
中国宝武钢铁集团	2035年减碳30%，2050年碳中和	大众汽车	2050年全产业链实现碳中和
包头钢铁	2023年碳达峰，2050年碳中和	广汽集团	2050年前碳中和
建龙集团	2025年碳达峰，2060年碳中和	长城汽车	2045年碳中和
河钢集团	2025年较碳峰值降低10%，2030年降低30%，2050年实现碳中和	吉利集团	2025年碳排放总量减少25%，2045年碳中和
鞍钢集团	2025年前碳达峰	北汽集团	2050年实现产品全面脱碳，运营碳中和
中铝集团	2025年碳达峰	美的集团	2030年碳达峰，2060年碳中和
宁德时代	成立首家电池零碳工厂	长飞光纤	2055年前碳中和
通用汽车	2035年所有新车型电气化，2040年实现碳中和	新乡化纤（白鹭）	2028年碳达峰，2055年碳中和

资料来源：Wind、公司官网。

2. 金融企业

相关研究表明，要实现“双碳”目标，国家需要百万亿元资金投入。从现实情况来看，政府财政仅能满足生态环境建设10%～15%的资金需求，在实现生态文明建设和“双碳”目标要求下，相关投资产生巨大资金需求。因此，“双碳”目标以及经济社会绿色转型的实现，离不开金融保险业资金的注入。党的二十大报告对完善支持绿色发展的金融等政策和标准体系、推进发展方式绿色转型等工作提出了明确要求。

近年来，金融业在国家碳达峰碳中和战略的推动下，陆续制定和出台了相关目标和规划。2021年3月，中国人民银行初步确立了“三大功能”“五大支柱”的绿色金融发展政策思路，以适应国家产业结构、能源结构、投资结构和人民生活方式等全方位的深刻变化。国家开发银行提出2030年前实现碳达峰，2060年前实现碳中和（见表5－5）。

表5－5　国内主要金融企业“双碳”计划和目标

企业	“双碳”计划和目标	企业	“双碳”计划和目标
国家开发银行	2030年前碳达峰，2060年前碳中和	华夏银行	2025年碳中和
中国人保	研究保险业服务“双碳”战略可行路径	邮储银行	2030年碳达峰，2060年碳中和
中信集团	2030年前碳达峰，2050年碳中和	南方基金	2021年7月碳中和

资料来源：Wind、公司官网。

保险业方面，中国人寿、中国人保、中华保险、太保产险、平安产险、太平财险等保险机构在发展环责险、创新绿色保险、助推能源转型等方面积极探索，进行了一系列有价值的实践，并取得了阶段性成果。2021年，中国人保为9283家企业提供逾174亿元风险保障，中国人寿提供环境污染事故保险保障31.76亿元。平安产险开发环境责任险、生态损害责任险、渐进污染责任险、草原生态险等险种，2021年承保首批深圳环境污染强制责任保险，并首创根据污染因子数据测算保额的创新定价模式。大地保险成功获得湖州和宁波环境污染责任险共保体资格，2021年全年为875个项目提供了约12亿元的环境污染风险保障。截至2021年末，太保产险为全国6000多家企业提供环境污染风险保障，总保额超过96亿元；推行安环保模式，将传统保险转换成安责＋环责保障。此外，中华保险、太平财险、阳光财险等也在发展环责险方面取得明显成果。英大财险成功研发新能源电力调峰损失保险并实现落地出单；中银保险参与绿色贷保证保险共保业务等①。

助推能源转型方面，中国人寿参与发起设立华景顺和一号（天津）股权投资基金，认缴出资50亿元，通过投资支持参与能源结构调整；发

① 《2021中国保险业社会责任报告》。

起设立“国寿投资—新源壹号股权投资计划”，与其他主体共同投资30.02亿元，用于风电、光伏、储能等清洁能源项目。中华保险通过股权基金的方式，投资绿色新能源公司1.01亿元；通过保险资管债权投资计划投资5亿元，支持湖北汉江新集水电站项目建设。

3. 能源电力企业

我国主要能源、电力企业陆续发布碳达峰碳中和计划和目标（见表5－6）。国家电力投资集团有限公司、中国长江三峡集团有限公司、中国华电集团有限公司、国家能源投资集团有限责任公司、中国大唐集团有限公司等均计划于2025年前实现碳达峰。

表5－6　国内主要能源电力企业“双碳”计划和目标

企业	“双碳”计划和目标	企业	“双碳”计划和目标
国家电网	全力推动新能源发展	三峡集团	2023年碳达峰，2040年碳中和
南方电网	加大新能源、低碳技术扶持	中核集团	2060年碳中和
华能集团	2035年清洁能源装机占比75%以上	中国石油	2030年碳达峰，2060年碳中和
中国大唐	2025年碳达峰	中国石化	2030年碳达峰，2060年碳中和
中国华电	2025年碳达峰	中国海油	2028年碳达峰，2050年碳中和
国家能源集团	2025年碳达峰	隆基股份	2028年前实现100%绿电
国家电投	2023年碳达峰	新奥能源	2050年前碳中和

资料来源：Wind、相关集团公司官网。

（1）国家电网有限公司发布“碳达峰、碳中和”行动方案

供给侧方面，要最大限度地开发利用风电、太阳能发电等新能源，坚持集中开发与分布式并举，积极推动海上风电开发；大力发展水电，加快推进西南水电开发；安全高效推进沿海核电建设。争取2025年和2030年，非化石能源占一次能源消费比重分别达到20%、25%左右。

消费侧方面，加快工业、建筑、交通等重点行业电能替代，持续推进乡村电气化，推动电制氢技术应用。2016年我国开展电能替代计划以来，效果显著，“十三五”期间，国家电网累计完成电能替代8476亿千

瓦时，推动电能占终端能源消费比重提高了2.8个百分点，减少碳排放2.5亿吨以上。按此增速，预计2025年、2030年电能占终端能源消费比重可顺利达到30%、35%以上。

此外，国家电网碳达峰碳中和方案提出要确保清洁能源装机后可以及时并网，争取到2030年公司经营区风电、太阳能发电总装机容量达到10亿千瓦以上。2020年底，公司经营区清洁能源装机容量达7.1亿千瓦，其中风电和太阳能发电装机容量达4.5亿千瓦，占经营区总装机比重达26%，比2015年提高14个百分点。按照方案，未来10年公司经营区内的风电和光伏装机容量将提升550GW，年均增速达8.31%。

（2）主要发电集团新能源发展规划

“十四五”期间，我国主要发电集团大力发展新能源发电装机，根据公开数据初步统计，国家能源集团、国家电投、华能集团、中国大唐、三峡集团、中广核、中核集团和华润电力8家主要发电企业合计新增新能源发电装机规模为4.5亿千瓦左右（见图5-2）。

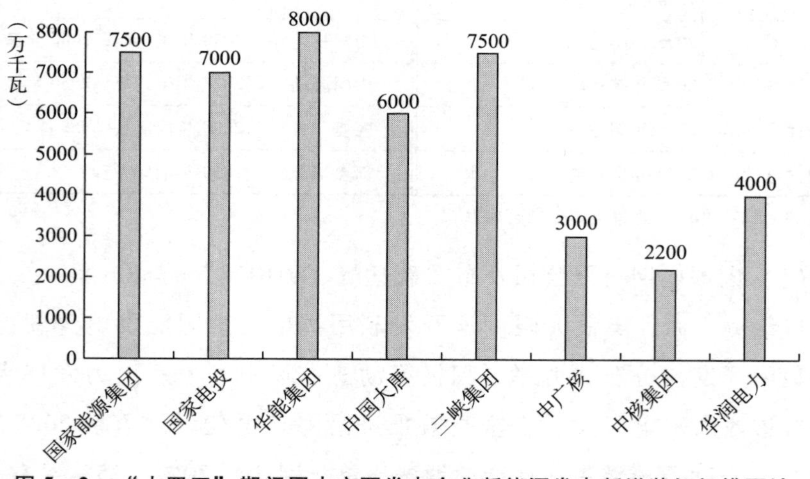

图5-2 “十四五”期间国内主要发电企业新能源发电新增装机规模预计

资料来源：相关集团公司公开资料。

第六章　地方政策

各地区认真贯彻落实党中央、国务院决策部署，按照国家有关部委出台的政策安排，结合重点领域、主要行业提出的目标和措施，建立健全统筹协调机制，结合经济社会发展实际，积极谋划、有序推进碳达峰碳中和各项工作。

第一节　地方政策综述

目前，31 个省（区、市）均成立省级碳达峰碳中和工作领导小组，编制完成本地区碳达峰实施方案，有序推进能源结构优化和产业结构调整，推动重点领域绿色低碳发展水平持续提升。从各省（区、市）发布的碳达峰碳中和政策来看，推动进展略有不同。绝大部分省份出台指导性文件，印发《关于完整准确全面贯彻新发展理念做好碳达峰碳中和工作的实施意见》以及《碳达峰实施方案》，用于指导全省范围推进碳达峰碳中和行动。部分省份制定地方性法规文件，促进和保障本地区碳达峰碳中和战略目标的实现。还有省份制订阶段性的行动方案，聚焦推动和实现碳达峰碳中和目标的行动计划，针对“十四五”期间实现阶段性目标制定具体的实施方案，以及金融、科技等保障性政策。此外，四川、重庆还联合印发了《成渝地区双城经济圈碳达峰碳中和联合行动方案》，探索跨区域协作新模式。

第二节　各地政策及推进分析

从各地区发布的碳达峰碳中和实施方案来看，各地均在积极探索符合自身战略定位的低碳转型路径，由于发展阶段、产业特点、能源结构和资源禀赋不同，存在一些政策差异性。

一　政策出台情况

统计显示，截至2023年初，发布碳达峰碳中和实施文件的地区已超过2/3。从已经发布的省级方案看，各省份按照地区特点，结合当地经济社会发展实际和资源环境禀赋，因地制宜实施具有地方特色的碳达峰碳中和政策措施，科学合理推动目标实现（见表6－1）。

表6－1　部分地区碳达峰碳中和工作重点任务

序号	地区	重点文件	主要措施
1	北京	《北京市碳达峰实施方案》	到2025年，可再生能源消费比重达到14.4%以上，单位地区生产总值能耗比2020年下降14%，单位地区生产总值二氧化碳排放下降确保完成国家下达目标。 到2030年，可再生能源消费比重达到25%左右，单位地区生产总值二氧化碳排放确保完成国家下达目标，确保如期实现2030年前碳达峰目标
2	天津	《天津市碳达峰碳中和促进条例》	促进实现碳达峰碳中和目标，推动经济社会发展全面绿色转型，推进生态文明建设，根据有关法律、行政法规对相关违法行为设定了相应的法律责任
		《天津市“十四五”节能减排工作实施方案》	到2025年，全市单位地区生产总值能源消耗比2020年下降14.5%，能源消费总量得到合理控制，化学需氧量、氨氮、氮氧化物、挥发性有机物等主要污染物重点工程减排量分别达到1.6万吨、0.04万吨、2.08万吨、0.99万吨。节能减排政策机制更加健全，重点行业主要污染物排放控制水平基本达到国际先进水平，经济社会发展绿色转型取得显著成效

续表

序号	地区	重点文件	主要措施
3	河北	《关于完整准确全面贯彻新发展理念认真做好碳达峰碳中和工作的实施意见》 《河北省碳达峰实施方案》	到2025年，绿色低碳循环发展的经济体系初步形成。全省单位地区生产总值能耗和二氧化碳排放确保完成国家下达指标；非化石能源消费比重达到13%以上，森林覆盖率达到36.5%，森林蓄积量达到1.95亿立方米，为实现2030年前碳达峰奠定坚实基础。到2030年，经济社会发展绿色转型取得显著成效，重点耗能行业能源利用效率达到国际先进水平。单位地区生产总值能耗和二氧化碳排放继续大幅下降；非化石能源消费比重达到19%以上；森林覆盖率达到38%左右，森林蓄积量达到2.20亿立方米，确保2030年前碳达峰。到2060年绿色低碳循环发展的经济体系和清洁低碳安全高效的能源体系全面建立，整体能源利用效率大幅提高，非化石能源消费比重大幅提升，碳中和目标顺利实现
4	山西	《山西省碳达峰实施方案》	到2025年，非化石能源消费比重达到12%，新能源和清洁能源装机占比达到50%、发电量占比达到30%，单位地区生产总值能源消耗和二氧化碳排放下降确保完成国家下达目标。到2030年，非化石能源消费比重达到18%，新能源和清洁能源装机占比达到60%以上，在保障国家能源安全的前提下二氧化碳排放量力争达到峰值
5	内蒙古	《内蒙古自治区碳达峰实施方案》	到2025年，非化石能源消费比重提高到18%，煤炭消费比重下降至75%以下，自治区单位地区生产总值能耗和单位地区生产总值二氧化碳排放下降率完成国家下达的任务，为实现碳达峰奠定坚实基础。到2030年，非化石能源消费比重提高到25%左右，自治区单位地区生产总值能耗和单位地区生产总值二氧化碳排放下降率完成国家下达的任务，顺利实现2030年前碳达峰目标
6	辽宁	《辽宁省碳达峰实施方案》	到2025年，非化石能源消费比重达到13.7%左右，单位地区生产总值能源消耗比2020年下降14.5%，能源消费总量得到合理控制，单位地区生产总值二氧化碳排放比2020年下降率确保完成国家下达指标。到2030年，非化石能源消费比重达到20%左右，单位地区生产总值二氧化碳排放比2005年下降率达到国家要求
7	吉林	《关于完整准确全面贯彻新发展理念做好碳达峰碳中和工作的实施意见》	到2030年，经济社会发展全面绿色转型取得显著成效，重点耗能行业利用效率达到国内先进水平。单位地区生产总值二氧化碳排放比2005年下降65%以上；非化石能源消费比重达到20%左右，风电、太阳能发电总装机容量达到5000万千瓦左右；到2060年碳中和目标顺利实现，生态文明建设取得丰硕成果，开创人与自然和谐共生新境界
		《吉林省碳达峰实施方案》	到2025年，非化石能源消费比重达到17.7%，单位地区生产总值能源消耗和单位地区生产总值二氧化碳排放确保完成国家下达目标任务，为2030年前碳达峰奠定坚实基础。到2030年，非化石能源消费比重达到20%左右，单位地区生产总值二氧化碳排放比2005年下降65%以上，确保2030年前实现碳达峰

续表

序号	地区	重点文件	主要措施
8	黑龙江	《关于2021～2023年度推动碳达峰、碳中和工作滚动实施方案》	配合制定全省碳达峰行动方案，加强目标考核
9	上海	《上海市公共机构绿色低碳循环发展行动方案》	到2023年，全市公共机构能源消费总量控制在171万吨标准煤以内，二氧化碳排放量控制在320万吨以内，太阳能光伏装机峰值功率达5万千瓦。实现单位建筑面积能耗、人均综合能耗、人均用水量分别较2020年降低3%、3.6%和4.2%，单位建筑面积碳排放较2020年降低4.2%
		《上海市关于完整准确全面贯彻新发展理念做好碳达峰碳中和工作的实施意见》	到2030年，非化石能源占能源消费总量比重力争达到25%，单位生产总值二氧化碳排放比2005年下降70%，确保2030年前实现碳达峰。到2060年，非化石能源占能源消费总量比重达到80%以上
		《上海市碳达峰实施方案》	到2025年，单位生产总值能源消耗比2020年下降14%，非化石能源占能源消费总量比重力争达到20%，单位生产总值二氧化碳排放确保完成国家下达指标。到2030年，非化石能源占能源消费总量比重力争达到25%，单位生产总值二氧化碳排放比2005年下降70%，确保2030年前实现碳达峰
		《上海市能源电力领域碳达峰实施方案》	到2025年，非化石能源占能源消费比重力争达到20%，可再生能源和本地可再生能源占全社会用电量比重分别达到36%和8%。全社会用电量碳排放强度下降至4吨/万千瓦时左右。到2030年，非化石能源占能源消费比重力争达到25%
10	江苏	《江苏省碳达峰实施方案》	到2025年，单位地区生产总值能耗比2020年下降14%，单位地区生产总值二氧化碳排放完成国家下达的目标任务，非化石能源消费比重达到18%，林木覆盖率达到24.1%，为实现碳达峰奠定坚实基础。到2030年，单位地区生产总值能耗持续大幅下降，单位地区生产总值二氧化碳排放比2005年下降65%以上，风电、太阳能等可再生能源发电总装机容量达到9000万千瓦以上，非化石能源消费比重、林木覆盖率持续提升。2030年前二氧化碳排放量达到峰值，为实现碳中和提供强有力支撑
11	浙江	《关于完整准确全面贯彻新发展理念做好碳达峰碳中和工作的实施意见》	到2030年，经济社会发展全面绿色转型取得显著成效，重点耗能行业能源利用效率达到国际先进水平，二氧化碳排放总量控制制度基本建立。单位GDP二氧化碳排放比2005年下降65%以上；非化石能源消费比重达到30%左右，风电太阳能发电总装机容量达到5400万千瓦以上，二氧化碳排放达到峰值后稳中有降。到2060年，绿色低碳循环经济体系、清洁低碳安全高效能源体系和碳中和长效机制全面建立，整体能源利用效率达到国际先进水平，非化石能源消费比重达到80%以上，甲烷等非二氧化碳温室气体排放得到有效控制，碳中和目标顺利实现

续表

序号	地区	重点文件	主要措施
11	浙江	《关于金融支持碳达峰碳中和的指导意见》	在全国率先出台金融支持和10个方面25项举措。建立信贷支持绿色低碳发展的正面清单，支持省级零碳试点单位和低碳工业园区的低碳项目，支持高碳企业低碳化转型
		《浙江省碳达峰碳中和科技创新行动方案》	到2025年，初步构建我省绿色低碳技术创新体系，大幅提升我省绿色低碳前沿技术原始创新能力，显著提高减污降碳关键核心技术攻关能力，抢占碳达峰碳中和技术制高点，高质量支撑我省如期实现碳达峰
12	福建	《关于完整准确全面贯彻新发展理念做好碳达峰碳中和工作的实施意见》	到2030年，经济社会发展绿色低碳转型取得显著成效，重点耗能行业能源利用效率达到国际先进水平。单位地区生产总值能耗大幅下降；单位地区生产总值二氧化碳排放比2005年下降65%以上；非化石能源消费比重达到30%以上，风电、太阳能发电总装机容量达到2000万千瓦以上；二氧化碳排放量达到峰值并实现稳中有降。到2060年，绿色低碳循环发展的经济体系和清洁低碳安全高效的能源体系全面建立，能源利用效率达到国际先进水平，非化石能源消费比重达到80%以上，碳中和目标顺利实现
13	江西	《江西省碳达峰实施方案》	到2025年，非化石能源消费比重达到18.3%，单位生产总值能源消耗和单位生产总值二氧化碳排放确保完成国家下达指标，为实现碳达峰奠定坚实基础。到2030年，非化石能源消费比重达到国家确定的江西省目标值，顺利实现2030年前碳达峰目标
14	山东	《山东省碳达峰实施方案》	“十四五”期间，全省产业结构和能源结构优化调整取得明显进展，绿色低碳循环发展的经济体系初步形成。到2025年，非化石能源消费比重提高至13%左右，单位地区生产总值能源消耗、二氧化碳排放分别比2020年下降14.5%、20.5%，为全省如期实现碳达峰奠定坚实基础。“十五五”期间，全省产业结构调整取得重大进展，经济社会绿色低碳高质量发展取得显著成效。到2030年，非化石能源消费占比达到20%左右，单位地区生产总值二氧化碳排放比2005年下降68%以上，确保如期实现2030年前碳达峰目标
15	河南	《河南省“十四五”现代能源体系和碳达峰碳中和规划》	到2025年，全省非化石能源消费比重比2020年提高5个百分点，确保单位生产总值能源消耗、单位生产总值二氧化碳排放和煤炭消费总量控制完成国家下达指标，为实现碳达峰奠定坚实基础。到2030年，全省非化石能源消费比重进一步提高，单位生产总值能源消耗和单位生产总值二氧化碳排放持续下降，顺利实现碳达峰目标，为实现2060年前碳中和目标打下坚实基础

续表

序号	地区	重点文件	主要措施
16	湖北	《湖北省碳达峰实施方案》	审议稿，未正式印发
17	湖南	《关于完整准确全面贯彻新发展理念做好碳达峰碳中和工作的实施意见》	到2030年，全省经济社会发展全面绿色转型取得显著成效，低碳技术创新和低碳产业发展取得积极进展，重点耗能行业能源利用效率达到国际先进水平。单位地区生产总值能耗和二氧化碳排放下降率完成国家下达目标任务，非化石能源消费比重达到25%左右，风电、太阳能发电总装机容量达到4000万千瓦以上。到2060年，全省绿色低碳循环发展的经济体系和清洁低碳安全高效的能源体系全面建立，能源利用效率达到国际先进水平，非化石能源消费比重达到80%以上，碳中和目标顺利实现
		《湖南省碳达峰实施方案》	到2025年，非化石能源消费比重达到22%左右，单位地区生产总值能源消耗和二氧化碳排放下降确保完成国家下达目标，为实现碳达峰目标奠定坚实基础。到2030年，非化石能源消费比重达到25%左右，单位地区生产总值能耗和碳排放下降完成国家下达目标，顺利实现2030年前碳达峰目标
18	广东	《关于完整准确全面贯彻新发展理念推进碳达峰碳中和工作的实施意见》	2030年前实现碳达峰，达峰后碳排放稳中有降。到2050年，新能源为主的新型电力系统全面建立，能源利用效率整体达到国际先进水平，生态系统碳汇能力持续提升，低碳零碳负碳技术得到广泛应用。到2060年，绿色低碳循环的经济体系和清洁低碳安全高效的能源体系全面建成，非化石能源消费比重达到80%以上，碳中和目标顺利实现
		《广东省碳达峰实施方案》	到2025年，非化石能源消费比重力争达到32%以上，单位地区生产总值能源消耗和单位地区生产总值二氧化碳排放确保完成国家下达指标，为全省碳达峰奠定坚实基础。到2030年，单位地区生产总值能源消耗和单位地区生产总值二氧化碳排放的控制水平继续走在全国前列，非化石能源消费比重达到35%左右，顺利实现2030年前碳达峰目标
19	海南	《海南省碳达峰实施方案》	到2025年，初步建立绿色低碳循环发展的经济体系与清洁低碳、安全高效的能源体系，碳排放强度得到合理控制，为实现碳达峰目标打牢基础。非化石能源消费比重提高至22%以上，可再生能源消费比重达到10%以上。到2030年，现代化经济体系加快构建，重点领域绿色低碳发展模式基本形成，清洁能源岛建设不断深化，绿色低碳循环发展政策体系不断健全。非化石能源消费比重力争提高至54%左右，单位国内生产总值二氧化碳排放相比2005年下降65%以上，顺利实现2030年前碳达峰目标

续表

序号	地区	重点文件	主要措施
20	成渝地区	《成渝地区双城经济圈碳达峰碳中和联合行动方案》	到2025年，成渝地区二氧化碳增速放缓，非化石能源消费比重进一步提高，单位地区生产总值能耗和二氧化碳排放强度持续降低，推动实现能耗“双控”向碳排放总量和强度“双控”转变，加快形成减污降碳激励约束机制，重点行业能源资源利用效率显著提升，协同推动碳达峰、碳中和工作取得实际进展，产业结构、能源结构、交通运输结构、用电结构不断优化，政策法规、市场机制、科技创新、财税金融、生态碳汇、标准建设等支撑体系不断完善，绿色低碳循环发展新模式初步形成，为成渝地区经济圈实现碳达峰碳中和目标奠定坚实基础
21	重庆	重庆市委、重庆市人民政府《关于完整准确全面贯彻新发展理念做好碳达峰碳中和工作的实施意见》	到2025年，绿色低碳循环发展的经济体系初步形成，重点行业能源利用效率大幅提升。单位地区生产总值能耗比2020年下降14%，单位地区生产总值二氧化碳排放下降率完成国家下达目标，非化石能源消费比重达到25%，森林覆盖率达到57%，森林蓄积量达到2.8亿立方米。到2030年，重点耗能行业能源利用效率达到国际先进水平。单位地区生产总值能耗和二氧化碳排放持续下降，非化石能源消费比重达到28%，森林覆盖率保持稳定，森林蓄积量达到3.1亿立方米，二氧化碳排放量达到峰值并实现稳中有降。到2060年，绿色低碳循环发展的经济体系和清洁低碳安全高效的能源体系全面建立，能源利用效率达到国际先进水平，非化石能源消费比重达到80%以上
22	四川	《关于完整准确全面贯彻新发展理念做好碳达峰碳中和工作的实施意见》	到2025年，绿色低碳循环发展的经济体系初步形成，重点行业能源利用效率大幅提升，为实现碳达峰、碳中和奠定坚实基础。到2030年，经济社会发展全面绿色转型取得显著成效，重点耗能行业能源利用效率达到国际国内先进水平，二氧化碳排放量达到峰值并实现稳中有降。到2060年，绿色低碳循环发展的经济体系和清洁低碳安全高效的能源体系全面建立，能源利用效率达到国际国内先进水平，碳中和目标顺利实现，生态文明建设取得丰硕成果
23	宁夏	《关于完整准确全面贯彻新发展理念做好碳达峰碳中和工作的实施意见》	提出41条政策措施、三个阶段的目标任务。其中，第一阶段，到2025年，奠定碳达峰碳中和坚实基础。绿色低碳循环发展的经济体系初步形成，重点行业能源利用效率大幅提升。全区单位地区生产总值能源消耗比2020年下降15%。单位地区生产总值二氧化碳排放比2020年下降16%。非化石能源消费比重达到15%左右。第二阶段，到2030年，二氧化碳排放量顺利实现达峰。到2060年，顺利实现碳中和目标，非化石能源消费比重达到80%左右
24	陕西	《陕西省碳达峰实施方案》	到2025年，全省非化石能源消费比重达16%左右；到2030年，非化石能源消费比重达20%左右，实现2030年前碳达峰目标

资料来源：地方政府网站，中能智库整理。

二　各地政策差异

（一）碳达峰节奏不同

从全国各地已经发布的碳达峰计划看，由于资源禀赋、产业发展阶段以及对化石能源依赖的程度不同，因此碳达峰时间也有所不同。

根据相关机构统计，2019 年，山东、河北、江苏、内蒙古、广东、山西、辽宁、河南等省份碳排放总量位于全国前列；从碳排放强度看，宁夏、内蒙古、新疆、山西、河北、辽宁、黑龙江、甘肃等省份位于全国前列（见图 6－1）。

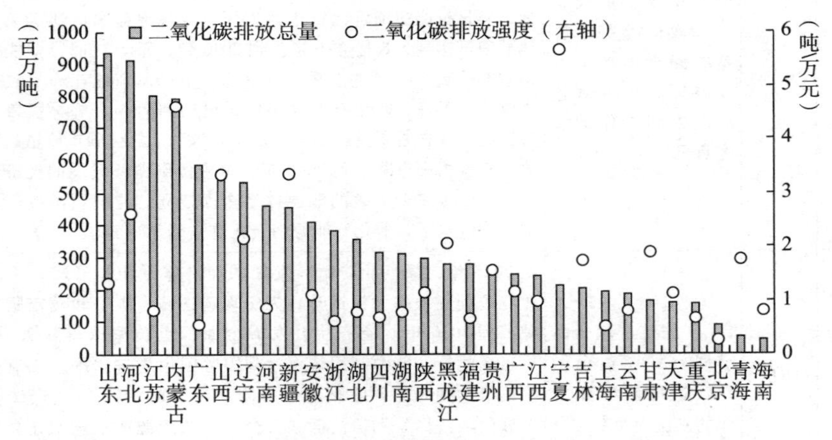

图 6－1　2019 年部分地区碳排放总量及强度情况

资料来源：国家统计局、CEADs（中国碳核算数据库）。

通过各地碳达峰碳中和实施方案及目标可以看出，其选取的路径和采取的措施符合当地实际发展情况。宁夏、内蒙古、新疆、山西、河北等碳排放总量大、强度高且第二产业占比大的省份，由于经济仍处于发展阶段，碳减排压力较大。北京、上海、福建等碳排放总量少、强度低的省份，碳减排压力较小。浙江、江苏、广东等经济发达省份，尽管碳排放总量较高，但碳排放强度相对较小，通过优化产业结构，可以缓解碳排放总量下降压力。

（二）能源消费目标差异

截至2023年5月底，全国27个省份制定了具体的碳达峰实施方案。主要目标方面，各地在目标设定上基本与国家目标保持一致。例如江西、湖南、北京等地，指出“确保完成国家下达目标”。也有一些省份结合自身实际情况，对目标值进行了调整。例如从已设定目标值的省份来看，上海提出到2030年，单位生产总值二氧化碳排放比2005年下降70%，比国家目标高5个百分点；海南提出到2030年，非化石能源消费比重力争提高至54%左右，比国家设定的25%的目标高出29个百分点。

山西、内蒙古、河北、山东、黑龙江、吉林、辽宁等能源资源富集的省份非化石能源消费占比上升较慢，设定的2030年目标低于国家目标值（见图6-2）。

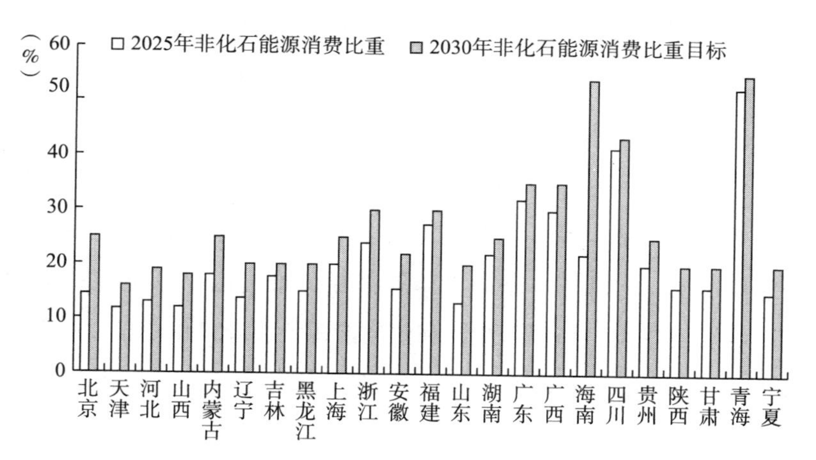

图6-2　2025年和2030年部分地区非化石能源消费比重及目标对比

资料来源：各地方政府网站，中能智库整理。

江苏除了对标国家外，还强调到2030年风能、太阳能等可再生能源发电总装机容量达到9000万千瓦以上，非化石能源消费比重、林木覆盖率持续提升。

（三）重点任务差异

各省份行动方案基本与国家方案一致，均包括总体目标、清洁能源、产业结构、交通运输、城乡建设、生态碳汇及配套措施等内容，重点任务结合各地资源环境禀赋、产业布局、发展阶段各有侧重和不同。

北京大力推动绿色低碳技术研发、示范和应用，具体措施体现为强化低碳技术创新，推进能源领域国家实验室建设，开展碳达峰、碳中和科技创新专项行动，重点领域开展技术研发攻关。充分发挥“三城一区”主平台作用，在智慧低碳能源供应、低碳交通和低碳建筑等方面逐步形成完备的技术支撑能力，将北京建设成为具有国际影响力和区域辐射力的绿色技术创新中心。

上海增加“绿色低碳区域行动”，明确坚持分类施策、因地制宜、上下联动，深入推进各区碳达峰、碳中和工作，鼓励支持重点区域和企业积极开展碳达峰、碳中和试点示范。同时，计划推进重点区域低碳转型示范引领。在临港新片区、长三角生态绿色一体化发展示范区、虹桥国际开放枢纽、五个新城等重点发展区域，打造一批各具特色、可操作、可复制、可推广的绿色低碳发展试点示范样本。

天津提出要打造世界一流绿色港口。实施新型基础设施建设，开发智能水平运输系统，实现港口基础设施智慧化。推进港口低碳设备应用，推进码头岸电设施建设，加快新能源和清洁能源大型港口作业机械、水平运输等设备的推广应用，到2025年，天津港靠港船舶岸电使用率力争达到100%。创建“低碳码头”试点，推进港口太阳能、风能等分布式能源建设。到2025年，天津港生产综合能源单耗低于2.74吨标准煤/万吨吞吐量。

三　各地碳达峰碳中和进展

调整能源供应结构方面。内蒙古大力推进第一批风电光伏基地项目建设，同步开工建设特高压电力外送通道。湖北大力发展风电、光伏等新能源。云南积极推进金沙江、澜沧江水电基地建设，乌东德水电站全部机组投产，白鹤滩水电站16台百万千瓦水轮发电机组安装完毕，15台百万千瓦发电机组建成投产。宁夏给予储能试点项目0.8元/千瓦时调峰服务补偿价格，新型储能试点项目在完全充放电前600次周期内享有优先调用权。海南制定风电装备产业发展规划，大力推动洋浦申能、东方明阳风电等项目建设。浙江、广东、辽宁、甘肃等地加快建设抽水蓄能电站项目，稳步提升清洁能源调储能力。

产业结构优化方面。山东制订“十强产业”年度行动计划，明确236项主要任务及54项保障措施，大力推动新一代信息技术、高端装备、高端化工等产业补链强链。天津推进全国先进制造研发基地建设，重点建设信息技术创新产业、高端装备等12条产业链。河南实施“十四五”战略性新兴产业和未来产业发展规划，加快发展新型显示、智能终端、生物医药、节能环保等战略性新兴产业。江西深入推进产业高质量跨越式发展行动计划，做大做强航空、电子信息、装备制造、中医药、新能源、新材料六大优势新兴产业。

绿色低碳交通方面。海南提出“到2030年全面禁售燃油车”的目标；建立充换电设施“一张网”平台，接入1723座充电站和13283个充电桩，推动全省公共充电基础设施互联互通。上海大力推进交通工具新能源替代，2021年更新新能源公交车1025辆，上线运营31辆氢燃料公交车。广西大力推进铁水联运，加快完善以铁路、海运为网络的立体化物流基础设施体系，北部湾国际门户港加快发展，2021年开行西部陆海新通道海铁联运班列超过6000列，同比增长30%以上。山东全面建成“四纵四横”货运铁路网，开通海铁联运班列线路80条、建设内陆港30个，铁路、水路货运周转量稳步提升。安徽开展两批共20个多式联运示范项目创建。

低碳零碳负碳科技创新方面。广东启动碳达峰碳中和关键技术研究与示范重大专项，开展千万吨级碳捕集、利用与封存集群全产业链示范项目前瞻性研究。天津、广东、陕西、新疆等地开工建设百万吨级碳捕集、利用与封存示范项目。浙江扎实推进国家绿色技术交易中心建设，累计促成交易近 200 项，交易额突破 3 亿元。内蒙古成立国家碳计量中心，积极搭建碳计量研究平台和碳数据服务平台，开展碳排放、碳核查等全生命周期的计量技术研究，提供碳计量诊断、碳计量审查等技术服务。

完善市场化机制和金融财税政策方面。湖北建成运行全国碳排放权注册登记系统，持续完善相关制度设计。江西财政设立碳达峰碳中和专项资金，统筹支持开展绿色低碳循环发展示范、加强“双碳”基础能力建设等工作。湖南建立全省“双碳”领域重点项目金融项目库，积极支持重点行业节能降碳改造，为银企常态化对接提供支撑。陕西加快完善绿色金融服务体系，引导银行建立完善绿色信贷管理机制，为绿色项目开辟“绿色通道”，促进绿色信贷业务发展。

行 业 篇

第七章　能源领域碳达峰碳中和目标与实践

根据国际能源署公开信息，在我国分部门碳排放中，能源电力占57%，工业占28%，交通占9%，主要集中在能源、电力、工业、交通、建筑等领域，实现这些领域碳减排是我国达成碳达峰碳中和目标的关键。

众所周知，经济发展与能源强耦合，碳排放又与能源息息相关。我国能源禀赋的特点是“富煤贫油少气”，煤炭在我国人民生活与经济发展活动中发挥着重要作用，而化石燃料能源生产消费产生的碳是我国碳排放的重要来源。根据国家统计局2022年统计公报，我国2022年全年能源消费总量为54.1亿吨标准煤，比上年增长2.9%。煤炭消费量增长4.3%，原油消费量下降3.1%，天然气消费量下降1.2%，电力消费量增长3.6%。煤炭消费量占能源消费总量的56.2%，比上年上升0.3个百分点；天然气、水电、核电、风电、太阳能发电等清洁能源消费量占能源消费总量的25.9%，比上年上升0.4个百分点。每千瓦时火力发电标准煤耗下降0.2%。全国万元国内生产总值二氧化碳排放下降0.8%。从能源品类看，我国燃煤发电和供热排放占能源活动碳排放的比重最大，约为44%，煤炭终端燃烧排放占比为35%，石油、天然气开发利用过程中的碳排放占比分别为15%、6%。

第一节　煤炭行业碳达峰碳中和探索与实践

一　煤炭行业碳排放情况

煤炭开发利用过程中产生的碳排放是我国碳排放的主要来源，约占全国碳排放总量的70%左右。从煤炭开发和利用（消费）过程看，煤炭开发过程的碳排放量占比约为10%，煤炭终端消费的碳排放量占比近90%，[①] 因此煤炭消费达峰是我国碳达峰的前提。

煤炭行业自身碳排放是指全生命周期生产过程中的碳排放[②]，施工建设、煤炭开采、运输、加工、利用、关闭、生态修复等阶段均涉及碳循环。

近20余年来，中国煤炭开发过程生产用能碳排放总量（即煤炭开采和选矿碳排放总量）在2013年达到高点，随后降低（见图7－1）。其

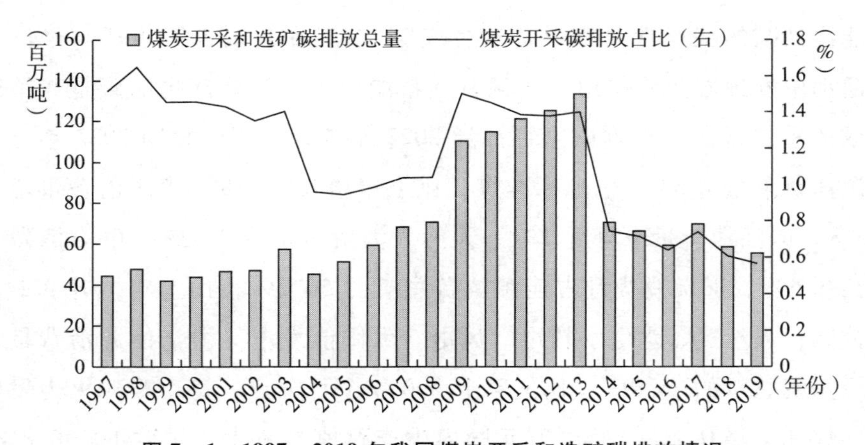

图7－1　1997～2019年我国煤炭开采和选矿碳排放情况

资料来源：https://www.nature.com。

① 于胜民，朱松丽，张俊龙．中国井工煤矿开采过程的二氧化碳逃逸排放因子研究［J］．中国能源，2018，40（5）：10－16.

② 陈浮，于昊辰等．碳中和愿景下煤炭行业发展的危机与应对［J］．煤炭学报，2021，46（6）：1808－1820.

中，煤炭消耗碳排放量占生产用能总碳排放的比例呈降低趋势；电力消耗碳排放量呈现增加走势；油气消耗碳排放量占比呈现先增加后降低的走势。生产用能碳排放受原煤产量、单位产品能源消耗强度、能源消耗碳排放强度的影响，其中原煤产量是最主要影响因素，生产用能碳排放量的变化走势基本与原煤产量变化走势一致。

近年来，随着中国煤炭开发机械化水平持续提高，大型煤炭企业采煤机械化水平已高达97.1%，达到发达国家水平，使得煤矿生产能耗逐年降低，结合煤矿区“电代煤”及“气代煤”的改造升级，显著改善了生产用能结构。图7－2呈现了2005～2021年我国吨煤电耗变化情况。

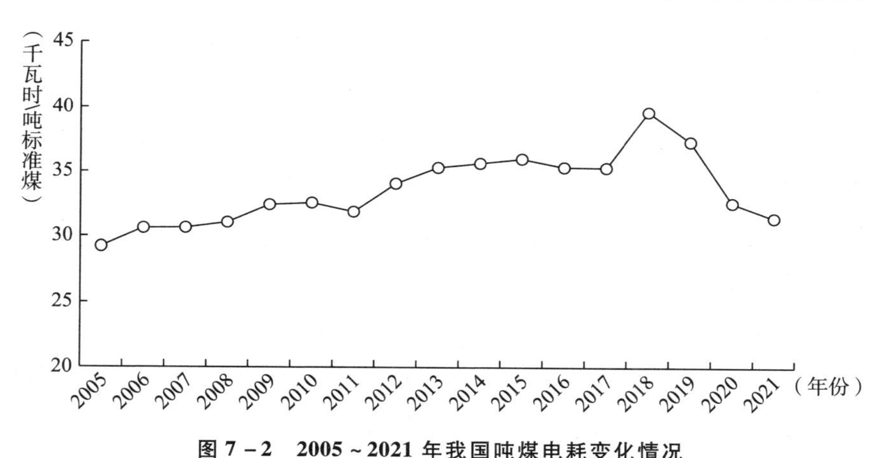

图7－2　2005～2021年我国吨煤电耗变化情况

资料来源：https://www.nature.com。

从近年来的发展趋势看，我国煤炭利用方式正逐步向清洁化、大型化、集约化发展，煤炭利用属性由燃料独大向多样化转变，原料占比不断提高，尤其在碳达峰碳中和目标提出后，煤炭行业清洁低碳转型进程进一步加快。

二　煤炭行业碳达峰碳中和目标及路径

分析煤炭行业低碳转型目标和路径，首先要把煤炭行业的减碳路径和其下游产业减碳路径区分开来，同时厘清煤炭行业和下游产业的减碳责任。煤炭行业自身低碳发展集中在生产环节以及企业转型上。

（一）主要目标

根据《2030年前碳达峰行动方案》，煤炭行业在2030年前碳达峰阶段将加快减量步伐，“十四五”时期严格合理控制煤炭消费增长，“十五五”时期煤炭消费逐步减少。综合考量我国煤炭行业发展现状，结合我国资源禀赋状况及经济稳定发展需求，煤炭行业实现碳达峰碳中和需要分三步，实现不同阶段性目标。

2020～2030年，通过低碳、高效、综合开采技术和尽快实现煤炭能耗达峰，同时利用煤、电产业协同等方式，减少散烧煤炭利用，逐步降低煤炭消费增长，推动煤炭碳排放在2030年前尽早达峰。

2030～2050年，在煤炭碳排放达峰的情况下，攻关煤炭脱碳去碳和CCUS等清洁化技术、生态修复技术及碳汇技术等，稳步降低煤炭碳排放占比。

2050～2060年，加快负排放技术的应用，积极抵消温室气体排放，保障如期达成碳中和目标。

预计2025年前后，煤炭消费总量将达到峰值，在一次能源消费中所占比重将至50%左右；2030年前后，仍处于煤炭消费总量峰值平台期，并显现回落趋势；2035年以后，非化石能源进入快速发展时期，煤炭开始转为支撑性能源，非化石能源逐渐向主要能源转变；2050年以后，煤炭逐渐转为应急与调峰能源，非化石能源比重将超过60%。

（二）实施路径

一是加大煤炭资源勘查力度。以晋陕内蒙古地区、东北、华东、中南等矿区深部为重点，提高资源勘探精度，增加可采储量，为建设大型智能化煤矿提供物质基础。要建立煤炭产能收缩与释放机制。当水电、风电、太阳能等能源处于正常发电运行阶段，煤矿收缩产能、控制产量；当非化石能源不能正常发电或能力不足时，煤矿释放产能、提高产量，发挥煤炭兜底保障作用。

二是加快先进产能的替代工作。通过加快退出标准产能以下煤矿，鼓励相应资源枯竭煤矿依法有序退出，加速淘汰安全、资源和生产条件差的煤矿，着力建设一大批智能化煤矿和大型露天煤矿，继续淘汰落后产能，形成以大型智能化煤矿为主体的煤炭生产结构。加强煤矿生产系统智能化，提高生产系统综合效率，进而大幅减少煤炭开采环节二氧化碳的排放。

三是科学开采。降低开采环节的二氧化碳排放，在开采各环节采用高能效开采技术和设备，推动煤炭开采从自动化向智能化、无人化的方向发展。采用煤与瓦斯共采等绿色开采技术，开展余热、余压、节水、节材等综合利用节能项目，提高煤炭资源回收率。

四是绿色采选。在开采洗选等生产用能环节采用电能或天然气替代。加快推动千万吨级湿法全重介质选煤技术、大型复合干法和块煤干法分选技术、细粒级煤炭资源的高效分选技术、大型井下选煤排矸技术和新一代空气重介干法选煤技术的规模化应用。

五是加大低阶煤利用技术研发力度。探索低阶煤中低温热解转化及产物分质分级梯级利用，加快低阶煤利用技术研发，推动煤炭开采、加工、运输等环节清洁低碳生产，提高煤炭行业绿色低碳标准，着力突破煤炭低碳化利用以及碳去除等关键技术。

六是矿区生态环境修复治理。持续推进矿区生态环境修复治理，推动采煤沉陷区和排矸场综合治理。降低矿区主要污染物排放总量，提升生态环境品质，促进矿区资源开发与生态环境协调。

七是推动煤炭清洁高效利用。要把煤炭清洁高效利用纳入国家能源结构调整中，与“双碳”战略一同综合规划、科学布局、分步实施。以燃煤发电、冶金焦化、水泥建材和散煤燃烧四大耗煤领域为重点，加大产业政策、金融政策支持力度。鼓励开展煤炭清洁高效利用基础理论与关键技术攻关，推动煤炭清洁高效利用示范工程建设，促进煤炭消费转型升级。

三 实践探索与典型案例

一是各省份阶段性煤炭消费控制目标陆续出台。根据31个省（区、市）发布的“十四五”规划，北京、上海、广东、宁夏、吉林、河南6个省（区、市）明确设置了煤炭消费控制目标（见表7-1）。

表7-1 明确“十四五”煤炭消费控制目标的省（区、市）

地区	目标
北京	煤炭消费量控制在100万吨以内
上海	煤炭消费量控制在4300万吨左右
吉林	煤炭消费比重下降到62%
河南	煤炭占能源消费总量比重降低5个百分点
广东	一次能源消费中煤炭占比下降到31%
宁夏	煤炭消耗下降15%

资料来源：相关地方“十四五”规划，中能智库整理。

山东、河南、辽宁、湖北等省（区、市）制定了“十四五”期间低碳转型规划。北京、上海、吉林等地设置可再生能源消费比重目标，到2025年，北京可再生能源消费比重达到14.4%以上，上海可再生能源占全社会用电量比重力争达到36%。辽宁、浙江、湖北等地制定可再生能源装机目标，到2025年浙江清洁能源电力装机占比超过57%，辽宁风电光伏装机力争达到3000万千瓦以上。山西、河北、安徽等省虽未设置具体转型目标，但明确提出了控制煤炭消费、大力发展可再生能源。其中，山西提出控制煤炭消费总量，大幅提升煤炭作为原料和材料使用的比例，打造国家级碳基新材料制造基地。

二是淘汰落后产能成效明显。自供给侧结构性改革以来，“十二五”期间形成的大量无效、落后、枯竭的煤炭产能逐步退出，2016~2020年共退出产能约9.8亿吨。其中，7.2亿吨、占总量73.5%的产能位于山西、陕西、内蒙古和新疆以外省份（见表7-2）。据不完全统计，2021

年，煤炭行业淘汰落后产能超过 0.5 亿吨。2017～2020 年，国家又分别核准 1.4 亿吨、0.77 亿吨、0.67 亿吨、0.37 亿吨产能。

表 7－2　“十三五”期间全国煤矿去产能情况

单位：万吨

年份	全国合计	山西	陕西	内蒙古	新疆	其他地区
2016	29000	2325	2934	330	274	23137
2017	25000	2265	90	810	1163	20672
2018	15000	2330	581	1110	255	10724
2019	14130	4666	299	400	144	8621
2020	15000	4099	1693	0	60	9148
合计	98130	15685	5597	2650	1896	72302

资料来源：相关地区政府官网，中能智库整理。

“十三五”以来，全国累计退出煤矿 5600 处左右，退出落后煤炭产能 10 亿吨以上，分流安置职工 100 万人左右，全国规模以上煤炭企业资产总额由 4.48 万亿元增加到 7.32 万亿元，煤炭市场实现由严重供大于求向供需动态平衡转变。截至 2021 年底，全国煤矿数量减少至 4500 处以内，年产 120 万吨以上的大型煤矿产量占比为 85% 左右。

三是煤炭产能集中度提高。我国煤炭生产中心加快向资源禀赋好、开采条件好的“晋陕蒙地区”及优质企业集中，2016 年以来核增产能超过 2 亿吨，核准产能约 3.45 亿吨，其中 91% 位于晋陕蒙新省区。在大型煤炭基地内建成一批大型、特大型现代化煤矿，安全高效煤矿达 760 多处，千万吨级煤矿达 53 处。煤炭生产集约化、规模化水平明显提升。同时，产业集中度进一步提高。

根据中国煤炭工业协会统计，2022 年，全国共有产煤省份 23 个，比上年减少 1 个（重庆市），过亿吨省份有 6 个，数量与上年相同。其中，原煤产量超 10 亿吨省份有 2 个，分别为山西省（13.07 亿吨）和内蒙古自治区（11.74 亿吨）；5 亿～10 亿吨省份有 1 个，为陕西省（7.46

亿吨）；其余分别为新疆维吾尔自治区（4.12 亿吨）、贵州省（1.28 亿吨）和安徽省（1.11 亿吨）。亿吨以上省份产煤合计为 38.8 亿吨，同比增长 9.4%，占全国规模以上原煤产量的 86.3%，比 2021 年提高 0.4 个百分点。其中，内蒙古自治区煤炭产量占全国的 1/4，超过 60% 外调，覆盖全国 25 个省份，产量、外运量保持了两位数增长，均创历史最高水平，全年共承担国家下达的电煤中长期合同任务 9.45 亿吨，占全国任务总量的 36%，位居全国第一；山西煤炭产量占全国产量近 1/3，全年签订电煤中长期合同 62958 万吨，超额完成国家下达的 6.2 亿吨目标任务。

四是煤炭企业转型进程加快。在碳达峰碳中和背景下，煤炭企业面临极大的转型压力。如果新能源发电突破技术和成本的约束，煤炭行业将面临生存危机。因此，不少企业加快转型，方向主要有两类。一类是延伸煤炭产业链，主要为煤化工，以炼焦煤、无烟煤等生产焦炭、甲醇、煤质烯烃等化工产品，这类原料用能不纳入能源消费总量控制范围，且“十四五”政策大力支持现代煤化工发展，加之多数煤企已有煤化工成熟生产经验，因此这是煤企主要转型方向之一，如陕煤集团、淮北矿业等。其中，中煤集团加大当前已有产品甲醇、尿素等生产力度，兖矿能源计划向氨基、醇基等化工新材料领域转型。截至 2022 年底，超过 1/3 的发债煤企向煤化工领域转型。除煤化工外，部分煤企加大对建材、发电等领域的布局，如焦煤集团加快水泥建材项目落地，晋能控股加快构建“煤—气—电”产业链；部分煤企则加大了装备制造、物流贸易等生产领域升级力度，如中煤集团大力推动装备制造业务转型。另一类是转型新能源领域，由于煤企具有产业优势、地域优势，叠加中东部地区煤炭资源逐渐减少，煤企向新能源领域转型的意愿较强，包括新能源发电、新能源材料等。晋能煤业、兖矿能源等明确宣布新能源发电转型计划；平煤神马集团近年来积极布局新能源新材料核心产业，单晶硅电池片、超高石墨电极均已量产。

五是绿色开采、综合节能技术持续推进。2016 年，国家发展改革委、生态环境部等有关部门发布《清洁生产审核办法》，明确生产工艺与装备、资源能源消耗、资源综合利用等关键指标，为煤炭开采实现清洁化发展指明方向，推动煤炭开采行业的清洁生产进程。目前煤炭行业在加大煤炭资源整合力度的基础上，不断提高资源回收率，并在瓦斯综合利用、煤炭清洁运输等方面做出了积极探索，取得一定成效。其中，绿色矿山、智慧矿山方面的绿色低碳技术创新研究成为重点，并且积极探索煤炭能源转化、高效燃煤且少排碳或不排碳、从煤炭燃料到煤炭原料等变革性技术的发展及应用，实现控煤但不退煤、减碳与去碳同步，实现降低煤炭消费量和实施煤炭低碳洁净高效利用的双轮驱动，实现碳中和与能源安全“兜底”保障双目标相统一。

关于煤炭综合利用典型案例详见专栏。

专栏　煤炭综合利用典型案例

◆ 华晋焦煤瓦斯综合利用项目。山焦华晋所属沙曲一号煤矿、沙曲二号煤矿为煤与瓦斯双突矿井，瓦斯资源丰富。为充分利用煤矿瓦斯资源，山焦华晋成立了电力分公司，建设了总装机容量为63MW的瓦斯发电厂，形成了山焦华晋离柳矿区煤层气综合利用、余热循环利用、清洁发展的华晋综合利用模式。余热利用系统有效利用了机组高温尾气，代替了山焦华晋离柳矿区的9台燃煤锅炉和6台燃煤热风炉。瓦斯锅炉及发电余热代替热负荷为86t/h，年减少标准煤燃烧28800吨，每年可削减二氧化硫排放54.23吨、烟尘排放25.22吨、二氧化碳排放7.18吨，有效减少了大气污染物的排放。

◆ 晋华炉煤气化技术。潞安化工机械（集团）有限公司与清华大学合作研发晋华炉水煤浆水冷壁废锅气化工艺技术。主要原理是气化原料（水煤浆）和氧化剂（纯氧）通过组合式工艺烧嘴进入气化炉，在气化炉内，煤粉颗粒、氧气、水等在高温、高压条件下发生复杂的氧化还原反应，生成以CO、H_2、CO_2、CH_4、H_2S为主的合成气，副产高品质蒸汽，适合作为煤基化工产品、煤基液体燃料、合成天然气、IGCC发电、制氢、直接还原炼铁等过程的原料气及燃料气使用。实践应用表明，该技术有利于减少三废（废渣、废气、废水）排放，破解“三高”劣质煤炭资源开发利用难题，推动实现煤炭清洁高效利用及煤炭产业链的延伸和增值。

◆ 兰炭尾气余热回收利用成套装置关键技术与应用。中国能源建设集团陕西省电力设计院有限公司研发“兰炭尾气燃气锅炉＋空冷汽轮发电机组”余热回收利用成套装置，用于回收焦化行业排放的兰炭尾气，将兰炭尾气的热能转化为电能。该余热回收利用成套装置具有热效率较高、点火系统简单、主辅机全部实现国产化、气源处理系统简单、负荷变动范围大、调峰能力强、造价低的特点。经过对比分析发现，由“兰炭尾气燃气锅炉＋空冷汽轮发电机组”组成的兰炭尾气余热回收利用装置的热效率和同等规模燃煤发电机组相当，负荷调整范围大、调峰能力强，更适应兰炭企业间歇生产状况；方案经济适用，适合规模化集中利用兰炭企业排放的废气；设备全部国产化，目前该装置在陕西省榆林、新疆和山西等地推广应用的项目超过40个，规模效应显现，为当地煤化工行业转型升级做出了贡献。

◆ 超低浓度瓦斯综合利用及减碳技术。山西潞安集团在古城煤矿乏风氧化发电项目上采用超低浓度瓦斯综合利用及减碳技术，顺利实现工程化应用。项目建设规模为$10\times100kNm^3/h$蓄热式高温氧化器（RTO）＋1×100t/h高温高压余热锅炉＋15t/h启动余热锅炉＋1×25MW高温高压空冷抽汽凝汽式发电机组及其配套辅助设施，占地约18亩。项目完全投产后年供电量为1.086亿kWh，如果折合成燃煤电厂的标准煤耗，本电站每年可节约标煤量为3.345万吨（按照2018年全国6000kW以上机组平均供电标煤耗308g/kWh计算），减排SO_2约2268吨，减排氮氧化物约1097吨，减排当量CO_2约180万吨。

◆ 低碳循环发展的现代综合能源基地。中煤集团在保障能源稳定供应、兜住安全底线的同时，积极发展清洁煤炭，构建“煤炭—

火电—现代绿色煤化工—新能源—资源综合利用”产业集群，全力建设低碳循环发展的现代综合能源基地，聚焦提高产品回收率、降低能源资源消耗、发展煤基高端产品、新能源技术耦合，推动绿色低碳转型，实现清洁利用。

◆ 节能减碳及低碳技术开发。国家能源投资集团聚焦煤炭行业节能减碳、替代减碳、移储减碳等技术领域，攻克“卡脖子”技术，建成宁夏煤业400万吨/年煤间接液化等一批重大科技示范项目，推进煤炭行业低碳零碳负碳技术研发与应用；同时积极探索煤电运化全产业链绿色转型，攻克了8.8米超大采高智能综采技术，煤矿开采全员工效为全国大型煤企平均值的4.5倍。

第二节　石油天然气行业碳达峰碳中和探索与实践

一　油气行业碳排放情况

作为传统化石能源，石油和天然气是碳排放“大户”。国际能源署（IEA）统计数据显示，2021年全球温室气体总排放量达到408亿吨碳当量，其中全球能源燃烧和工业过程产生的二氧化碳达到363亿吨，较2020年同比增长6%，创历史新高，占总排放量的89%，主要源于煤、石油和天然气等一次能源的使用，其中石油和天然气的碳排放量达到182亿吨。2020年，中国石油①、中国石化②、中国海油③三家国内油气生产企业二氧化碳排放总量在3.5亿吨左右，约占全球油气行业碳排放的1.92%。

① 中国石油天然气集团有限公司．中国石油天然气集团有限公司2020年环境保护公报［R/OL］.（2021-06-05）［2021-07-02］. http://csr. cnpc. com. cn/cnpccsr/xhtml/ PageAssets/2020hjbhgb. pdf.

② 中国石油化工股份有限公司．2020中国石化可持续发展报告［R/OL］.（2021-03-28）［2021-07-02］. http://www. sinopec. com/ listco/Resource/Pdf/2021032840. pdf.

③ 中国海洋石油有限公司．2020年环境、社会及管治报告［R/OL］.（2021-04-12）［2021-07-02］. https://www. cnoocltd. com/ attach/0/f836a9b731564 2ff97db5835 b2b653ab. pdf.

油气行业的碳排放环节贯穿全产业链，全链温室气体排放量达到全球总量的40%以上，其中生产阶段的排放占20%，使用阶段的排放占80%。油气行业排放类型多且复杂，主要有七大排放源种类，包括《京都议定书》中规定的二氧化碳、甲烷、氧化亚氮、氢氟碳化物、全氟化碳、六氟化硫6大类温室气体，其中又以二氧化碳、甲烷为主要排放气体。要实现碳中和目标，油气行业势必成为减排主体。

从油气行业的上游①看，国内外油气公司的温室气体排放强度差异较大。以2019年为例，资源禀赋优异或以天然气业务为主的国际石油公司与低碳转型进程较快的中小型油气企业，其平均温室气体排放强度低于10千克二氧化碳/桶油当量；资源禀赋水平正常的欧洲石油公司，其平均温室气体排放强度在23.3千克二氧化碳/桶油当量左右；资源禀赋较差及转型进程相对滞后的石油公司则碳排放强度较高，平均超过40千克二氧化碳/桶油当量（见图7-3）。

中国油气企业上游业务温室气体排放强度为45.0千克二氧化碳/桶油当量，约为国际平均水平的2倍。这与中国油气资源禀赋相对较差、开采难度高、主力油气田多为开发年限较长的老油田有关，也与中国油气企业温室气体排放管理起步较晚等有关。

2021年，我国国内石油表观消费量呈现近年来少见的负增长，石油对外依存度降至72.2%。2022年，我国原油进口量为5.08亿吨，比上年下降1%，对外依存度降至71.2%；天然气进口量为1520.7亿立方米，比上年下降10.4%，对外依存度降为40.2%，天然气表观消费量比上年下降1.3%；原油加工量为6.76亿吨，比上年下降3.4%。这种同步齐降的局面是我国石化产业快速发展以来首次出现，这与国际市场原油天然气价格高企、绿色低碳转型发展、骨干油气企业实施“增储上产七年行动计划”，以及我国原油天然气产量增长等因素有关。

---

① 上游业务包括油气田生产、加工处理、油气集输等，包括钻井、开发、集输储运等生产运输环节。

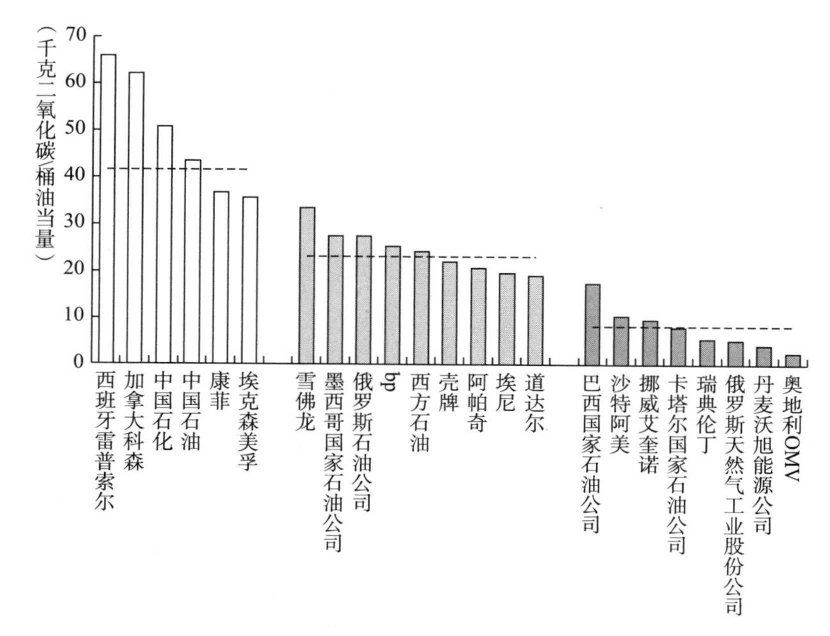

图 7-3　2019 年部分国际油气企业上游业务温室气体排放强度对比

资料来源：各油气企业年度报告；刘殊呈，粟科华等．油气上游业务温室气体排放现状与碳中和路径分析［J］. 国际石油经济，2021，29（11）：22-33。

近年来，我国天然气年产量持续增长，石油年产量保持在 1.9 亿～2.2 亿吨，但油气开采行业碳排放占比呈下降趋势（见图 7-4）。我国石油石

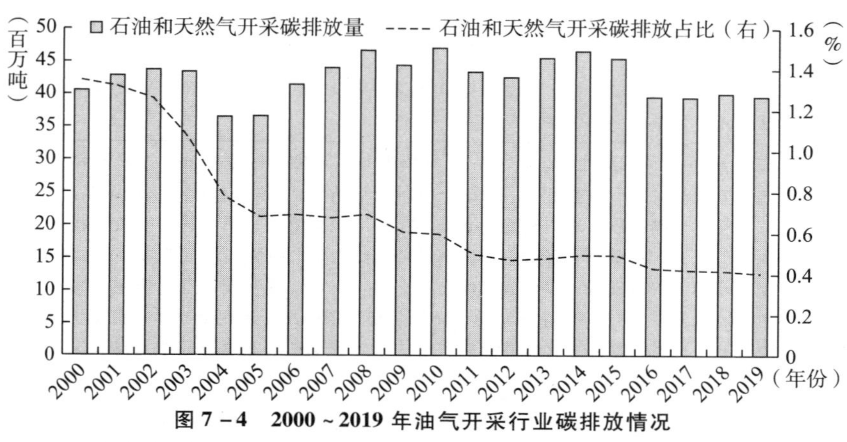

图 7-4　2000～2019 年油气开采行业碳排放情况

资料来源：中国碳核算数据库。

化行业在“十三五”期间已普遍实现污染物排放达标，但采取的是以末端治理为主的解决方式，治理过程存在高化学品消耗、高温室气体排放、低能源利用效率的“两高一低”特征，与国际同行业在水资源利用率、碳减排率等方面还存在较大差距。

二　油气行业碳达峰碳中和目标及路径

（一）主要目标

在全球最大的31家油气企业中，绝大多数企业公布了碳中和目标，其中18家企业明确了上游业务的减排任务，上游温室气体排放强度年平均递减率为2.71%。各公司上游排放强度差别明显，碳中和目标内容与范围的差异也较大。表7－3呈现了我国三家主要油气企业上游业务碳达峰碳中和目标。根据我国主要油气企业公布的碳达峰碳中和目标，油气行业碳达峰将在2025年前后实现，较国家目标提前，碳中和将在2050年前后实现。

表7－3　我国主要油气企业上游业务碳达峰碳中和目标

油气企业	上游业务碳达峰碳中和目标	目标类型
中国石油	按照“清洁替代（2021～2025）、战略接替（2026～2035）、绿色转型（2036～2050）”三步走总体部署，力争于2025年前后实现碳达峰，2035年外供绿色低碳能源超过自身消耗的化石能源，2050年前后实现近零碳排放①	总量
中国石化	以净零排放为终极目标，力争比国家承诺提前10年实现碳中和，为应对全球气候变化做出积极贡献	总量
中国海油	力争2028年实现碳达峰，2050年实现碳中和，非化石能源产量占比超过传统油气产量占比②。实施“三步走”战略：清洁替代阶段（2021～2030年）总体特征是碳排放达峰、碳强度下降，产业结构调整取得重大进展，负碳技术获得突破；低碳跨越阶段（2031～2040年）总体特征是油气产业实现转型、新能源快速发展，碳排放总量有序下降，负碳技术实现商业化应用；绿色发展阶段（2041～2050年）总体特征是推进碳排放总量持续下降并实现净零排放，基本构建多元化低碳能源供给体系、智慧高效能源服务体系以及规模化发展的碳封存和碳循环利用体系	总量

注：①2022年6月5日，中国石油天然气集团有限公司发布《中国石油绿色低碳发展行动计划3.0》；②2022年6月29日，中国海洋石油集团有限公司发布《“碳达峰、碳中和”行动方案》。

资料来源：各油气企业可持续发展报告与官方对外公布的减排目标，中能智库整理。

（二）实施路径

一是加快发展天然气产业，减少逸散排放和控制常规燃烧。天然气属于高热值、低碳排放的化石能源。二氧化碳排放方面，天然气的碳饱和度较高，且热值高于煤和石油/石油制品，因此天然气单位碳排放较低，是一种碳友好型化石能源。根据二氧化碳排放系数①测算得到常见能源单位热值碳排放量，天然气为原煤的61%、原油的77%。提高天然气这类清洁能源在能源结构中的占比、泄漏检测与维护、甲烷回收利用等措施，可以在不加大资金投入的情况下提升企业效益，降低企业的温室气体排放量，被油气企业广泛应用。

二是发展可再生能源。通过减少火炬燃烧、气代煤、气代油、二氧化碳及甲烷回收、电能替代等方式实现减少碳排放。可结合资源条件，积极布局可再生能源产业，提高自发绿电比例，降低用电环节碳排放，支撑绿氢业务规模化发展，调整石化行业能源结构。

三是大力提高能效，加强全过程节能管理。各环节的资产、市场或运营情况存在差异，在不同环节要采取不同的政策路径。油气链上游可以通过更换高排放泵、压缩机密封件、压缩机密封杆、仪表空气系统和电动机等控制甲烷高排放环节，进而减少甲烷的排放量；还可通过安装蒸汽回收装置、排污捕获单元、柱塞、火炬燃烧等对甲烷排放环节加以控制，从而减少甲烷排放。

四是积极开发碳汇，加快部署二氧化碳捕集驱油和封存项目。积极开发碳汇项目，发挥生态补偿机制作用，践行“绿水青山就是金山银山”的发展理念。同时，积极部署发展碳捕集、利用与封存项目，降低二氧化碳排放。

五是加大科技研发力度，围绕新一代清洁高效可循环生产工艺、节

① 二氧化碳排放系数用于衡量消耗单位质量能源产生的 CO_2；系数计算参照国家标准中的不同能源热值（以平均低位发热量计）和碳排放交易网相关内容。

能减碳及二氧化碳循环利用、化石能源清洁开发转化与利用等技术，增加科技创新投入，着力突破一批核心和关键技术，提高绿色低碳标准。

三 实践探索及典型案例

一是传统产业与新能源产业加快融合。近年来，石油企业通过设立、参股等方式加快布局新能源产业，与新能源企业开展更宽领域更深层次的合作，包含合作建设大型集中式光伏发电、制氢/运氢/加氢设施，推动风光氢一体化分布式能源示范工程建设等。目前，中国石化与协鑫集团、天合光能、隆基集团等深度合作；中国海油也进入风电、光伏等领域，并将在“十四五”时期以提升天然气资源供给能力和加快发展新能源产业为重点，推动实现清洁低碳能源占比提升至60%以上；中国石油在风电、氢能、充电桩等业务上加大布局力度，其所属大庆、辽河、长庆、塔里木、新疆等油田分别在“风光气储”多能互补、清洁电力、地热供暖、CCUS等领域快速推进。

二是加快产业链延伸品制造，实现综合用能。我国丰富的煤炭资源，以及煤制氢成本低、工艺简单、可大规模量产等特点，使得氢气生产主要依靠石化和煤化工企业。中国煤炭工业协会数据显示，2020年我国的煤制氢量占比约为62%，天然气制氢量占比约为19%，工业副产氢量占比约为18%，电解水制氢量占比约为1%。2019年全国“两会”期间，我国首次将氢能源写入《政府工作报告》，提出“推进充电、加氢等设施建设”，氢能源进入国家能源战略。《2030年前碳达峰行动方案》指出，应积极扩大氢能等新能源、清洁能源在交通运输领域应用。氢能优良的发展前景以及石化工业天然的产氢优势，吸引石化企业纷纷加快氢能产业布局，同时延伸产业链，降低能耗，综合用能。2022年以来，油气企业将制氢目光重点聚焦绿电制氢领域，利用可再生能源发电制氢。中国石化于2022年9月发布实施的氢能中长期发展战略就提出，在现有炼化、煤化工制氢基础上，大力发展可再生电力制氢；并于同年11月启动建设全球最大光伏绿氢项目——新疆库车2万吨/年绿电制氢示范工程，实现了国内首次光伏发电制氢规模化应用突破。中国石化旗下中原油田探索风力、光伏发电电解水制氢项目，项目进入开车准备阶段。中国石化自主研发的兆瓦级质子交换膜电解水制氢装置在燕山石化成功开车，该装置应用绿电进行生产。中国海油则将目光聚焦在海上风电制氢领域，与浙江清华长三角研究院就海上风电制氢项目进行合作，重点推动海上风电制氢相关技术研究和示范项目落地。

专栏 石化企业碳达峰碳中和实践

◆ 华北石化公司2000Nm³/h副产氢提纯项目。中国石油天然气股份有限公司华北石化分公司2000Nm³/h副产氢提纯项目，将部分重整装置副产氢气提纯，生产氢燃料电池所需燃料，符合市场需要及地方政府发展规划。这是中国石油首套氢能示范装置，也是北京冬奥会氢能保供项目。项目采用变压吸附技术对重整装置所产氢气进行提纯，建设规模为生产产品氢气2000Nm³/h，同时副产解吸气355Nm³/h。本项目总投资2827万元，范围主要包括总图、构筑物、提纯成套设备、静置设备、工艺管道、电气、自控仪表、给排水及消防等单位工程。根据测算，项目的财务内部收益率为6.78%，投资回收期为14年，年利润在200万元左右。作为北京冬奥会氢能保供单位，项目投产后确保了北京冬奥会用氢，践行了低碳环保的大会理念。

◆ 辽河油田锦州采油厂清洁能源多能互补项目。项目结合产能结构调整、地面工艺优化、节能提效等手段进行瘦身，降低总能耗；再利用太阳能、地热、风能等清洁能源替代进行健身，实现绿电全替代、零碳采油站、零碳联合站、减碳热注站（参见专栏表7－1），促进采油厂低碳转型。全部项目实施落地后，规模经济、环境效益可观。

专栏表 7-1　低碳示范区建设工程情况

序号	低碳采油厂	项目名称	创新点	实施目标
1	绿电全替代	锦州采油厂风电工程	自然环境、地理环境、闲置土地资源融合，分散布置，就地消纳	发电
2		锦州采油厂光伏工程		发电
3		欢三联光伏发电项目		发电
4	零碳采油站	产能结构调整	稀油上产、稠油缓降	节气
5		锦 45 块集输工艺优化	井场计量、串接集油、集中加热	节气、节电
6		锦 99、锦 7 块集输工艺优化		节气、节电
7		井站加热炉电气化	绿电应用节能减排	节气
8		新能源车辆替代		节原油
9		班站小伙房电气化		节液化石油气
10		纳米炉子绿电应用	绿电蓄热改造	绿电消纳
11		电加热带绿电应用		绿电消纳
12	零碳联合站	地热利用示范工程	老井利用、同层回灌、依托已建	节气
13		脱水工艺改造工程	大罐预脱 + 密闭电脱、直接外输	节气
14	减碳热注站	注汽锅炉提效改造	改造对流段、过渡段	节气
15		注汽管线保温提效	气凝胶绝热毡 + 复合铝镁硅酸盐管壳	节气
16		污水余热利用工程	污水换热	节气
17		地热利用示范工程	老井利用、同层回灌、依托已建	节气

锦州采油厂规划通过低碳示范区建设工程，实现绿电全覆盖。2021 年，综合能耗为 18.78 万吨，与 2020 年对比下降 30% 以上，CO_2 排放 29.43 万吨，与 2020 年对比下降 40% 以上。

◆ 中国海油渤海油田岸电项目。为大幅降低海上石油开发生产过程中温室气体和氮氧化物的排放，积极响应和全面贯彻党中央关于“打赢渤海环境保护攻坚战”的工作部署，建成海上油田和陆地之间数据传输“高速公路”，为数字油田、智能油田建设打下基础，中国海洋石油集团有限公司于 2018 年成立渤海油田岸电工程顶层设计项目组，研究渤海油田应用岸电供电的新型供电模式的可行性。

自2019年开始，中国海油按照“整体规划、分步实施、新老并举、示范先行”的总体建设思路大力推进渤海油田岸电替代工程。2021年9月，首期岸电工程秦皇岛—曹妃甸岸电示范工程改造完成并顺利投产。

◆ 石油新城地热和油田余热供暖。项目位于任丘市西部新城的石油新城小区，总供暖面积为63.2万平方米，采用地热和油田余热综合利用方式，采用油田余热为基荷热源、雾迷山组地热为主力热源、馆陶组地热为调峰热源的多热源组合建设方案。为保证三大热源既紧密结合，又互不影响，并实现高地热利用率和高可靠性，将大温差供热一级网技术应用于地热利用，项目经济效益可观，可带来显著的节能减排、环境保护和社会效益。项目建成后可年利用地热资源量为18.5万GJ，替代燃煤9300吨，减排二氧化碳1.97万吨，同时可完全消除燃煤供暖存在的氮氧化合物、二氧化硫、烟尘等污染物排放问题，对改善地区生态环境、解决大气污染问题具有重要意义。

三是低碳技术创新及应用逐步推广。近年来，油气行业积极探索低碳技术，包括CCUS、制氢、生物质化学品、节能以及油气运输等技术。其中，中国石油着眼于“双碳”目标引领油气产业发展，2021年投入3.54亿元研发资金，部署天然气勘探开发、CCUS、低成本绿色地面工艺与设备、绿色清洁自动化井下作业技术及装备、污染防治及生态保护等关键技术攻关。加大气田（区）成藏规律、复杂天然气田开发、非常规天然气（页岩气、致密气、煤层气）勘探开发等关键技术攻关；坚持“减污降碳协同控制”理念，重点突破油气开发固液废物分类资源化利用、甲烷/挥发性有机物（VOCs）协同控制等核心技术，发展完善3500米以深页岩气/页岩油开发污染防治等关键技术；以用能清洁替代、工艺提效为抓手，加快形成低成本CCUS技术，支撑建设全产业链百万吨级CCUS示范基地。

中国石化积极拓展绿色能源布局，聚焦氢能发展，集中部署 11 项氢能重大科技攻关项目。2021 年，电解水制氢以及燃料电池用关键催化剂开发取得突破，下属 8 家企业建成氢提纯及充装设施，总能力达到 1.2 万吨/年；自主研发的首套质子交换膜（PEM）制氢设备打通了从关键材料、核心部件到系统集成的整套流程；建成燃料电池用氢气全分析检测实验室，并拥有《质子交换膜燃料电池汽车用燃料氢气》（GB/T 37244）全项资质认定检测能力。

中国海油从油气产业节能减排和新能源核心技术研发上双管齐下布局绿色低碳技术。积极推进油气产业节能新技术研发，完成流花 16 - 2FPSO 轻烃回收研究和应用，预期年均节能量达到 8.8 万吨标准煤，可减少二氧化碳排放 15.9 万吨/年；投入 2.1 亿元大力发展 CCUS 关键技术，初步开展了碳封存源汇匹配方法研究，探索二氧化碳固化及置换开发天然气水合物技术；此外，加强新能源领域关键核心技术研发，完成新能源重大科技项目顶层设计工作，拟投入 8 亿元发展海上风电、海陆光伏、氢能和海洋新兴能源 4 个领域的科技研发。

国家管网积极推进油气管网运输端低碳技术发展，开展 5 项重大专项。研究建立集团公司双碳管控体系，攻关密相/超临界二氧化碳管道输送、在役天然气管道混氢输送等技术难题，推进光伏等新能源综合利用。完成在役天然气管道混氢输送适应性研究，通过氢脆评价测试及管道输送工艺安全评定，形成了混氢输送安全运行导则。同时，积极开展二氧化碳超临界管输技术体系、输送工艺、管材及设备适应性、输送安全、关键标准等储备研究。

第三节　电力行业碳达峰碳中和探索与实践

一　电力行业碳排放情况

从能源供应结构看，燃煤发电和供热是碳排放的最主要来源。2020

年，我国全社会碳排放约为106亿吨[①]，其中电力行业碳排放约为46亿吨，工业领域碳排放为43亿吨。

电力领域碳排放量高的主要原因是我国电力供应结构高碳化，火电发电装机占比较高（见图7－5），这也是由我国资源禀赋特征决定的。

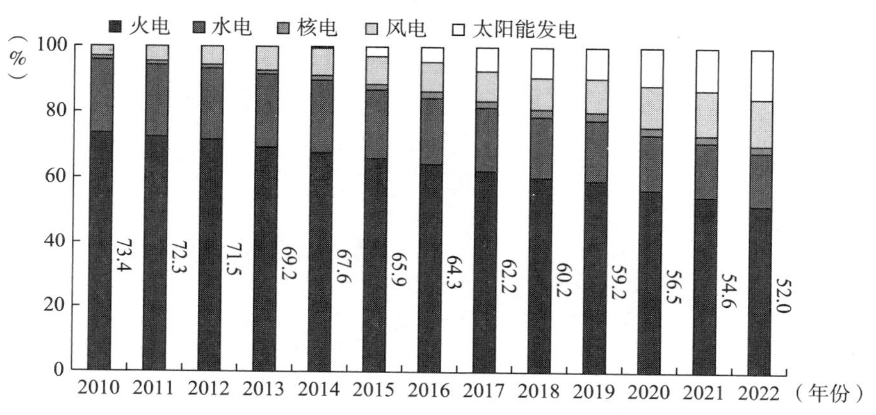

图7－5　2010～2022年全国各类型发电装机占比情况

资料来源：国家统计局、国家能源局。

近年来，电力行业大力发展非化石能源、深入推进节能减排，减污降碳协同发展取得了显著成效。截至2022年底，全国全口径发电装机容量为25.6亿千瓦，同比增长7.8%。其中，并网风电为3.65亿千瓦（陆上风电3.35亿千瓦、海上风电3046万千瓦），并网太阳能发电为3.9亿千瓦。全国全口径非化石能源发电装机容量为12.7亿千瓦，占总装机容量比重同比提高2.6个百分点。2022年，全国全口径发电量为8.69万亿千瓦时，同比增长3.6%。其中，全口径非化石能源发电量为3.15万亿千瓦时，同比增长8.7%，占总发电量的比重为36.2%，同比提高1.7个百分点。

以2005年为基准年，2005～2022年非化石能源装机、发电量占比快速上升，火电平均供电标准煤耗累计下降68.5克/千瓦时（见图7－6）；

① 数据来源：国际能源署。

截至2022年底，电力行业累计减少二氧化碳排放超过247亿吨，有效减缓了电力行业二氧化碳排放总量增长。2022年，全国单位火电发电量二氧化碳排放强度约为824克/千瓦时，比2005年下降21.4%；单位发电量二氧化碳排放强度约为541克/千瓦时，比2005年下降约36.9%（见图7－7）。10余年来，可再生能源在电力行业中的应用对碳排放总量产生了巨大的影响，碳排放量年均降幅达到10%。

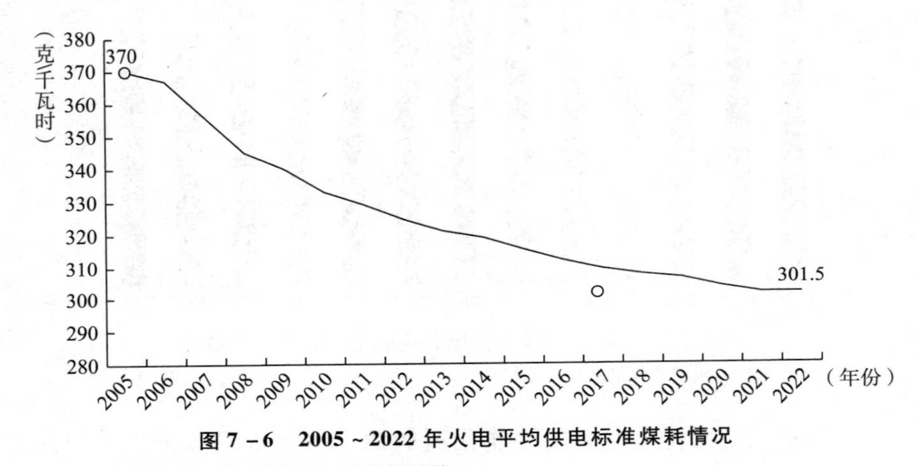

图7－6　2005～2022年火电平均供电标准煤耗情况

资料来源：国家统计局、国家能源局。

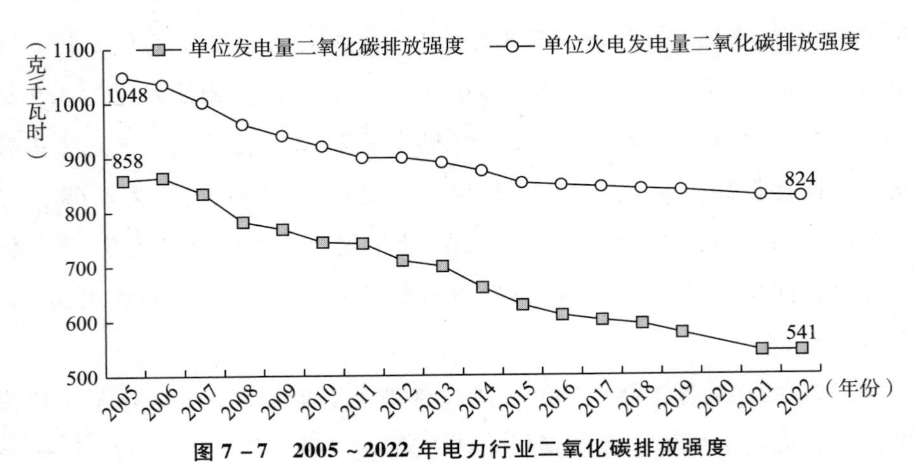

图7－7　2005～2022年电力行业二氧化碳排放强度

资料来源：国家统计局、国家能源局。

二 电力行业碳达峰碳中和目标及路径

电力行业的减排要从发、输、配、售全产业链入手进行体制机制创新和技术改造，其中又以发电侧结构调整为主要抓手，同时推动电力系统提升电网智能化水平，向适应大规模高比例新能源方向演进。更重要的是，电力行业在转型的同时，必须满足我国经济健康有序发展这一基本需求。

（一）主要目标

结合国家发布相关顶层设计规划，以及相关机构研究成果，电力行业碳达峰碳中和实现路径已经逐步清晰，即构建清洁、多元、低碳的电力供应体系，适应大规模新能源并网的数字化、智能化电网，以及灵活、柔性的电力终端。

2025 年、2030 年以及 2060 年电业行业碳达峰碳中和主要目标详见表 7－4。

表 7－4 电力行业碳达峰碳中和主要目标

	2025 年	2030 年	2060 年	
新能源	风电、太阳能发电总装机容量达到 12 亿千瓦以上，可再生能源发电装机比重超过 50%		风电、光伏装机合计 50 亿～60 亿千瓦	
水电	新增水电装机容量为 4000 万千瓦	新增水电装机容量为 4000 万千瓦	常规水电装机容量为 5.8 亿千瓦	
核电	核电运行装机容量为 7000 万千瓦左右	积极推动高温气冷堆、快堆、模块化小型堆、海上浮动堆等先进堆型示范工程		
新型电力系统	大力提升电力系统综合调节能力，加快灵活调节电源建设，引导自备电厂、传统高载能工业负荷、工商业可中断负荷、电动汽车充电网络、虚拟电厂等参与系统调节，建设坚强智能电网，提升电网安全保障水平		国家电网：2050 年全面建成新型电力系统 南方电网：2060 年前全面建成新型电力系统并不断发展	
储能	抽水蓄能装机容量达到 6200 万千瓦，新型储能装机容量达到 3000 万千瓦以上	抽水蓄能装机容量为 1.2 亿千瓦左右		
负荷侧	省级电网基本具备 5% 以上的尖峰负荷响应能力			
工作原则	总体部署分类施策	系统推进重点突破	双轮驱动两手发力	稳妥有序安全降碳

资料来源：国家发展改革委、国家能源局、中能智库等。

（二）实施路径

一是大力发展新能源，保持风电、光伏发电快速发展。加快发展非化石能源，坚持集中式和分布式并举，大力提升风电、光伏发电规模，加快发展东中部分布式能源，有序发展海上风电。① 在“三北”地区风能、太阳能资源富集区建设以新能源为主的清洁化综合电源基地，实现新能源集约、高效开发。优先发展平价风电项目，有序发展海上风电，加快布局近海深水，逐渐向远海方向发展。统筹光伏发电的布局与市场消纳，加快推动光伏发电技术进步和成本降低。通过示范项目建设推进太阳能发电产业化发展，为相关产业链的发展提供市场支撑。

根据国家“十四五”规划和2035年远景目标纲要，未来我国将形成九大清洁能源基地以及五大海上风电基地。根据“十四五”规划，九大清洁能源基地2025年底规划总装机容量为6.65亿千瓦（见图7－8），五大海上风电基地规划总装机容量将达到7900千瓦。

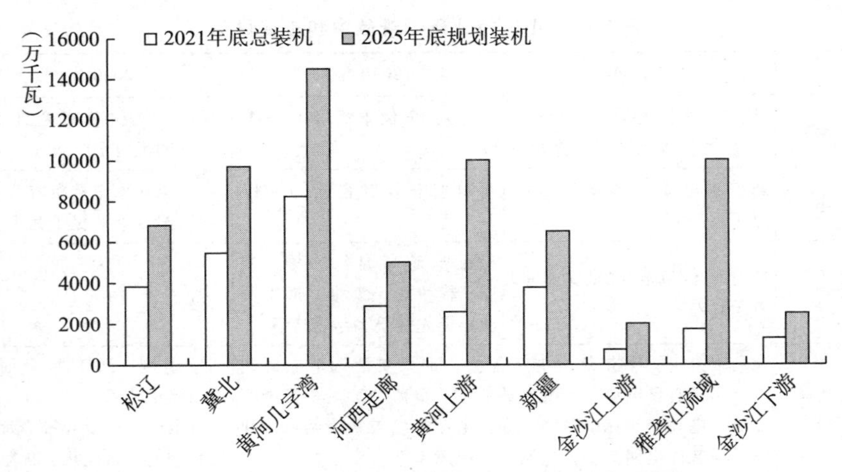

图7－8 “十四五”时期九大清洁能源基地装机规划

二是推进水电绿色发展。我国水力资源可开发装机容量为6.61亿千

① 《中华人民共和国国民经济和社会发展第十四个五年规划和2035年远景目标纲要》。

瓦，相对集中在西南地区（四川、重庆、云南、贵州、西藏），占比为66.7%。雅鲁藏布江、怒江、金沙江水电基地开发潜力巨大。其中，雅鲁藏布江和怒江可支撑水电装机容量分别为7272万千瓦、3670万千瓦，基本尚未开发，开发潜力大；金沙江可支撑水电装机容量为8155万千瓦。

坚持生态优先、绿色发展，在做好生态环境保护和移民安置的前提下，以西南地区主要河流为重点，科学有序推进水电开发。加快推动龙盘等流域调节作用显著的龙头电站开发，实施雅鲁藏布江下游水电开发，合理控制中小水电开发。通过水风光互补开发，形成流域大型清洁能源开发新格局，打造“西电东送”接续能源基地。在云贵地区实现水火互济，有效缓解弃水问题，在黄河上游流域推进水风光互补运行。

三是安全有序发展核电。坚持发展与安全并重，实行安全有序发展核电的方针，坚持采用最先进的技术、最严格的标准发展核电。明确核电中长期发展目标。核电机型选择以具有自主知识产权的华龙一号、国和系列三代大型压水堆为主，加快华龙一号等国产化三代压水堆技术推广，以四代高温气冷堆示范工程为依托，加大新一代核电技术应用。核电机组主要带基荷运行。根据市场需求，适时推进沿海核电机组实施热电联产。

四是合理布局适度发展气电。合理布局适度发展天然气发电，鼓励在电力负荷中心建设天然气调峰电站，提升电力系统安全保障水平。①在气价、电价承受能力较高的京津冀、长三角、粤港澳大湾区等地区加快建设天然气调峰电站，在新能源快速发展的西北地区合理布局天然气调峰发电项目。加快推动燃气调峰发电机组执行两部制电价。在省会城市及环境要求高且有规模热（冷）负荷的工业园区、城市新开发区、空港新区等区域推广实施天然气分布式燃机项目，重点发展燃气热电冷多联供。

五是合理控制煤电发展节奏，推进煤电高质量发展。构建以新能源为主体的新型电力系统进程中，在储能规模化应用取得革命性突破前，

① 《新时代的中国能源发展》白皮书。

煤电将依然承担稳定电网安全主要责任，弥补新能源不足。煤电与新能源共生互补协同发展是助力实现碳达峰、碳中和国家战略的客观要求。煤电发展须按照“控制增量、优化存量”的原则，充分发挥煤电托底保供作用，适度安排煤电新增规模，服务新能源发展。严控东中部煤电装机规模，有序推进西部北部煤电基地集约高效开发，配合清洁能源大规模开发与外送。

另外，煤电向调峰电源转换是未来的趋势，《国家发展改革委 国家能源局关于开展全国煤电机组改造升级的通知》（发改运行〔2021〕1519号）提出，统筹考虑煤电节能降耗改造、供热改造和灵活性改造制造，实现“三改”联动，进一步降低煤电机组能耗，提升灵活性和调节能力。充分发挥煤电调峰的低成本和高安全性优势，提高系统调峰能力，平抑新能源电力随机波动性，是新能源消纳和电力系统稳定运行的重要保障。

六是因地制宜发展生物质发电。我国生物质资源丰富，主要包括农业废弃物、林业废弃物、城镇生活垃圾等，每年可能源化利用的生物质资源总量约相当于4.6亿吨标准煤。其中，农业废弃物资源量折算成标准煤量约为2亿吨；林业废弃物资源量折算成标准煤量约为2亿吨；其他有机废弃物资源量折算成标准煤量约为6000万吨。应充分发挥生物质发电环境效应，采用符合环保标准的先进技术发展城镇生活垃圾焚烧发电。稳步推动农林生物质热电联产，包括工业用热、商业用热、民用采暖，提升生物质发电项目的效率、经济性，促进我国生物质发电向产品多元化发展。

七是推进分布式能源发展。根据需求加强分布式能源开发利用。在经济较发达的长三角、珠三角等地区推广屋顶光伏系统。在基础设施落后的偏远农村地区，推动“农光互补”“林光互补”等新能源扶贫项目。积极推动分布式电源并网消纳，推广应用新能源发电功率预测与调度系统，以大数据分析与能源管理服务为支撑，建立分布式电源并网等相关标准。推动用户侧多能互补、综合利用，构建工商业园区及居民社区分布式智慧能源系统，促进电力、燃气、生物质、热力、储能及电动汽车等系统协调互补运行。

八是加快构建新型电力系统。新型电力系统是在传统电力系统基础上，顺应碳达峰碳中和要求的高级形态系统，是以新能源发电为主体，以多元协调、广域互联的灵活性资源为支撑，以交直混联和微电网并存的电网为枢纽，应用先进电力电子技术与新一代数字信息技术，依托统一电力市场，实现能源资源大范围优化配置的基础平台。新型电力系统具有绿色低碳、柔性灵活、互动融合、智能高效、安全稳定的显著特征。

在现代能源体系的构建中，新能源占比提高的同时保持电力系统可靠稳定供应是对传统交流同步电网的最大挑战。根据中国电力科学院预测①，2030 年新能源出力占系统总负荷比例为 5% ~51%，2060 年新能源出力占系统总负荷比例为 16% ~142%（见图 7－9）。

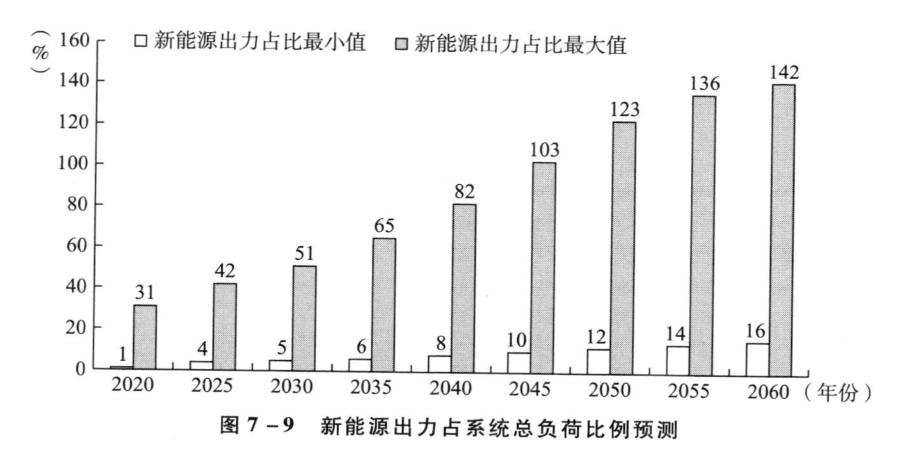

图 7－9　新能源出力占系统总负荷比例预测

新能源向主体电源的转变，导致系统的不可控电源增加，深刻地改变了电力系统平衡模式和运行机理。同时，跨时空的电力输送规模将大大增加，系统调节压力显著增加。国家电网和南方电网分别针对构建新型电力系统提出目标和路径（见表 7－5）。

---

①　郭剑波《中国高比例新能源带来的平衡挑战》。

表 7－5　国家电网和南方电网对构建新型电力系统的规划

	重点任务	目标	具体工作
国家电网	做好新能源接网服务工作	到 2025 年，公司经营区风电、太阳能发电总装机容量将达到 8 亿千瓦以上，2030 年达到 12 亿千瓦以上	针对新能源与送出工程建设周期不匹配问题，开辟风电、太阳能发电等新能源配套电网工程建设“绿色通道”，加快接网工程建设，确保电网电源同步投产。深化应用新能源云，为新能源规划、建设、并网、消纳、补贴等全流程业务提供一站式服务，实现全环节工作高效化透明化
	支持分布式新能源和微电网发展	到 2025 年，公司经营区分布式新能源装机达到 1.8 亿千瓦以上，2030 年达到 3.5 亿千瓦以上	配合政府部门做好分布式电源规划，明确分省、分地市、分县的开发规模。完善公司服务分布式新能源发展指导意见，继续做好一站式全流程免费服务，实现“应并尽并、愿并尽并”。研究微电网功能定位、发展模式、运行机制，完善标准体系，进行典型设计，提供“三零”“三省”并网服务
	不断扩大清洁能源交易规模	2025 年、2030 年，公司经营区新能源发电量占总发电量比例分别超过 15%、20%	“十四五”时期，推广中长期交易＋现货交易＋应急调度的新能源消纳模式，开展绿电交易、发电权交易、新能源优先替代等多种形式交易，强化市场协同运营
南方电网	全力推动新能源发展	2025 年，具备支撑新能源新增装机 1 亿千瓦以上的接入消纳能力，非化石能源占比达到 60% 以上；到 2030 年，具备支撑新能源再新增装机 1 亿千瓦以上的接入消纳能力，推动新能源成为南方区域第一大电源，非化石能源占比达到 65% 以上	完成南方电网“十四五”电力发展规划研究，支持新能源大规模接入
	加快新能源接入电网建设	到 2025 年，实现新增 2400 万千瓦以上陆上风电、2000 万千瓦以上海上风电、5600 万千瓦以上光伏接入	重点推进广东、广西海上风电，滇中地区新能源，黔西、黔西北地区新能源等配套工程建设；建设“强简有序、灵活可靠、先进适用”的配电网，支持分布式新能源接入
	完善新能源接入流程		制定新能源入网、并网、调试、验收、运行、计量、结算等管理制度，强化新能源接入的全流程制度化管理，做到“应并尽并”；完善新能源风机防凝冻能力、宽频测量等技术标准，全面满足新能源广泛接入需求

三　实践探索及典型案例

2020年国家提出“双碳”战略目标以来，在国家相关产业政策的支持下，发电企业、电网企业以及配售电终端加快绿色低碳转型，并取得一定进展。

一是不断提高新能源发电装机容量及比重。截至2022年底，五大发电集团[①]风电光伏发电装机合计2.9亿千瓦左右（见图7-10），2018~2022年风光装机占集团总装机比重均显著提高。其中，华能集团从2019年以来新能源新增并网容量超过1700万千瓦，2019年和2020年新能源新增容量是“十三五”前三年的3倍，新能源产业以17%的装机贡献了华能集团电力产业74.6%的利润。国家电投风光合计装机5年平均增速高达30.4%，在新能源赛道上实现弯道超车，目前国家电投可再生能源发电装机占比已经超过50%。

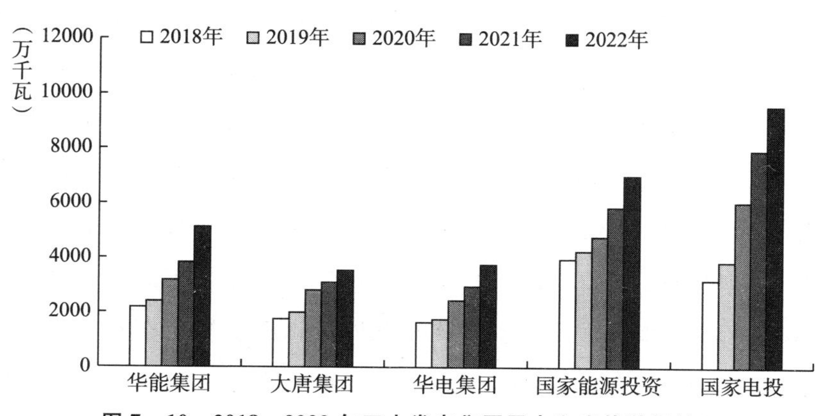

图7-10　2018~2022年五大发电集团风电和光伏装机情况

资料来源：国家统计局、中国电力企业联合会。

二是持续推进火电机组的灵活性改造，发挥火电与新能源协同布局优势。“十三五”期间，国家全力推动煤电超低排放改造、节能改造和

① 五大发电集团：中国华能集团有限公司、中国大唐集团有限公司、中国华电集团有限公司、国家能源投资集团有限责任公司和国家电力投资集团有限公司。

灵活性改造等工作，截至2021年底，我国已累计实施节能改造近9亿千瓦，实现超低排放的机组超过10亿千瓦，实施灵活性改造超过1亿千瓦。其中，2021年全国完成节能降碳改造1.1亿千瓦、灵活性改造6380万千瓦、供热改造6830万千瓦。根据2022年4月20日国务院常务会议要求，2022年煤电机组全年改造规模应超过2.2亿千瓦，“十四五”期间改造规模应合计6亿千瓦左右。

专栏　燃煤发电节能改造项目示范

◆三峡集团下属湖北能源集团鄂州发电有限公司针对燃煤发电机组汽轮机技术落后、出现影响机组稳定运行的安全隐患等问题，利用当代新型汽轮机通流技术对老旧机组进行通流改造，从而提高能源利用效率，有效降低火电机组的供电碳排放强度。根据鄂州发电公司一期机组汽轮机通流改造的效果，改造后鄂州发电公司一期供电煤耗降低13g/kWh，按照平均每年发电25亿kWh计算，每年可节约标煤32500吨，每年可减少碳排放量约60000万吨。

◆国华能源发展（天津）有限公司对所属2×130t/h中温中压循环流化床锅炉进行烟气深度治理和烟气余热回收利用。项目对烟气的冷凝脱水深度治理基于烟气经换热器降温原理，利用冷却水给脱硫后的烟气降温，通过降温来降低烟气中的湿度，从而解决烟囱排“白烟”的问题。烟气冷凝是指将脱硫后湿烟气冷却，湿烟气的含湿量随烟气温度的降低而减少，有助于解决我国的大气雾霾污染问题。冷凝除湿还可以使残留的细颗粒粉尘、二氧化硫、酸、重金属等大部分污染成分随冷凝水进入排水中，这也是实现燃煤锅炉放散烟气低成本达标，甚至超低近零排放的可选择技术之一。本项目通过两级换热充分利用烟气余热。自2019年11月正式运行至2021年12月共节约标煤6963吨，折减排二氧化碳18520吨，平均年减排二氧化碳8548吨。环境效益较显著。

除了对煤电机组进行灵活性改造外，加快火电与新能源的协同发展、打造综合能源基地也是提高新能源利用水平的重要举措。2021 年全国能源工作会议提出，要大力提升新能源消纳和储存能力，大力发展抽水蓄能和储能产业，加快推进“风光水火储一体化”和“源网荷储一体化”发展。“十四五”期间，新能源开发“集散并举、发储协同”的特征将会更加明显。

专栏　大唐托克托电厂送出通道打捆外送新能源基地

大唐集团的托克托电厂是全球在役最大火电厂，有“火电航母”的称号，总装机 612 万千瓦，2021 年综合能源消费量完成 489.16 万吨标准煤，二氧化碳排放量约 1100 万吨，供应着京津唐电网约 1/3 的电力，是向首都电网直接送电的大型坑口电厂之一，为国家“西部大开发”战略和西电东送做出过突出贡献。随着“30·60 碳达峰、碳中和”目标的提出，加快推动托克托电厂的绿色转型发展迫在眉睫、任务艰巨。大唐国际规划的大唐托克托电厂百万千瓦级新能源外送基地项目，利用托克托电厂送出通道，合理配置风光发电资源，充分发挥火电对新能源波动电力的支撑和调节作用，实现将清洁电力向京津冀区域源源不断供应，并提高可再生能源在区域能源消费中的占比，促进能源结构优化调整。

项目提出利用现有火电厂既有送出通道，采取打捆外送方式实现周边新能源资源的规模化开发。新能源外送基地项目一期工程装机容量为 200 万千瓦，建成后平均年上网电量为 51 亿千瓦时，按火电每千瓦时电量消耗 307 克标准煤计算，每年可节约标准煤 174.74 万吨。按照火电站各项废气、废渣的排放标准（烟尘 0.4 克/千瓦时、二氧化硫 2.3 克/千瓦时、二氧化碳 822 克/千瓦时、灰渣 119.45 克/千瓦时），本工程每年可减少排放烟尘约 2040 吨、二氧化硫约 11730 吨、二氧化碳约 419.16 万吨、灰渣约 60.92 万吨。全部工程建成后，每年可生产绿电 150 亿千瓦时以上，减少煤炭消费约 460 万吨，减少二氧化碳排放约1200万吨，将为国家“双碳”目标做出突出贡献。同时，项目的开发将推动混合电力系统联合运行、电网安全稳定性研究、风光火一体化AGC调度、新型电力系统对新能源入网要求、热电解耦技术等的深化创新，进一步为构建以新能源为主体的新型电力系统提供支撑和标准。

三是多能互补清洁能源基地建设快速推进。《中华人民共和国国民经济和社会发展第十四个五年规划和2035年远景目标纲要》提出，要推动建设雅鲁藏布江下游水电基地，建设金沙江上下游、雅砻江流域、黄河上游和几字湾、河西走廊、新疆、冀北、松辽等清洁能源基地，建设广东、福建、浙江、江苏、山东等海上风电基地。截至2021年底，第一批装机容量约1亿千瓦的大型风电光伏基地项目已有序开工。从已开工的大型风电光伏基地项目看，甘肃规模最大，青海次之。大基地项目逐步落地，有望为我国经济发展及“双碳”目标实现提供有力支撑。

专栏　多能互补能源示范基地建设

◆ 雅砻江水风光互补绿色清洁可再生能源示范基地。依托大水电工程建设的高等级电网为互补运行和打捆送出提供了坚强的保障。示范基地依托已建成水电，短平快建设风电、光电“插接”到水电系统，将流域水电基地变成清洁能源基地。实施目标为2030年以前，建设包括两河口水电站在内的4～5个雅砻江中游主要梯级电站，实现新增装机800万千瓦左右，公司水电发电能力达到2300万千瓦左右，力争新能源装机达到2000万千瓦；完成抽水蓄能规划，力争规模达到500万千瓦，示范基地初具规模。到21世纪中叶，示范基地全部建成，清洁能源规模超8000万千瓦，成为世界规模最大的水风光互补绿色清洁可再生能源示范基地。目前，雅砻江公司已经编制完成《雅砻江流域水风光一体化多能互补示范基地实施方案》，并报送国家能源局。示范基地开发建设直接投资超过2000亿元，间接带动数千亿级的产业规模，成为四川省民族地区未来数十年重要的经济增长点，有利于四川省民族地区接续推进脱贫攻坚与乡村振兴有机衔接。

◆ 华能陇东能源基地。华能陇东多能互补综合能源基地是中国华能“两线”“两化”战略布局“北线”战略重要支点，基地依托庆阳地区丰富的风光和煤炭资源，按照“三型（基地型、清洁型、互补型）三化（数字化、集约化、标准化）”开发路径，全力打造世界首个由单一主体建设的千万千瓦级多能互补综合能源基地。基地规划装机规模超1000万千瓦，清洁能源装机占比超80%。同时，项目以华能正宁电厂为基准，针对华能正宁电厂周边油田需求规模和地质条件，建设150万吨/年 CO_2 捕集、驱油与封存的全流程工程项目，以示范高效、低能耗燃烧后碳捕集技术，配套建设相应的超临界 CO_2 输送系统，实现150万吨/年驱油或封存，形成CCUS整个产业链条的技术生态。通过长周期试验示范运行积累数据，为CCUS技术大规模产业化推广奠定基础。基地建成后，可产生落地投资1000亿元，年发电量280亿千瓦时，年生产新能源电力180亿千瓦时，减少二氧化碳排放近2000万吨，清洁能源利用率超过95%，年税收46亿元，创造就业岗位2.8万个。基地的清洁电力将通过陇东至山东特高压直流线路外送，线路长度约1000公里，输电容量为800万千瓦，可实现外送通道清洁能源优化配置，满足山东电力负荷增长需求。

四是储能建设及虚拟电厂建设快速推进。新能源快速发展需要系统有足够的灵活性调节能力，除了传统电源的灵活性改造，大力发展储能、氢能以及调动负荷端参与系统平衡，是构建新型电力系统的关键，储能已成为电力产业链的重要一环。截至2022年底，全国电力安委会19家企业成员单位累计投运电化学储能电站472座、总功率6.89吉瓦、总能量14.05吉瓦时。已投运电化学储能电站装机总能量主要分布在电源侧，占比为 48.4%，其次为电网侧（38.7%）和用户侧（12.9%）。2022 年，新增投运电化学储能电站 194 座，总功率 3.68 吉瓦，总能量 7.86 吉瓦时，占已投运电站总能量的 60.2%，同比增长 175.8%。①

2022 年，电源侧的新能源配储主要分布在“三北”地区的山东、内蒙古、新疆、青海等新能源高装机省份，累计总能量占新能源配储总能量比重为 68.0%。广东等南方省份火电厂配储发展态势持续向好。独立储能主要分布在山东、湖南、宁夏、青海、河北，累计总能量占独立储能总能量比重为 74.3%。

专栏　常德百兆瓦级多源融合储能实验验证平台项目

湖南常德经开区百兆瓦级多源融合储能实验平台项目位于常德经开区军民融合产业园，占地 70 亩，建筑面积 13520 平方米。项目集电化学储能、氢储能、风力发电、光伏发电以及燃气发电等多电源融合技术实验验证于一身，项目平台系统实际运行的功率超过 100MW，并且具备满足 100MW 实验验证设备接入和实验验证的能力。该项目为全球首个能够完成对百兆瓦级储能和多能互补微电网进行实验验证的平台，可实现对新能源设备、储能设备、储能监控系统 BMS、EMS、多电源无缝切换、黑启动、微电网设计组网、储能电站设计搭建等进行实验、运行、验证。该项目能为多电源互补供电项目、微电网组网项目、储能系统及储能电站项目等，进行方案论证和实证、设计验证和优化、设备与系统的实验和评价。该项目将促进新能源和储能设备与系统可研和技术进步，为储能和多电源互补及微电网项目投资提供科学、有效的支撑和前期评价与实证。在实现开放性实验验证功效的同时，项目系统本身也是一个实时应用的商业化供电服务的储能及微电网应用系统。

项目运行后，将带动常德市经开区周边投资 75 亿元的储能微电

① 资料来源：中国电力企业联合会。

网产业，形成年产值120亿元、税收6亿元的产业园。同时，项目作为军民融合基地技术支持平台，将为科研单位、大专院校、储能和微电网项目投资者、设计单位、供货厂商以及军事院校和相关单位，提供培训、实验、实证的平台和场所，建立储能技术产教融合创新平台。

第八章　工业领域碳达峰碳中和目标与实践

我国是工业大国，钢铁、石化、水泥等多种工业品产量连续多年居世界第一位，造成大量碳排放，工业领域碳排放量仅次于电力行业，位居第二。工业领域低碳发展对我国整体实现碳达峰碳中和具有重要意义。本章围绕工业领域中钢铁、有色金属、石化化工、建材四大高碳排放行业碳达峰碳中和目标与实践进行论述。

第一节　工业领域碳排放

我国碳排放量绝大部分来自化石能源消耗，而工业部门是消耗化石能源的主力。工业领域碳排放来源不仅包括直接的原料加工和转化过程，还包括工业用能的间接排放。

一　总体排放情况

改革开放以来，我国在工业化领域取得巨大成就，成为全球最大的工业国家，拥有最完整的工业体系和门类，工业总产值约占全世界的30%，为我国经济发展奠定了坚实的基础。随着工业的快速发展，相应的碳排放量也大幅增加，工业成为我国二氧化碳排放的主要来源之一。2020年，我国碳排放的主要来源是电力行业（48%）、工业（36%）、交通运输（8%）和建筑（5%），工业领域是二氧化碳的第二大排放源，占比仅次于电力行业（见图8－1）。

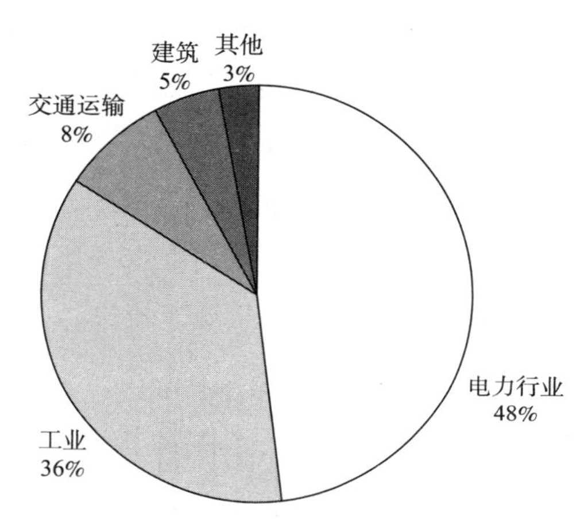

图8－1　2020年中国二氧化碳排放来源

资料来源：国际能源署。

从具体生产环节来看，工业二氧化碳排放来源主要分为直接碳排放、间接碳排放和工业过程碳排放。其中，直接碳排放来源于工业生产中化石燃料燃烧，间接碳排放由工业生产中外购的电力、热力对应的发电和发热过程产生，工业过程碳排放由工业生产过程中的物理化学反应产生。根据徐树杰等的计算，2020年，直接碳排放、间接碳排放、工业过程碳排放占工业碳排放总量的比例分别为41%、40%、19%。[①]

2000～2019年，我国工业碳排放量总体呈现增长的趋势（见图8－2），按照发展情况可分为两个阶段。第一个阶段为2000～2013年，工业领域碳排放量呈现快速增长的态势，碳排放量逐年创新高。主要原因是2000年之后我国重工业实现大发展，各项基础建设加快，工业领域投资资金量逐年加大，各种工业产品产量大幅增加，同时带动了大量能源消耗，直接和间接造成了碳排放量的增加。第二个阶段为2014～2019年，

① 徐树杰，张廷，李建新．工业领域碳排放发展情况及减排思路分析［J］．中国战略新兴产业，2021，(38)．

我国工业碳排放量增长趋势放缓，甚至出现下降的态势。这期间我国通过采取化解过剩产能、改造传统工业、优化能源结构、节能增效、推进碳市场建设、增加森林碳汇等一系列措施，使工业领域碳排放量的快速增长在一定程度上得到控制。从工业碳排放量占我国总碳排放量的比例来看，也可分为两个阶段。第一个阶段为2000～2009年，工业碳排放量占我国碳排放总量的比例由40%上升至46%。第二个阶段为2009～2019年，工业碳排放量占我国碳排放总量的比例由46%下降至37%，占比下降的主要原因是电力和第三产业碳排放量增速较快。

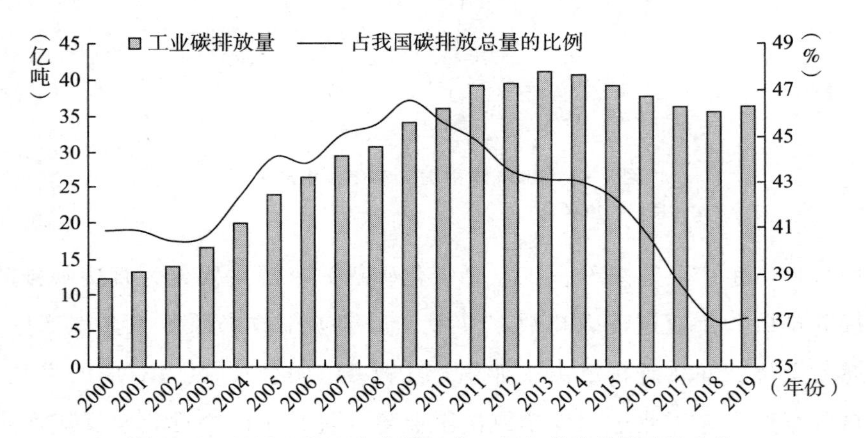

图8－2　2000～2019年中国工业二氧化碳排放量以及占比

资料来源：中国碳核算数据库。

从碳排放行业分布来看，工业领域各行业碳排放分布不均。2020年，钢铁、建材、石化化工以及有色金属四大高耗能行业碳排放占比最高，约占工业碳排放总量的74%，分别占比26%、21%、18%以及9%；装备、消费品、电子等制造业碳排放约占工业碳排放总量的26%，不同产业碳排放强度差异度大，须分类施策。①

① 徐树杰，张廷，李建新．工业领域碳排放发展情况及减排思路分析［J］．中国战略新兴产业，2021，(38)．

二　钢铁行业碳排放情况

（一）钢铁行业碳排放总量

钢铁行业碳排放量与粗钢产量具有较强的相关性（见图 8－3）。2000 年以来，我国粗钢产量总体呈上涨趋势，连续多年位居全球第一，但在 2015 年、2021 年、2022 年出现同比负增长。受粗钢产量变化的影响，钢铁行业碳排放量在 2015 年下降。2022 年，我国粗钢产量为 10.13 亿吨，每吨粗钢的碳排放量达到 1.8 吨，钢铁行业碳排放总量超过 18 亿吨，占我国碳排放总量比重超过 15%。钢铁行业碳减排成为实现碳达峰目标和碳中和愿景的重要组成部分。

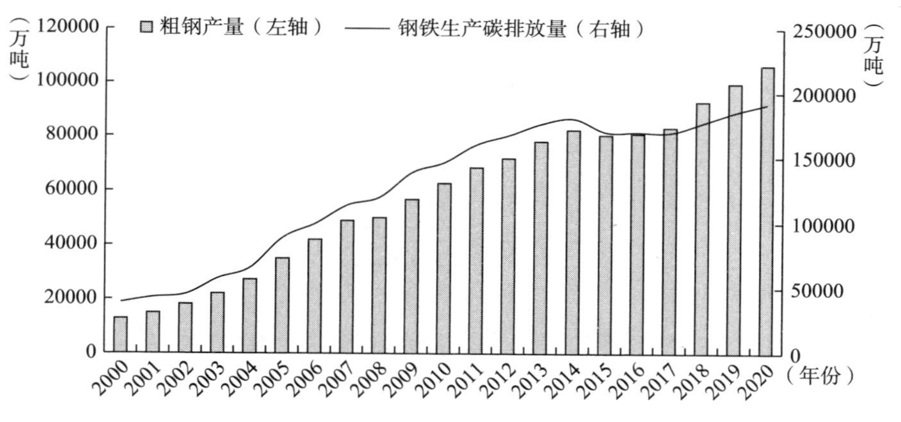

图 8－3　2000～2020 年中国粗钢产量与钢铁生产碳排放量

资料来源：国家统计局、中国碳核算数据库。

（二）碳排放特性

二氧化碳排放与钢铁的冶炼流程有直接关系。钢铁冶炼有两大流程：一种是选择铁矿石为主原料的长流程，另一种是选择废钢为主原料的短流程。长流程也称为高炉—转炉流程，包括焦化、烧结、球团、炼铁、炼钢、连铸和轧钢等工序，高炉—转炉长流程能源消耗大，排放量高，吨钢二氧化碳排放量在 2 吨左右。短流程也称为废钢—电炉流程，是一种以电力为热源、废钢为原料冶炼钢铁的生产流程，废钢—电炉流程的平均吨钢二氧化碳排放量约为0.6吨。我国钢铁行业长流程生产的粗钢约占总产量的90%，短流程电弧炉炼钢的粗钢产量仅占10%左右。直接排放环节长流程工艺的碳排放量远高于短流程工艺，提升短流程工艺占比是减少我国钢铁行业碳排放的有效途径之一。

以长流程为例（见图8－4），生产过程中的碳排放主要受以下四方面影响：燃料燃烧碳排放（净消耗化石燃料燃烧产生的碳排放）、工业生产过程碳排放（外购含碳原料、电极和熔剂消耗产生的碳排放）、净购入电力和净购入热力隐含的碳排放、固碳产品隐含的碳排放。根据文旭林等对长流程钢厂的计算①，燃料燃烧碳排放约占94%，工业生产过

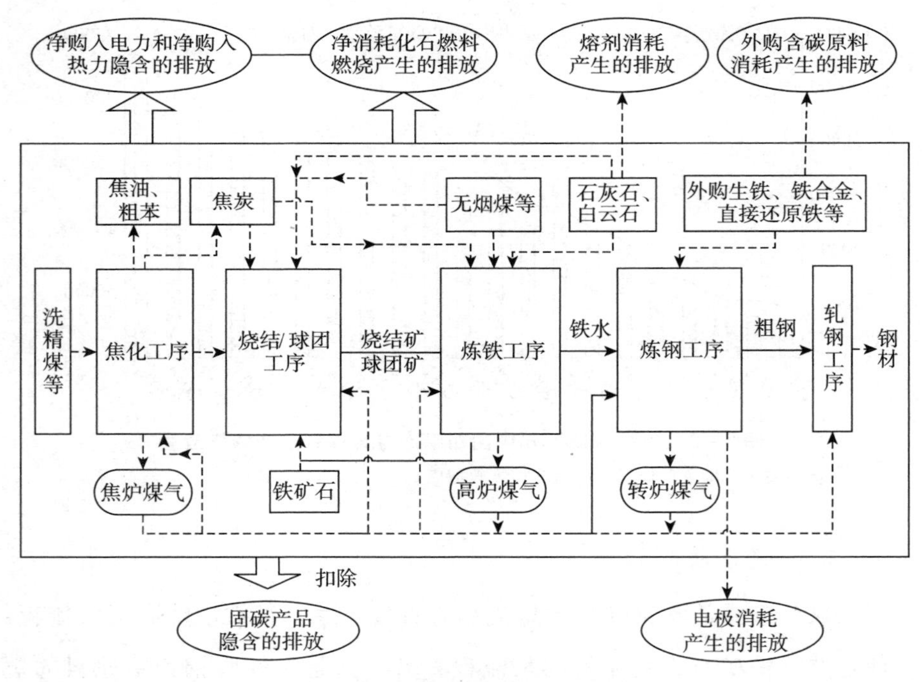

图8－4　长流程炼钢碳排放来源

资料来源：国家发展改革委《中国钢铁生产企业温室气体排放核算方法与报告指南》。

① 文旭林等．钢铁企业碳排放核算及减排研究［J］．广西节能，2018，（6）．

程碳排放约占6%，净购入电力和净购入热力隐含的碳排放约占4%，固碳产品隐含的碳排放约占4%。燃料燃烧碳排放包括焦炉、烧结机、高炉等炉窑燃烧洗精煤、无烟煤、烟煤、焦炭等产生的碳排放。燃料燃烧碳排放中64.7%来自焦炭燃烧，33.9%来自煤炭燃烧，1.4%来自天然气燃烧，焦炭燃烧是钢铁行业最大的碳排放源。工业生产过程碳排放主要源于石灰石、白云石、电极、生铁、铁合金等的消耗。固碳产品隐含的碳排放主要包括固化在企业生产外销的粗钢、粗苯和焦油中的二氧化碳，相应部分的碳排放予以扣除。

三　有色金属行业碳排放情况

（一）有色金属行业碳排放量

有色金属工业是我国的支柱产业，在国民经济中占有重要地位。近年来，我国有色金属工业发展迅速。以生产量大、应用较广的10种有色金属[①]进行产量统计，我国十种有色金属产量自2002年开始已连续21年位居世界第一。2022年，我国有色金属工业产量稳中有升，10种常用有色金属产量为6774.3万吨，按可比口径计算比上年增长4.3%（见图8－5）。其中，精炼铜产量为1106.3万吨，比上年增长4.5%；原铝产量为4021.4万吨，比上年增长4.5%；工业硅产量约为335万吨，同比增长24%左右。

有色金属工业是我国七大工业耗能大户之一，是推进节能降耗的重点行业。从行业划分来看，其中铝行业，尤其是电解铝是有色金属行业碳排放的最大来源。根据中国有色金属工业协会数据，2020年，我国有色金属行业二氧化碳排放总量约为6.6亿吨，占全国碳排放总量的4.7%。其中，铝冶炼（含电解铝、氧化铝、再生铝）行业排放量约为5

① 2022年以前，应用较广的10种有色金属通常指铝、铜、铅、锌、锡、镍、锑、汞、镁及钛；自2022年起，应用较广的10种有色金属产量统计中增列工业硅，取消汞。

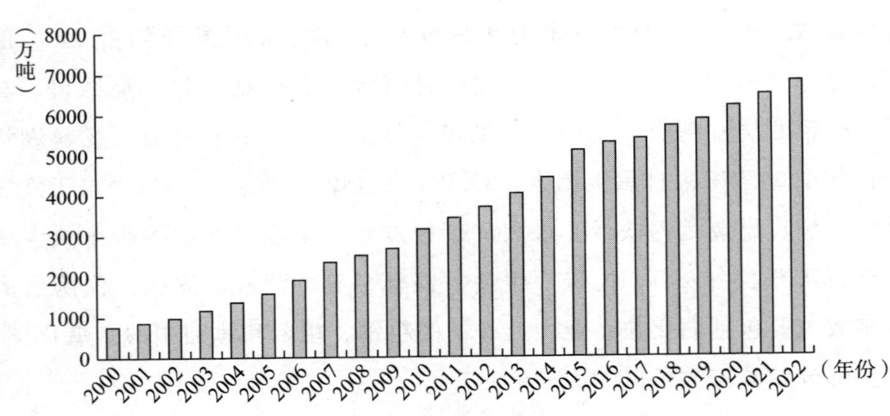

图 8-5　2000~2022 年中国 10 种有色金属产量

资料来源：国家统计局。

亿吨，占有色金属行业总排放量的 76%。2020 年，在铝行业内部，电解铝碳排放为 4.2 亿吨（见图 8-6），分别占有色金属行业和铝行业碳排放总量的 64% 和 84%。

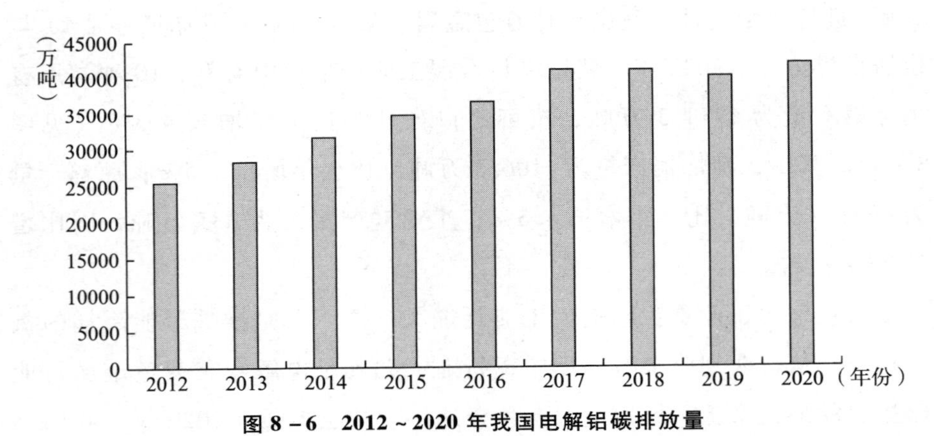

图 8-6　2012~2020 年我国电解铝碳排放量

资料来源：国家统计局。

（二）碳排放特性

有色金属行业碳排放从环节看，核心是冶炼环节。有色金属产业链长，涉及矿山采选、冶炼及压延加工，其中冶炼环节碳排放约占全行业碳排放总量的 90%。从产品看，有色金属碳排放集中在铝、铜、铅、锌、镁、工业硅等上，其中铝的碳排放占全行业75%以上。从用能角度看，用电是该行业碳排放主要来源。

按照排放方式，有色金属冶炼行业碳排放源分为间接排放、直接排放和过程排放。间接排放是指净购入的电力和热力产生的排放，排放占比约为68%。直接排放主要包括：一是能源作为原材料用途的排放，排放占比约为12%；二是燃料燃烧排放，排放占比约为15%。过程排放约占5%。图8－7具体呈现了电解铝行业中的碳排放来源。

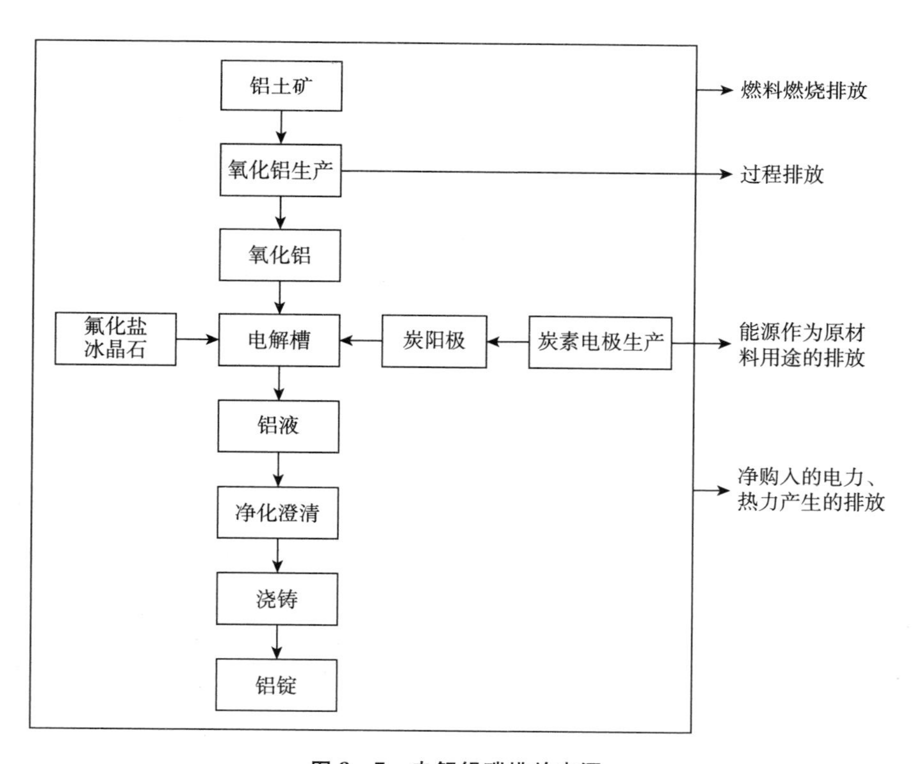

图8－7　电解铝碳排放来源

资料来源：国家质量监督检验检疫总局《温室气体排放核算与报告要求》（第4部分：铝冶炼企业），中能智库整理。

以电解铝行业为例，在电解铝的全生命周期过程中，生产阶段、加工制造阶段以及废料回收阶段均会产生碳排放，全生产过程中电力碳排放占碳排放总量的63%（见图8－8）。在全球主流铝生产国中，我国吨铝冶炼的电力碳排放量较高，处于全球中上水平。

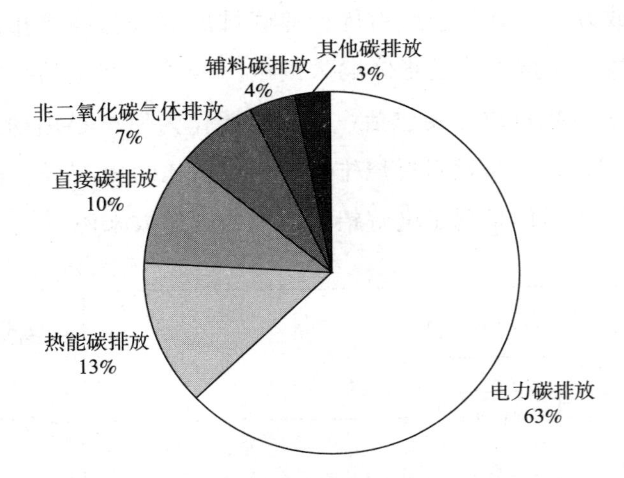

图8－8 电解铝生产过程中二氧化碳排放来源及占比

资料来源：《碳中和背景下电解铝行业节能减排的探讨》。

四 石化化工行业碳排放情况

（一）石化企业碳排放总量

石化化工行业是国民经济的重要支柱产业，经济总量大，产业关联度高，与经济发展、人民生活和国防军工密切相关，在我国工业经济体系中占有重要地位。近年来，我国石化化工行业平稳发展，结构调整稳步推进。2022年，原油加工量为6.8亿吨，同比下降3.4%；烧碱、纯碱、硫酸、乙烯产量同比分别增长1.4%、增长0.3%、降低0.5%、降低1%；合成树脂、合成橡胶、合成纤维聚合物产量同比分别增长1.5%、降低5.7%、降低1.5%；轮胎产量同比下降5%；化学肥料总量（折纯）同比增长1.2%。

石化化工行业碳排放强度大，根据中国石油和化学工业联合会的数据，2020年，石化化工行业碳排放总量为13.78亿吨，碳排放量占全国的12%左右。根据石油和化学工业规划院的测算[①]，2020年，石化化工行业10个重点子行业的碳排放占全行业碳排放总量的2/3左右。其中，炼油、合成氨、甲醇三个子行业的碳排放量各约2亿吨；碳排放量在0.5亿吨左右的包括煤制油气、电石、乙烯、烧碱等子行业；碳排放量在0.2亿吨左右的包括PX、纯碱、煤制乙二醇等子行业。

（二）碳排放特性

石化化工行业碳排放来源包括化石燃料的直接燃烧、工业过程的排放、企业购入电力和热力造成的间接排放。根据北京大学能源研究院的测算，其中化石燃料燃烧碳排放占比33.00%，工业生产过程碳排放占比33.90%，净购入电力的碳排放占比15.70%，净购入热力的碳排放占比17.40%（见图8－9）。石化化工行业产业链条长、产品类型

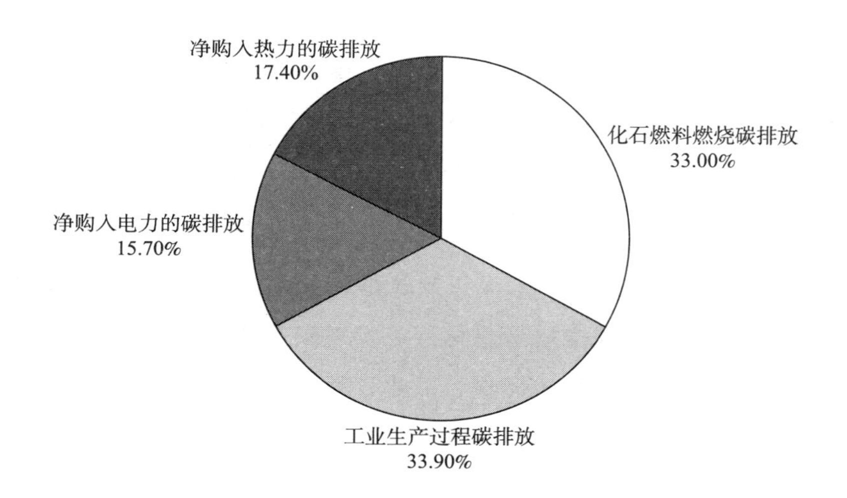

图8－9　石化化工生产过程中碳排放来源及占比

资料来源：北京大学能源研究院《中国石化行业碳达峰碳减排路径研究报告》。

① 温倩等．石化和化工行业碳达峰、碳中和路径探讨［J］．化学工业，2022，(1)．

多，不同子行业碳排放源的占比也不同。以炼油行业为例，燃料燃烧碳排放占比55%，工业生产过程碳排放占比15%～35%，间接碳排放占比10%～30%[①]。

五　建材行业碳排放情况

（一）建材行业碳排放量

我国是世界上最大的建材生产国和消费国，水泥、平板玻璃等主要建材产品产量居世界首位。由于产业规模大、窑炉工艺特点等原因，建材行业也是工业能源消耗和碳排放的重点领域，是我国碳减排任务最重的行业之一。建材行业碳排放主要来自水泥、石灰石膏、墙体材料、陶瓷、玻璃等行业。中国建筑材料联合会数据显示，2020年中国建材行业二氧化碳排放达14.8亿吨。其中，水泥行业二氧化碳排放为12.3亿吨；石灰石膏行业二氧化碳排放为1.2亿吨；墙体材料行业二氧化碳排放为1322万吨；建筑卫生陶瓷行业二氧化碳排放为3758万吨；玻璃行业二氧化碳排放为2740万吨。

（二）碳排放特性

从碳排放量结构来看，水泥行业碳排放占建材行业碳排放总量80%以上，控制水泥行业碳排放是建材行业实现碳达峰的关键。水泥行业碳排放源主要包括化石燃料的燃烧、工业过程排放、购入使用的电力和热力。化石燃料的燃烧及购入使用的电力所产生的碳排放量分别约占碳排放总量的35%和5%，碳酸盐分解等工业过程排放占碳排放总量的60%左右（见图8－10）。因此，降低水泥生产碳排放的重点为降低熟料烧成的化石能源消耗、降低石灰石的用量。

① 袁明江等．石化企业碳达峰碳中和实施路径探讨［J］．国际石油经济，2020，（4）．

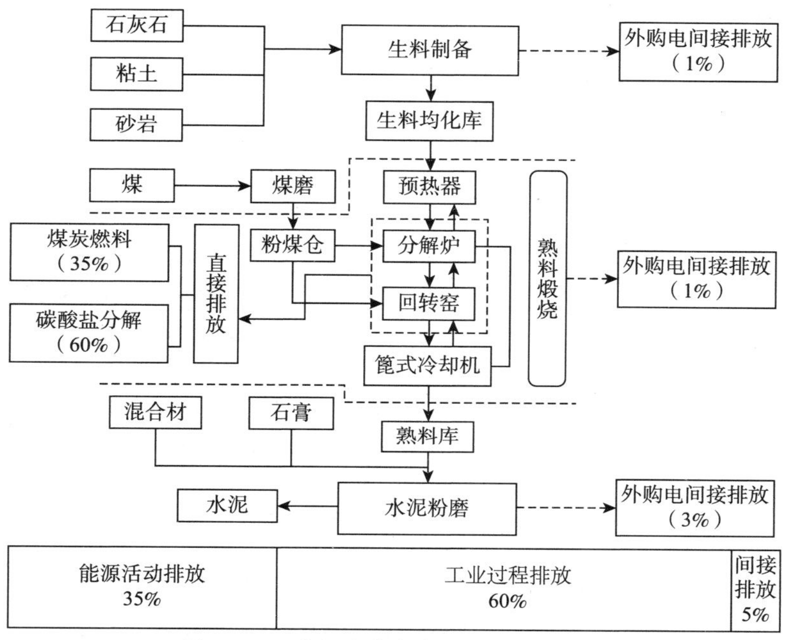

图 8－10　水泥生产各个过程中的碳排放

资料来源：国家发展改革委《中国水泥生产企业温室气体排放核算方法与报告指南》。

第二节　工业领域碳达峰碳中和目标与路径

碳达峰碳中和目标宣示以来，我国发布了一系列工业领域碳达峰碳中和政策文件，明确了工业领域碳达峰碳中和发展目标、任务和举措。针对钢铁、有色金属、石化化工、建材等重点排放行业，通过技术改造和限制高耗能产业等措施，实现工业领域低碳环保发展。

一　工业领域碳达峰碳中和目标

为实现工业领域碳达峰碳中和战略目标，国家和有关部门相继发布了《2030 年前碳达峰行动方案》《“十四五”工业绿色发展规划》《国务院关于印发“十四五”节能减排综合工作方案的通知》《工业能效提升行动计划》《工业领域碳达峰实施方案》等一系列文件，对工业领域的低碳发展提出了目标和具体措施（见表 8－1）。

表 8－1　工业领域碳达峰碳中和政策目标

<table>
<tr><th>发布时间</th><th>发布部门</th><th>文件</th><th colspan="2">主要目标</th></tr>
<tr><td>2021 年 10 月 26 日</td><td>国务院</td><td>《2030 年前碳达峰行动方案》</td><td colspan="2">工业领域要加快绿色低碳转型和高质量发展，力争率先实现碳达峰。推动电力、钢铁、有色金属、建材、石化化工等行业开展节能降碳改造，提升能源资源利用效率</td></tr>
<tr><td rowspan="3">2021 年 10 月 29 日</td><td rowspan="3">国家发展改革委</td><td rowspan="3">《“十四五”全国清洁生产推行方案》</td><td>钢铁</td><td>完成 5.3 亿吨钢铁产能超低排放改造、4.6 亿吨焦化产能清洁生产改造</td></tr>
<tr><td>有色金属</td><td>完成 4000 台左右有色窑炉清洁生产改造</td></tr>
<tr><td>建材</td><td>完成 8.5 亿吨水泥熟料清洁生产改造</td></tr>
<tr><td rowspan="4">2021 年 12 月 21 日</td><td rowspan="4">工业和信息化部</td><td rowspan="4">《“十四五”原材料工业发展规划》</td><td colspan="2">碳排放强度持续下降。单位工业增加值二氧化碳排放降低 18%，钢铁、有色金属、建材等重点行业碳排放总量控制取得阶段性成果</td></tr>
<tr><td>钢铁</td><td>钢铁行业吨钢综合能耗降低 2%</td></tr>
<tr><td>有色金属</td><td>电解铝碳排放下降 5%</td></tr>
<tr><td>建材</td><td>水泥产品单位熟料能耗水平降低 3.7%</td></tr>
<tr><td>2021 年 12 月 28 日</td><td>国务院</td><td>《国务院关于印发“十四五”节能减排综合工作方案的通知》</td><td colspan="2">“十四五”时期，规模以上工业单位增加值能耗下降 13.5%，万元工业增加值用水量下降 16%。到 2025 年，通过实施节能降碳行动，钢铁、电解铝、水泥、平板玻璃、炼油、乙烯、合成氨、电石等重点行业产能和数据中心达到能效标杆水平的比例超过 30%</td></tr>
<tr><td>2022 年 6 月 29 日</td><td>工业和信息化部</td><td>《工业能效提升行动计划》</td><td colspan="2">钢铁、石化化工、有色金属、建材等行业重点产品能效达到国际先进水平，规模以上工业单位增加值能耗比 2020 年下降 13.5%</td></tr>
<tr><td rowspan="3">2022 年 8 月 1 日</td><td rowspan="3">工业和信息化部</td><td rowspan="3">《工业领域碳达峰实施方案》</td><td colspan="2">到 2025 年，规模以上工业单位增加值能耗较 2020 年下降 13.5%</td></tr>
<tr><td>钢铁</td><td>2025 年，废钢铁加工准入企业年加工能力超过 1.8 亿吨，短流程炼钢占比达 15% 以上。到 2030 年，短流程炼钢占比达 20% 以上</td></tr>
<tr><td>有色金属</td><td>到 2025 年，铝水直接合金化比例提高到 90% 以上，再生铜、再生铝产量分别达到 400 万吨、1150 万吨，再生金属供应占比达 24% 以上。到 2030 年，电解铝使用可再生能源比例提至 30% 以上</td></tr>
</table>

续表

发布时间	发布部门	文件	主要目标	
			石化化工	到2025年，“减油增化”取得积极进展，新建炼化一体化项目成品油产量占原油加工量比例降至40%以下
			建材	2025年，水泥熟料单位产品综合能耗水平下降3%以上
2022年11月15日	工业和信息化部	《有色金属行业碳达峰实施方案》	“十四五”期间，再生金属供应占比达到24%以上。“十五五”期间，电解铝使用可再生能源比例达到30%以上。确保2030年前有色金属行业实现碳达峰	
2022年11月28日	工业和信息化部	《建材行业碳达峰实施方案》	“十四五”期间，水泥熟料单位产品综合能耗水平降低3%以上。“十五五”期间，建材行业绿色低碳关键技术产业化实现重大突破。确保2030年前建材行业实现碳达峰	

上述政策文件提出明确的规划目标：到2025年，规模以上工业单位增加值能耗较2020年下降13.5%，重点行业二氧化碳排放强度明显下降，钢铁行业短流程炼钢占比达15%以上，再生金属供应占比达24%以上，水泥熟料单位产品综合能耗水平下降3%以上。“十四五”之后，产业结构布局将进一步优化，工业能耗强度、二氧化碳排放强度持续下降，努力达峰削峰，在实现工业领域碳达峰的基础上强化碳中和能力，基本建立以高效、绿色、循环、低碳为重要特征的现代工业体系，确保工业领域二氧化碳排放在2030年前达峰。

目前，有色金属、建材行业发布了碳达峰实施方案，明确了碳达峰实现时间点为2030年。钢铁、石化化工行业碳达峰实施方案暂未发布，但相关部门和行业协会也对钢铁、石化化工行业的碳达峰时间点做出了规划。2022年1月20日，工业和信息化部、国家发展改革委、生态环境部印发的《关于促进钢铁工业高质量发展的指导意见》提出，钢铁行业“确保2030年前碳达峰”。中国石油与化学工业联合会宣布我国石化化工行业碳达峰实施方案已制定完成，2022年石化化工行业将进入整合升级期，能源转型替代步伐加快，新能源、新材料等产业成长空间打开，石化化工行业有望在2030年前实现碳达峰。

二 工业领域碳达峰碳中和路径

实现工业领域碳达峰碳中和，主要路径包括深度调整产业结构、深入推进节能增效、发展循环经济、加快低碳技术变革、推进数字化转型、做好进入全国碳市场的准备工作等。

（一）深度调整产业结构

中国经济已由高速增长步入高质量发展阶段，推动产业结构优化升级、遏制高耗能高排放低水平项目盲目发展、优化重点行业产能规模，是实现碳达峰碳中和战略目标的重要途径。对于涉及产业链供应链安全稳定、保障民生等领域的项目，设立白名单制度，避免“一刀切”式减碳，缓解工业经济下行压力。工业领域可采取的产业结构调整方式参见表8-2。

表8-2 工业领域产业结构调整

行业	产业结构调整方式
钢铁	严格执行《钢铁行业产能置换实施办法》，控制粗钢产能增加，严格落实工业和信息化部提出的“粗钢产量同比下降”，鼓励钢铁企业实施市场自律，主动压减产量，促进更高水平的供需动态平衡，切实控制钢铁产能。严格落实环境影响评价、节能评估审查等相关规定
有色金属	严控有色金属工业产能总量。电解铝产量是决定有色金属工业碳排放的关键因素，要严控电解铝产能，防止铜冶炼、氧化铝等项目盲目无序发展，新建、改扩建项目必须达到能耗限额标准先进值、污染物超低排放值。严禁以任何形式新增产能，并探索建立有色金属消费峰值预警机制
石化化工	加强产能调控，包括产能置换、改造升级、淘汰落后等方式，有利于提升产业集中度、促进资源利用效率不断提高、缩小同类工艺路线的单位产品排碳差距；对于需求存在缺口的行业，应合理控制增长规模，避免产能无序扩张
建材	加快淘汰落后产能进程，严格减量置换政策，加大压减传统产业过剩产能力度，坚决遏制违规新增产能，推动建筑材料行业向轻型化、终端化、制品化转型。支持企业谋划发展绿色低碳新业态、新技术、新装备、新产品，有序安排生产，压减生产总量和碳排放量。鼓励行业领军企业开展资源整合和兼并重组，推进产业链、价值链向高附加值、高质高端迈进

资料来源：《“十四五”工业绿色发展规划》，《工业领域碳达峰实施方案》，中能智库整理。

（二）深入推进节能增效

提升清洁能源消费比重。引导企业、园区发展屋顶光伏、分散式风电、多元储能、高效热泵等，推进多能高效互补利用。鼓励企业、园区就近利用清洁能源，支持具备条件的企业开展“光伏+储能”等自备电厂、自备电源建设，促进就近大规模高比例消纳可再生能源。提升工业终端用能电气化水平，在具备条件的行业和地区加快推广应用电窑炉、电锅炉、电动力设备。鼓励氢能、生物燃料、垃圾衍生燃料等替代能源在钢铁、水泥、化工等行业的应用。加强能源系统优化和梯级利用，因地制宜推广园区集中供热、能源供应中枢等新技术。严格控制主要用煤行业煤炭消费，鼓励有条件的地区新建、改扩建项目实行用煤减量替代。

提高能源利用效率。推进典型流程工业能量系统优化，推动工业窑炉、锅炉、电机、泵、风机、压缩机等重点用能设备系统的节能改造。加强高温散料与液态熔渣余热、含尘废气余热、低品位余能等的回收利用。鼓励企业、园区建设能源综合管理系统，实现能效优化调控。鼓励企业对标能耗限额标准先进值或国际先进水平，加快节能技术创新与推广应用。推广钢铁行业铁水一罐到底、近终形连铸直接轧制，有色金属行业高电流效率低能耗铝电解、钛合金等离子冷床炉半连续铸造等先进节能工艺流程，石化化工行业原油直接生产化学品、先进煤气化，建材行业水泥流化床悬浮煅烧与流程再造技术、玻璃熔窑全氧燃烧。

（三）发展循环经济

培育废钢铁、废有色金属、废塑料、废旧轮胎等主要再生资源循环利用龙头骨干企业，推动资源要素向优势企业集聚，依托优势企业技术装备，推动再生资源高值化利用。推进尾矿、粉煤灰、煤矸石、冶炼渣、工业副产石膏、赤泥、化工渣等大宗工业固废规模化综合利用。推动钢铁窑炉、水泥窑、化工装置等协同处置固废。加强钢铁、有色金属、建材、化工企业间原材料供需结构匹配，促进有效、协同供给，强化企业、园区、产业集群之间的循环链接，提高资源利用水平。

（四）加快低碳技术变革

部署前沿技术研究，完善产业技术创新体系，强化科技创新对工业绿色低碳转型的支撑作用。推进重大低碳技术、工艺、装备创新突破和改造应用，以技术工艺革新、生产流程再造促进工业“减碳去碳”。

加快关键共性技术攻关突破。集中优势资源开展减碳零碳技术、碳捕集利用与封存技术、零碳工业流程再造技术、复杂难用固废无害化利用技术、新型节能及新能源材料技术、高效储能材料技术、氢能以及氢冶金技术等关键核心技术攻关。开展化石能源清洁高效利用技术、再生资源分质分级利用技术、高效节能环保装备技术等共性技术研发，强化绿色低碳技术供给。推动构建以企业为主体，产学研协作、上下游协同的低碳零碳负碳技术创新体系。

加大先进适用技术推广应用。发布工业重大低碳技术目录，组织制定技术推广方案和供需对接指南，遴选一批水平先进、经济性好、推广潜力大、市场急需的工艺装备技术，鼓励企业加强设备更新和新产品规模化应用，促进先进适用的工业绿色低碳新技术、新工艺、新设备、新材料推广应用。重点推广全废钢电弧炉短流程炼钢、高选择性催化、余热高效回收利用、多污染物协同治理超低排放等工艺装备技术。

开展重点行业升级改造示范。围绕钢铁、有色金属、建材、石化化工等行业，实施生产工艺深度脱碳、工业流程再造、电气化改造、二氧化碳回收循环利用等技术示范工程，低碳技术种类布局详见表 8－3。鼓励中央企业、大型企业集团发挥引领作用，加大在绿色低碳技术创新应用上的投资力度，形成一批可复制、可推广的技术经验和行业方案。

表 8－3　工业领域低碳技术路径

行业	低碳技术种类布局
钢铁	加快富氢碳循环高炉冶炼、氢基竖炉直接还原铁、碳捕集利用与封存等技术攻关，大力推进非高炉炼铁技术、全废钢电炉工艺、低碳炼铁技术示范推广。推广钢铁工业废水联合再生回用、焦化废水电磁强氧化深度处理工艺

续表

行业	低碳技术种类布局
有色金属	突破冶炼余热回收、氨法炼锌、海绵钛颠覆性制备等技术。电解铝行业推广高效低碳铝电解技术。铜冶炼行业推广短流程冶炼、连续熔炼技术。铅冶炼行业推广富氧底吹熔炼、液态铅渣直接还原炼铅工艺。锌冶炼行业推广高效清洁化电解技术、氧压浸出工艺。实施铝用高质量阳极示范、铜锍连续吹炼、大直径竖罐双蓄热底出渣炼镁等技改工程
石化化工	开发可再生能源制取高值化学品技术。加快部署大规模碳捕集利用与封存产业化示范项目。开展高效催化、过程强化、高效精馏等工艺技术改造。推进炼油污水集成再生、煤化工浓盐废水深度处理及回用、精细化工微反应、化工废盐无害化制碱等工艺。实施绿氢炼化、二氧化碳耦合制甲醇等降碳工程。推广应用原油直接裂解制乙烯、新一代离子膜电解槽等技术装备
建材	突破玻璃熔窑窑外预热、窑炉氢能煅烧等低碳技术，在水泥、玻璃、陶瓷等行业改造建设一批减污降碳协同增效的绿色低碳生产线，实现窑炉碳捕集利用与封存技术产业化示范。推动使用粉煤灰、工业废渣、尾矿渣等作为原料或水泥混合材料。推广水泥窑高能效低氮预热预分解先进烧成等技术。加快全氧、富氧、电熔等工业窑炉节能降耗技术应用，推广水泥高效篦冷机、高效节能粉磨、低阻旋风预热器、浮法玻璃一窑多线、陶瓷干法制粉等节能降碳装备

资料来源：《“十四五”工业绿色发展规划》，《工业领域碳达峰实施方案》，中能智库整理。

（五）推进数字化转型

数字化驱动生产方式变革。采用工业互联网、大数据、人工智能、5G等新一代信息技术提升能源、资源管理水平，深化工业生产制造过程的数字化应用，推动数字化赋能工业低碳转型。

建立数字化碳管理平台。加强数字化技术在能源消费与碳排放等领域的开发部署。推动重点用能设备上云上平台，形成感知、监测、预警、应急等能力，提升碳排放的数字化管理、网络化协同、智能化管控水平。促进企业构建碳排放数据计量、监测、分析体系。打造重点行业碳达峰碳中和公共服务平台，建立产品全生命周期碳排放基础数据库。加强对重点产品产能产量监测预警，提高产业链供应链安全保障能力。

推动数字化与制造业深度融合。利用云计算、大数据、物联网、移动互联网、人工智能、5G、数字孪生等对工艺流程和设备进行绿色低碳升级改造。在钢铁、有色金属、石化化工、建材等行业加强全流程精细化管理，开展绿色用能监测评价，持续加大能源管控中心建设力度。推行全生命周期管理，推进绿色低碳技术软件化封装，开展新一代数字化技术与制造业融合发展试点示范。

推进“工业互联网＋低碳制造”。鼓励电信企业、信息服务企业和工业企业加强合作，利用工业互联网、大数据等技术，统筹共享低碳信息基础数据和工业大数据资源，为生产流程再造、跨行业耦合、跨区域协同、跨领域配给等提供数据支撑。聚焦能源管理、节能降碳等典型场景，推广标准化的“工业互联网＋低碳制造”解决方案和“工业互联网＋再生资源回收利用”新模式，助力行业和区域低碳化转型。

（六）做好进入全国碳市场的准备工作

中国的碳交易市场已初步形成了以配额为核心，涉及碳资产交易与管理、减排创新、气候投融资的多方位市场体系，部分省市碳市场已覆盖了工业领域相关行业。在可预见的未来，不断完善的碳交易政策和碳市场将通过促进技术创新、降低能源强度、调整能源结构和产业布局等方式，有效促进工业领域碳排放源头治理。工业领域应配合政府部门做好工业领域碳排放权交易市场建设基础性工作，逐步完善工业领域碳排放限额与评价工作，进一步推进工业领域各主要产业碳排放标准的研发与制定。提前谋划和组织好有关企业参与全国碳市场方案制定、碳交易模拟试算、运行测试等前期工作。要做好碳排放情况摸底工作，为企业有序进入全国碳市场创造条件。

第三节　实践探索与典型案例

为实现碳达峰碳中和目标，工业企业进行了许多有益的探索，特别是大型国有企业率先行动，制定碳达峰行动方案，加大低碳技术研发资金投入力度，加快碳达峰碳中和项目示范和推广。

一　钢铁行业

钢铁行业超低排放改造和低碳技术研发应用是目前推进碳达峰碳中

和工作的重要抓手，也是当前处理好发展与减排关系的重要措施。2022年，我国共有2.07亿吨粗钢产能完成全流程超低排放改造并公示，4.8亿吨粗钢产能已完成烧结球团脱硫脱硝、料场封闭等重点工程改造。2023年1～3月，又有约4000万吨粗钢产能完成全流程超低排放改造，行业减碳取得阶段性成果。

一是行业龙头企业降碳布局提速。作为钢铁行业发展的主体，国内大型钢铁企业结合自己的发展实际及市场环境，推进节能减排工作，制定了本企业碳达峰碳中和目标（见表8－4）。

表8－4　大型钢铁企业碳达峰碳中和目标

企业名称	时间	具体目标
中国宝武钢铁集团	2023年	力争实现碳达峰
	2025年	实现减碳30%的工艺技术能力
	2035年	力争减碳30%
	2050年	实现碳中和
鞍钢集团	2025年前	实现碳达峰
	2030年	实现前沿低碳冶金技术产业化突破，深度降碳工艺大规模推广应用
	2035年	力争碳排放总量较峰值降低30%；持续发展低碳冶金技术，成为我国钢铁行业首批实现碳中和的大型钢企
河钢集团	2023～2025年	碳达峰平台期
	2026～2030年	稳步下降期
	2031～2050年	实现碳排放量较峰值下降10%以上

资料来源：相关企业规划、中能智库整理。

二是低碳技术成果加快应用。钢铁央企作为行业排头兵参与多项国家重点研发项目和绿色低碳技术攻关项目，对我国钢铁工业可持续发展的瓶颈问题展开攻关，研发投入超4亿元；同时在大型高炉超高比例球团冶炼技术、电炉绿色高效冶炼技术、顶煤气循环氧气高炉冶炼技术、高炉富氢冶炼技术、氢还原炼铁技术、闪速熔炼技术、熔融电解法冶炼技术等典型减碳技术，以及碳捕集利用与封存技术等典型负碳技术领域，均取得积极进展。2022 年 2 月，中国宝武钢铁集团旗下宝钢湛江钢铁有限公司开始建设全球第一个 150 万吨氢冶金零碳工厂，预计 2025 年实现零碳示范。2022 年 9 月，宝钢股份面向全球三个减碳超过 50% 的宝钢汽车板零件，采用废钢 + 电炉工艺路径，废钢的比例达到 100%。鞍钢集团全球首套绿氢零碳流化床高效炼铁新技术示范项目——鞍钢集团氢冶金项目预计于 2023 年投入运行，将形成万吨级流化床氢气炼铁工程示范。中国五矿集团自主开发的烟气隔爆型余热回收技术在世界范围内首次实现转炉烟气的全余热回收。中钢国际自主研发带式焙烧机球团技术，可以实现低工序能耗、减少炼铁前工序的污染及二氧化碳排放。

专栏　钢铁低碳案例

钢铁企业在烧结烟气循环、高炉均压煤气回收、余热余能回收、大型高炉超高比例球团冶炼等方面已经取得了一系列成果。在加强基础理论研究和科研成果应用的同时，也在推动科技成果有效落地。

◆首钢京唐大型高炉高比例球团低碳冶炼技术，优化设计了适用于高比例球团冶炼的并罐无料钟布料装置、高炉炉身角度及高径比，有效解决了高比例球团冶炼时布料偏析、炉料膨胀等技术难题，为超大型高炉高比例球团稳定冶炼奠定了基础。集成了烧结烟气循环、烧结料面喷吹蒸汽、超大型高炉料罐均压煤气全量回收、热风炉烟气脱硫等工艺装备技术，实现了炼铁系统的清洁生产。如果达到 50% 球团比，钢铁行业可减少 CO_2 排放近 1 亿吨，减碳贡献突出。

◆中国宝武钢铁集团宝钢股份在线控冷无缝钢管节能减碳工艺，免除了离线正火等退火工艺和再加热，获得 2020 年冶金科技进步一等奖。通过实现热轧无缝钢管领域工艺减量化、合金减量化，节能减排效果明显，生产效率显著提高，促进了热轧钢管行业的高品质绿色制造，实现了热轧无缝钢管绿色高效制造的技术引领示范。通过在线组织性能调控，典型钢种系列规格产品免除离线正火或再加热淬火工序，控冷产品的能耗平均降低 20kgce/t 以上，减少 CO_2 排放量达 50kg/t。

◆"五效一体"高效循环利用技术。首钢京唐公司利用钢铁厂在冶炼过程中产生的低热值且不易储存的高炉煤气和焦炉煤气，形成了燃气轮机—蒸汽轮机联合循环发电，低品质乏汽作为海水淡化装置的热源制备淡化水，乏汽在海水淡化装置中冷凝后返回余热锅炉，海水淡化产生的浓盐水作为盐碱化工原料。该技术入围工业与信息化部循环经济重大示范工程，系统节能降碳，是流程工业系统在工程设计中的典型应用和优化。

三是积极参与碳市场。中国宝武钢铁集团正在开发碳资产经营管理平台、太钢矿业碳计算平台、宝武碳业碳印象平台、区块链碳金融服务平台、华宝基金碳响应力度文本数据抽取及评价云平台等众多碳资产管理平台。鞍钢集团积极参与地方碳市场，按期完成碳市场履约，2021 年鞍钢集团所属子企业碳排放履约量为 261 万吨，履约率为 100%。中钢国际承接的中国钢铁工业协会"钢铁行业温室气体排放 MRV 体系及低碳效果评估方法"项目已通过验收评审。

二 有色金属行业

近年来，有色金属企业持续推动产业结构优化调整，积极推广应用先进节能低碳技术，引导行业形成节约、清洁、循环、低碳的新型生产方式。

一是行业龙头企业陆续发布碳达峰碳中和规划。2021 年 6 月，中铝集团发布《中铝集团碳达峰碳中和行动方案》，明确提出"力争 2025 年前实现碳达峰、2035 年降碳 40%，持续发展低碳冶金技术，优化能源结构，率先在行业内实现碳中和"的总体目标。2022 年 9 月，江西铜业集团发布《江西铜业集团有限公司碳达峰碳中和战略规划》提出，到 2025 年，能效水平和碳排放强度达到国内行业领先水平，万元产值综合能耗和碳排放比 2020 年分别下降 18% 和 20%；到 2030 年，冶炼能效水平和碳排放强度达到国际先进水平，力争 2029 年碳排放整体达到峰值并实现稳中有降；到 2060 年之前，加快零碳能源替代行动，全面实现绿色低碳循环发展，能源利用效率和碳排放强度达到国际领先水平。

二是行业绿电使用率逐步提升。通过产业结构转型升级，遏制了低效产能扩张，推动消耗大量电力的电解铝产能向水电资源丰富的云南、四川等西部地区转移，提高了全国电解铝生产“绿电”使用量。截至 2022 年 6 月底，西部地区电解铝建成产能 3196 万吨，全国占比达 72.5%，未来仍有 350 万吨产能待转移。中国五矿集团所属长远锂科与相关电力公司签署交易合同，2022 年可再生能源电力占比在 2021 年 30% 的基础上增加至 71%。中国铝业集团宁东基地等一批分布式光伏项目投入建设，云铝股份建立行业首个分布式光伏直流供电模式。

三是技术装备水平整体进入世界先进行列。以 500kA、600kA 大型铝电解槽，新型阴极结构等铝电解节能技术为代表，电解铝工业技术达到国际领先水平；以氧气底吹/侧吹炼铜、氧气顶吹炼铜、双闪炼铜为代表，铜冶炼工业技术达到世界一流水平；铅、锌、镍、锡冶炼技术达到或接近国际先进水平；镁、钛、钨、钼冶炼，稀土冶炼分离等技术取得重大进步。中国铝业赤泥综合利用、再生铝消纳、危废处置达到行业领先水平，引领了行业绿色低碳发展。

专栏　有色金属低碳案例

有色金属冶炼过程中的绿电替代及废金属的循环利用是有色金属行业节能减排的主要发展方向。有色金属高效提取技术、低碳节能技术、再生资源循环技术及低碳冶炼技术，得到广泛应用。

◆低品位铜矿绿色循环生物提铜关键技术。该技术的创新点主要包括三方面。一是该技术使传统选冶技术无法开发的超低品位矿能够实现资源化利用，铜浸出率高，浸出周期短，吨矿加工成本低。二是该技术已在紫金山铜矿规模化应用，处理矿品位下降 40% 的情况下（0.441%降至0.267%），能耗降低20%，碳排放强度大幅降低。三是该技术在铜行业可大面积推广，在低品位镍钴矿的利用方面也有极高借鉴意义。

◆HRS项目建设及余热利用。该项目核心价值在于在行业内创造性地重新设计了低温余热利用设备，实现冶炼及烟气制酸余热的综合利用，达到节能减排的效果。通过余热发电，进一步有效促进CO_2减排，积极响应国家碳达峰碳中和战略。

◆新型稳流保温铝电解槽节能技术。电解铝产业规模在有色金属行业内最大，体量约为整个有色金属行业的一半。铝的电解生产过程是耗电大户，自然也是碳排放大户，电解铝碳排放量占有色金属行业总碳排放量的76%。在减碳方面，抓住电解铝的碳减排，也就抓住了有色金属碳减排的核心。新型稳流保温铝电解槽节能技术是有色金属行业节电、降耗、减碳方面极有潜力的先进技术，达到国际领先水平，也较为成熟。目前已推广产能200万吨，吨铝平均节电500千瓦时，潜力推广产能达4000多万吨，减碳效益巨大。

三　石化化工行业

随着经济的发展和市场需求的变化，化工品及新材料的需求将持续快速增长，碳排放将随之增加。碳达峰碳中和背景下，石化化工产业链各环节都面临推动碳减排、实现低碳发展的目标任务。面对发展与减碳的双重挑战，石化化工企业仍积极寻求绿色转型道路，并取得一定进展。

一是大型企业业务低碳化转型趋势明显（见表8－5）。中国石油着眼于“双碳”目标引领油气产业发展、优化产业布局。2022年9月，中国石油启动该公司最大光伏发电项目——中国石油玉门油田300兆瓦光伏并网发电项目，该项目建成后年均发电量达6.1亿千瓦时，年减少二氧化碳排放量50.4万吨。中国石化正在推动形成以能源资源为基础，以洁净油品、现代化工为两翼，以新能源、新材料、新经济为重要增长极的"一基两翼三新"产业格局，截至2021年底，公司在全国已累计建成加氢站74座、充换电站超1000座、分布式光伏发电站点超1000座。

表8-5　石化化工企业低碳业务规划

企业	碳达峰碳中和规划
中国石化	确保公司在国家实现碳达峰目标前实现碳达峰，力争在2050年实现碳中和，"十四五"期间将规划建设1000座加氢站或油氢合建站，打造"中国第一大氢能公司"。将优化提升油品销售网络，加快打造"油气氢电非"综合能源服务商；大力发展可降解材料、高端聚烯烃、高端合成橡胶，在新材料发展方面实现大突破。同时，将积极加快推进低碳化进程
中国海油	计划推进六大行动，分别为稳油增气保障、能效综合提升、能源清洁替代、产业转型升级、绿色发展跨越和科技创新引领。改进催化裂化生产工艺，推动炼油化工产业链升级，调整化肥化工产品结构
中国中化	高度重视绿色低碳、节能降碳工作，强调要积极践行绿色低碳发展，开展节能低碳专项提升行动，推进绿色转型升级。签署了《中国石油和化学工业碳达峰与碳中和宣言》，围绕产业结构调整、节能降碳技术、能源消费转型、可再生能源利用等方面，持续加大工作力度，取得良好的工作成效
旭阳集团	部署39项具体工作，推进实现低碳、减碳。结合旭阳集团高端新材料PA6、PA66系列产品优势，大力发展PBAT、二氧化碳基降解塑料PPC-X等生物可降解塑料，以及氢能源、建筑保温材料等先进低碳产品

资料来源：相关企业规划，中能智库整理。

二是石化化工低碳技术发展迅速。我国的石化化工行业具有高碳属性，近年来，通过技术创新和引进国外的新材料、新工艺、新技术，努力突破源头减排和节能提效的瓶颈。全面布署全力推进新材料产业发展，围绕聚烯烃弹性体、高端聚烯烃材料、生物可降解材料、碳材料等新领域关键核心材料展开攻关，成功研发生产出一批高端石油化工新材料。"多产丙烯和低硫燃料油组分的催化裂化与加氢脱硫技术开发与工业应用"项目，被认定技术创新性强，属国际首创，经济效益和社会效益显著。中国中化旗下天辰齐翔新材料有限公司己二腈及系列新材料项目一期投产，我国已掌握具有完全自主知识产权的己二腈先进生产技术，少数几个"卡脖子"关键原材料技术攻关再下一城。

三是大力发展绿色低碳项目。石化化工企业大力实施绿色低碳发展战略，坚持节能优先、环保优先，不断提高能源资源利用效率，最大限度减少污染物和碳排放。中国石油兰州石化长庆乙烷制乙烯 80 万吨/年项目投产，该项目是国内首个具有自主知识产权的乙烷制乙烯项目。其综合能耗和碳排放量均达到世界先进水平，被列为绿色低碳发展的国家示范工程。中国石化下属茂名石化 260 万吨/年浆态床渣油加氢装置投产，标志着世界先进的浆态床渣油加氢技术在我国成功实现工业化应用。中海油惠州石化炼厂建成投用，成功实现了传统炼厂生产方式的更新迭代，在粤港澳大湾区建立起一个智能化、数字化的新炼厂。中国中化旗下昌邑石化投资 3600 万元推动焦化密闭除焦和挥发气体治理项目，分别对石油焦、除焦水及废气集中处理，从根本上解决环境污染问题。万华化学创造性地将聚氨酯泡沫通过打孔浇注在双层 ALC（蒸汽加压混凝土板）空腔之间，依靠聚氨酯发泡的超强粘结力，使聚氨酯与双层 ALC 板形成完整的保温墙体，成功打造了新一代聚氨酯结构保温一体化构造体系，促进建筑行业节能降耗。

专栏　石化化工低碳案例

我国科研机构和相关企业持续开展了传统石化厂 + CCUS、二氧化碳制生物可降解材料、二氧化碳制甲醇、绿色航煤、二氧化碳制淀粉等技术研发，目前均取得了一系列进展。

◆丙烷脱氢装置余热发电综合利用项目。本项目通过余热回收的方式，将喷射器的尾气和发电机组的发电媒介进行换热，被加热的发电媒介驱动膨胀机运转，膨胀机带动发电机运转，最后将电力输出，被冷凝下来的水蒸汽经过处理之后进入脱盐水系统进行回收利用。通过发电和凝液的回收降低装置的综合能耗，达到节能减排的效果。

◆富含 CO/CO_2 的工业气体生物发酵法制燃料乙醇及乙醇梭菌蛋白技术。在工业气体发酵法制乙醇及乙醇梭菌蛋白技术的工业化应用上，形成 4.5 万吨全国首套钢铁工业制乙醇及乙醇梭菌蛋白项目的成功示范，打通了从原料气净化、发酵关键过程控制、三塔差压蒸馏热量集成、乙醇梭菌蛋白提取及污水深度处理全流程工艺。实现了将原料气组分约53% CO的转炉煤气一步转化为乙醇及乙醇梭菌蛋白。

◆生物质聚乙烯醇（PVA）低碳循环经济产业。全国首套生物质聚乙烯醇生产装置及其配套工程，打通了废糖蜜—乙醇—乙烯—醋酸乙烯—PVA的产业链，开创了除电石乙炔法、石油乙烯法、天然气乙炔法以外的第四种PVA生产路线，为我国发展生物质PVA产业建立了样板工厂。利用生物质原料制PVA，大幅减少了对石油、煤炭等一次能源的消耗，同时在生产过程中开展发酵废液回收制有机肥料、二氧化碳尾气回收净化后用于食品制造行业，极大提升了资源的利用率，提升了我国PVA制造行业减碳、低碳发展水平。

四 建材行业

国内超大规模市场优势为建材行业带来新机遇，而绿色低碳发展也给建材行业带来新挑战。建材行业积极探索减污降碳路径，在发展中促进低碳转型，扎实推动行业高质量发展。

一是积极出台碳达峰碳中和具体规划。建材骨干企业积极行动，在行业内发挥带头作用，率先发布碳达峰碳中和相关规划。中国建材集团完成碳达峰碳中和路径分析，从总量控制、原料替代、转换用能结构、技术创新、绿色制造、绿色低碳体系建设六个方面推动节能降碳。海螺水泥积极制定海螺碳达峰碳中和行动方案和路线图，研发应用节能环保低碳新技术、新工艺、新材料、新装备，节约资源能源，降低各类消耗，大力研发碳科技，拓展环保产业，全面加快绿色低碳循环发展，力争实现下属工厂光伏发电项目全覆盖。金隅集团积极响应碳达峰碳中和政策导向，结合国家碳达峰政策及产业特点编制了《金隅集团碳达峰碳中和“十四五”规划》，把实现碳达峰作为践行绿色低碳发展的重要抓手，持续加大节能降碳改造。

二是加快低碳技术研发应用。建材行业积极探索绿色低碳技术，布局原燃料替代、能效提升、固体废弃物回收利用、新型低碳水泥、水泥窑炉全氧燃烧耦合碳捕集、水泥高效粉磨等技术的研发。低碳技术应用方面，中国建材集团水泥窑低能耗绿色制造技术、协同处置垃圾危废技术和装备、精准 SNCR 氮氧化物超低排放技术等在南方水泥、西南水泥进行推广应用；世界首套玻璃熔窑二氧化碳捕集与提纯示范项目顺利投产。海螺水泥通过采用黄磷渣配料、降低煅烧温度，使吨熟料煤耗下降 1.5kg；通过采用电石渣、粉煤灰、硫酸渣等工业废料替代部分原料，降低了二氧化碳的排放。华润集团水泥板块长治、南宁工厂分别实施水泥窑高温低尘和高温高尘选择性催化还原技术（SCR）脱硝超净排放项目改造。

专栏 建材行业低碳案例

减少建材行业碳排放主要方法包括降低化石能源消耗量和石灰石使用量。建材企业围绕能效提升、能源替代、原材料替代、新型低碳材料等方面开展低碳实践。

◆碳达峰碳中和要求下绿色骨料矿山规划设计运营解决方案。中国电建年产 7000 万吨骨料项目通过资源优化，实现绿色骨料矿山资源利用高效化、生产工艺环保化、矿山开采科学化、矿区环境生态化、运营管理智慧化，项目经济效益、环境效益突出，开采能耗降低 12%，长距离廊道实现了运输能耗降低 62%，综合减少碳排放 5.3 万吨。该项目实现了“开采加工、物流运输、装船外销”的多行业、多专业协同配合优势及全产业链成套技术管理实施模式，对于大型矿山绿色低碳发展具有较强借鉴意义。

◆高固废掺量低碳原料替代石灰石煅烧水泥项目。沁阳金隅冀东环保科技有限公司通过利用电石渣工业废料替代石灰石原料减少碳排放，同时消纳了工业废料，项目减排效果显著，每年可以减少二氧化碳排放39万吨。项目采用的基于电石渣的熟料生产关键技术和专项装备技术先进、运行可靠，对于水泥低碳技术中原料替代项目进行了很好的实践，具有较强推广意义。

◆替代燃料处置技术。中材建设有限公司在参与“一带一路”海外水泥工厂设计建造过程中，对燃料替代实现减少碳排放开展了系统研究，在成功实施的8个项目中针对不同燃料替代进行了针对性设计实施，从而实现了20%～80%的替代率。以80%燃料替代率为例，年度可实现二氧化碳减排54万吨，减排效果明显，技术路线清晰，为国内推广燃料替代提供了非常有意义的探索和借鉴。

第九章　交通运输领域碳达峰碳中和目标与实践

交通运输行业是社会经济发展的重要支撑。随着我国经济的发展，行业能耗与碳排放持续增加，面临较大的碳减排压力。推动交通运输行业碳排放尽快达峰是实现高质量发展与绿色转型的重要方向。

第一节　交通运输领域碳排放情况

我国交通运输领域包括铁路、公路、水路和民航。[①] 其中，铁路运输包括铁路货运（货运机车）和铁路客运（客运机车、轨道交通列车）；公路运输包括公路货运（营运货车、非营运货车）、公路客运（营运客车、私人乘用车）、城市公共交通（公共汽电车、巡游出租车）及城市其他交通（网约车、私人乘用车、摩托车）；水路运输包括从事我国内河、沿海运输的营运船舶（不包括远洋运输营运船舶），具体包括水路货运（货运船舶、港口）和水路客运（客运船舶、城市轮渡）；民航运输包括国内航线民航飞机（不包括国际航空），具体包括民航货运和民航客运。

---

① 交通运输部科学研究院．中国可持续交通发展报告［R］．北京：联合国全球可持续交通大会，2021.

随着我国经济快速发展，交通运输规模不断扩大，交通运输部门能源消费量较快增长。我国交通运输、仓储和邮政业能源消费量由2011年的2.97亿吨标准煤增长到2020年的4.13亿吨标准煤，占能源消费总量的比重从7.67%增长到8.29%（见图9-1）。其中2020年，因受疫情影响，交通运输活动放缓，交通运输、仓储和邮政业的能源消费量有所回落，占能源消费总量的比重下降。

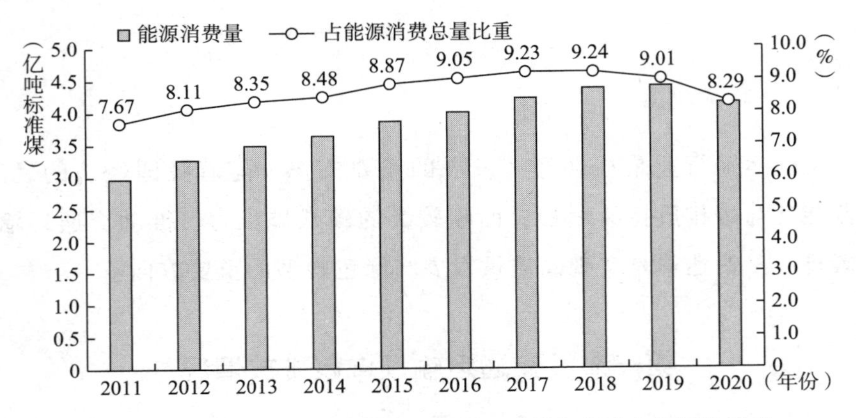

图9-1　2011~2020年我国交通运输、仓储和邮政业能源消费量及其占能源消费总量比重

资料来源：国家统计局、中能智库。

交通能耗的增加必然带来碳排放的增长，交通运输领域作为碳排放主要来源之一，高度依赖化石燃料在移动终端的燃烧，碳排放占比高、方式众多、结构复杂，是各国实现碳中和远景目标的重点和难点。交通运输领域碳排放主要是交通运输工具和交通基础设施（包括公路客运站、公路货运枢纽、机场、火车站、港口等）在运行过程中产生的二氧化碳排放。

近年来，随着我国经济社会的快速发展，全社会货运量和货物周转量大幅增长，使得交通运输领域碳排放量持续增长，占全国碳排放总量的比重呈上升趋势。2021年，我国交通运输碳排放总量为10.8亿吨，占全国碳排放总量的比重为10.7%。[①] 其中公路运输碳排放量占交通运输碳排放总量的比重约为87%，这主要是由于我国经济增长伴随大宗货物需求显著增长，而现阶段大宗货物运输以公路运输为主。此外，汽车保有量持续增长也给交通领域节能减排带来较大压力。

逐步减缓交通运输业碳排放增长，是实现国家碳排放达峰总目标的必然要求，也是交通运输业未来重要发展方向。交通运输行业处于能源消费的终端，从发达国家交通运输行业低碳发展规律来看，交通运输行业的碳达峰时间往往滞后于国家的总体碳达峰时间[②]。随着城镇化和经济水平的进一步提升，我国交通需求仍将处于稳定增长阶段，机动车总量、交通运输量仍会持续增长，交通运输行业的碳排放及占比将进一步提升，具有较大的减碳压力。

第二节　交通运输领域碳达峰碳中和目标与路径

交通运输领域作为节能减排和绿色低碳发展的重要领域和主战场，深入推进绿色低碳转型，为实现碳达峰碳中和提供有力支撑。随着一系列政策文件的陆续发布，交通运输领域碳达峰碳中和发展目标和具体实现路径逐渐明晰。

一　主要目标

2021年10月26日，《国务院关于印发2030年前碳达峰行动方案的通知》（国发〔2021〕23号）出台，聚焦2030年前碳达峰目标，对推进碳达峰工作做出总体部署。其中，在“交通运输绿色低碳行动”中提

① 周伟，王雪成．中国交通运输领域绿色低碳转型路径研究［J］．交通运输研究，2022，8（06）：2-9.

② 李晓易，谭晓雨，吴睿，徐洪磊，钟志华，李悦，郑超蕙，王人洁，乔英俊．交通运输领域碳达峰、碳中和路径研究［J］．中国工程科学，2021，23（06）：15-21.

出，加快形成绿色低碳运输方式，确保交通运输领域碳排放增长保持在合理区间；推动运输工具装备低碳转型，构建绿色高效交通运输体系，加快绿色交通基础设施建设。

2022 年 6 月 24 日，《交通运输部 国家铁路局 中国民用航空局 国家邮政局贯彻落实〈中共中央 国务院关于完整准确全面贯彻新发展理念做好碳达峰碳中和工作的意见〉的实施意见》（交规划发〔2022〕56 号）出台。该意见是碳达峰碳中和目标实现“1 + N”政策体系的组成部分（见表 9 – 1），是交通运输业碳达峰碳中和顶层设计文件，提出了优化交通运输结构、推广节能低碳型交通工具、积极引导低碳出行、增强交通运输绿色转型新动能等重点工作，为加快推进交通运输绿色低碳转型、切实做好碳达峰碳中和工作明确方向。

表 9 – 1　交通运输领域碳达峰碳中和目标

时间	政策文件	主要内容
2021 年 10 月 26 日	《国务院关于印发 2030 年前碳达峰行动方案的通知》（国发〔2021〕23 号）	积极扩大电力、氢能、天然气、先进生物液体燃料等新能源、清洁能源在交通运输领域应用。到 2030 年，当年新增新能源、清洁能源动力的交通工具比例达到 40% 左右，营运交通工具单位换算周转量碳排放强度比 2020 年下降 9.5% 左右，国家铁路单位换算周转量综合能耗比 2020 年下降 10%。陆路交通运输石油消费力争 2030 年前达到峰值。 发展智能交通，推动不同运输方式合理分工、有效衔接，降低空载率和不合理客货运周转量。“十四五”期间，集装箱铁水联运量年均增长 15% 以上。到 2030 年，城区常住人口 100 万以上的城市绿色出行比例不低于 70%
2022 年 6 月 24 日	《交通运输部 国家铁路局 中国民用航空局 国家邮政局贯彻落实〈中共中央 国务院关于完整准确全面贯彻新发展理念做好碳达峰碳中和工作的意见〉的实施意见》（交规划发〔2022〕56 号）	加快建设综合立体交通网。完善铁路、公路、水运、民航、邮政快递等基础设施网络，坚持生态优先，促进资源节约集约循环利用，将绿色理念贯穿于交通运输基础设施规划、建设、运营和维护全过程，构建以铁路为主干，以公路为基础，水运、民航比较优势充分发挥的国家综合立体交通网，切实提升综合交通运输整体效率。 积极发展新能源和清洁能源运输工具。依托交通强国建设试点，有序开展纯电动、氢燃料电池、可再生合成燃料车辆船舶的试点。推动新能源车辆的应用。探索甲醇、氢、氨等新型动力船舶的应用，推动液化天然气动力船舶的应用。积极推广可持续航空燃料的应用

续表

时间	政策文件	主要内容
2022年1月21日	交通运输部《绿色交通"十四五"发展规划》(交规划法〔2021〕104号)	到2025年，交通运输领域绿色低碳生产方式初步形成，基本实现基础设施环境友好、运输装备清洁低碳、运输组织集约高效，重点领域取得突破性进展，绿色发展水平总体适应交通强国建设阶段性要求。营运车辆、营运船舶单位运输周转量二氧化碳排放较2020年分别下降5%、3.5%，全国城市公交、出租汽车（含网约车）、物流配送领域新能源汽车占比分别达到72%、35%、20%，集装箱铁水联运量年均增长15%
2022年8月18日	交通运输部《绿色交通标准体系（2022年）》（交办科技〔2022〕36号）	到2025年，基本建立覆盖全面、结构合理、衔接配套、先进适用的绿色交通标准体系。综合交通运输和公路、水路领域节能降碳、污染防治、生态环境保护修复、资源节约集约利用标准供给质量持续提升。到2030年，绿色交通标准体系进一步深化完善。绿色交通标准供给充分，标准体系及时动态更新，更加有力推动交通运输行业绿色低碳发展水平提升和生态文明治理体系建设

资料来源：中能智库整理。

二　实施路径

交通运输是我国碳排放的重点领域，推动交通运输绿色低碳转型是应对全球气候变化的重要支撑和必然要求。交通运输领域实现碳达峰碳中和主要路径包括科学谋划顶层设计、调整装备能源结构、持续优化运输结构、建设绿色交通基础设施、加快调整出行体系、强化绿色交通科技支撑等。

（一）科学谋划顶层设计

加快制定交通运输领域能源和碳排放规划或实施方案。制定碳达峰、碳减排管理制度，通过建立交通绿色低碳管理长效机制，实现管理降碳。研究出台"公转铁"财政补贴和铁路运价优惠政策、铁路专用线建设资金补贴及贷款优惠政策、铁路和水路货运规范收费政策，制定绿色运输能力保障制度。研究制定涉及老旧车船淘汰补贴、新能源车船更新和使用激励、便利通行与差异化收费、新能源加注（更换）设施建设与运营补贴等的系列政策。

（二）调整装备能源结构

公路运输方面，加快推进城市公交、出租、物流配送等领域新能源汽车推广应用，鼓励使用电动汽车、氢燃料电池汽车，完善高速公路服务区、港区、客运枢纽、物流园区、公交场站等区域充换电站、加氢站设施建设，推动部分加油站的油气混合改造升级。铁路运输方面，加快推动铁路电气化进程，大力推进运输设备轻量化。水路运输方面，推进新增和更换港口作业机械、港内车辆和拖轮、货运场站作业车辆等优先使用新能源和清洁能源，鼓励船舶使用岸电、混合动力等辅助能源，持续提升电力、太阳能、风能、潮汐能、地热能在港口生产作业中的使用比例。航空运输方面，加快航空生物质燃料应用技术的开发应用，推动航空生物燃料的应用技术；加快新型发动机/飞机的研发应用，提升发动机/飞机的燃效水平，积极推进国产“大飞机”及新型发动机的应用。[①]

（三）持续优化运输结构

合理优化货运运输结构，提高铁路、水路基础设施的便利性，全面加快集疏港铁路项目建设进度，加快大宗货物和中长距离货物运输“公转铁”“公转水”，发挥铁路、水路在中长距离运输中的骨干作用。深入推进多式联运发展，建立高效的陆—港—水综合调度体系。加快铁路物流基地、铁路集装箱办理站、港口物流枢纽、航空转运中心、快递物流园区等的规划建设和升级改造，开展多式联运枢纽建设。

（四）建设绿色交通基础设施

将绿色低碳理念贯穿于交通基础设施规划、建设、运营和维护全过程，降低全生命周期能耗和碳排放。开展交通基础设施绿色化提升改造，统筹利用综合运输通道线位、土地、空域等资源，加大岸线、锚地等资

---

① 何吉成.50多年来中国民航飞机能耗的生态足迹变化［J］.生态科学，2016，35（01）：189-193.

源整合力度，提高利用效率。有序推进充电桩、配套电网、加注（气）站、加氢站等基础设施建设，提升城市公共交通基础设施水平。推广交通基础设施废旧材料、设施设备、施工材料等综合利用，鼓励废旧轮胎、工业固废、建筑废弃物在交通建设领域的规模化应用。

（五）加快调整出行体系

推动城市中心城区构建以城市轨道交通和快速公交为骨干、常规公交为主体的公共交通出行体系，加强城市步行和自行车等慢行交通系统建设，合理配置停车设施，开展人行道净化行动，因地制宜地建设自行车专用道，鼓励公众绿色出行，强化“轨道＋公交＋慢行”融合发展。综合运用法律、经济、技术、行政等多种手段，加大道路交通拥堵治理力度，积极发展智慧交通，利用大数据、智能控制等技术设备，优化路网设计和运行，提高路面通行效率。

（六）强化绿色交通科技支撑

深化绿色低碳交通关键技术研发，构建绿色交通技术创新体系。推进交通运输行业重点实验室等建设，积极培育国家级绿色交通科研平台。鼓励行业各类绿色交通创新主体建立创新联盟，建立绿色交通关键核心技术攻关机制。修订绿色交通标准体系，加强新技术、新设备、新材料、新工艺等方面标准的有效供给。完善绿色交通统计体系，鼓励统筹既有监测能力，利用在线监测系统及大数据技术，建设监测评估系统。探索碳积分、合同能源管理、碳排放核查等机制在行业的应用。

第三节　交通运输领域碳达峰碳中和探索与实践

近年来，我国交通运输绿色发展成效显著，交通运输装备绿色化趋势明显，新能源和清洁能源应用范围不断扩大，新能源车产销量不断创新高，充电基础设施不断完善，运输结构持续优化。

一是新能源汽车产业规模领先全球。新能源汽车作为我国战略性新兴产业，是有效缓解能源和环境压力、促进经济发展方式转变和可持续发展的重要推手。在碳达峰碳中和目标持续推动和相关政策支持下，我国新能源汽车产业发展取得显著成效，呈现市场规模、发展质量双提升的良好发展局面，为“十四五”汽车产业高质量发展打下了坚实的基础。2022 年，全年新能源汽车产销分别完成 705.8 万辆和 688.7 万辆，同比分别增长 96.9% 和 93.4%，连续 8 年保持全球第一。在政策与市场双重驱动下，作为新能源汽车的一种，我国氢燃料电池汽车快速发展，氢燃料电池汽车的产业链也不断完善。

专栏　新能源汽车应用进展

新能源车具有低能耗、轻污染等传统燃油车不可比拟的优点，能够有效缓解能源紧缺和环境污染等问题。我国高度重视新能源车研发，大力推广新能源车应用。

◆ 乌鲁木齐市公共交通集团有限公司积极推广使用低能耗、低排放的绿色低碳和新能源公交车。2015 年起，为响应国家号召，开始逐步引进新能源公交车，先后购置新能源车辆 743 辆。截至 2021 年，公交集团有营运车辆 2532 辆，其中：天然气车辆 1528 辆，油改气车辆 251 辆，气电混合动力车辆 663 辆，纯电动车辆 80 辆。2021 年全年公司消耗天然气 57741285.37m^3，电 895621.14kWh，单位能耗为 768069.17 吨标准煤，CO_2 减排量为 25969.14 吨。

◆ 长江三峡旅游发展有限责任公司率先实施运输车辆电动化升级革新。逐步引入新能源车辆更换燃油车辆，2019 ~ 2021 年分批次采购纯电动大巴 30 辆。截至 2021 年底，30 辆电动大巴已累计运营 162.3 万千米，使用能源均为三峡电站的清洁水电，共节省燃油 568.2 吨，减少二氧化碳排放 1522 吨，减少氮氧化物排放 8.8 吨，相当于种植阔叶林 114.2 亩；修建电动汽车充电桩 50 个，供共享汽车、新能源车辆和电动旅游大巴使用。通过景区升级、车辆更换、智能调度等举措，年减少能源消耗相当于 500 吨标准煤，年减少碳排放可达1500吨，年节能效益可超过200万元。

◆广汽乘用车有限公司氢燃料电池车应用。广汽首款示范运行乘用车（AIONLXFUELCELL），技术上实现了国内先进、部分性能比肩国际水平。燃料电池系统的额定功率达到70kW，属于国内领先；燃料电池系统最高效率达到62%，与国际水平接近（Mirai一代对标值为63%）；储氢系统实现了70MPa技术，3~5分钟可加满氢，续航650km，百公里氢耗仅为0.77kg，为国内最高水平，同时也与丰田水平接近（Mirai一代对标值为0.74kg）。2021年10月18日，广汽正式上线如祺出行平台，率先开展粤港澳大湾区首个“网约车+氢能源”的燃料电池乘用车示范运行。

二是动力电池技术和充电基础设施不断完善。主流纯电动乘用车电耗降低至12.5kWh/100km，续航里程提升到400km以上，系统能量密度最高达194.12Wh/kg，达到国际先进水平，新能源客车技术水平世界领先。量产的三元电池单体能量密度达到全球最高水平（300Wh/kg），无钴电池能量密度达到240Wh/kg，半固态电池接近量产状态。电池结构不断优化，体积利用率大幅提升。比亚迪的刀片电池基于CTP技术集成后电池包可以达到66%的体积利用率，宁德时代从第一代CTP到第三代麒麟电池，其电池包体积利用率从55%提升到72%，特斯拉CTC电池包体积利用率达63%。电机、电控等核心部件关键组件部件技术水平得到大幅提升。驱动电机的峰值功率密度超过4.8kW/kg，最高转速达到1.6万转/分钟。我国充电基础设施规划建设积极推进，配套设施环境日益优化，充换电运营市场取得较快发展，呈现多元化发展态势，有效支撑了新能源汽车的快速发展。

专栏　充电基础设施建设示范项目

在国家和地方的政策支持下，多数企业在充电基础设施领域加大投入，积极布局充电基础设施建设，电动汽车充电保障能力进一步提升。

◆天津高速公路集团制定长深高速津南服务区的改造方案。电动汽车基础设施方面，扩大了充电桩布局规模，并引进品牌汽车换电站，多措并举满足新能源车用户出行需求。在国家电网已建成投运的5根充电桩外，新增4根充电桩，其中快充4根，功率为80kW，一方面可缓解电动汽车能源补给焦虑，另一方面也能为交通运输行业实现“碳达峰、碳中和”目标助力。此外，津南服务区积极与电动汽车品牌厂商对接，成功引进蔚来汽车二代换电站，进一步为构建绿色交通路网出力。换电站占地面积为60平方米，备有13块电池，日均可为312辆车提供换电服务。

◆青岛城运能源科技集团有限公司通过加快投建、扩建公交车专用充电站，为逐渐增加的新能源公交车辆的正常运行提供保障，实现全城公交电动化。相比2020年，2021年全年共为公交车充电3931.75万千瓦时，增加1600.55万千瓦时，涨幅达68.66%；增加电费成本支出1056.36万元，减少柴油使用4947.17吨，减少燃油成本支出3187.64万元，减少燃料成本支出约2131.28万元，合计减少二氧化碳排放量达10259.41吨。

三是船舶清洁化趋势明显。近年来，随着我国加大对新能源应用的推广力度，船舶行业的清洁能源使用占比逐渐增加。随着产业化应用持续推进，我国已自主实现电动船舶系统和产品在江、河、湖、海全流域和多船型覆盖。中国船舶积极推行“节能先行，绿色引领”理念，采用“源头—管控—末端”综合治理模式，共创建国家级绿色工厂13家、绿色供应链管理企业2家、绿色设计产品6种、工业产品绿色设计示范企业1家，绿色制造体系建设取得丰硕成果。2021年，“绿色珠江”工程液化天然气（LNG）单一燃料动力船舶两型首制船——3000载重吨散货船“达峰3001”号、2000载重吨散货船“中和2001”号顺利交付，标志着中国船舶联合各方服务粤港澳大湾区绿色发展国家战略取得阶段性成果。

专栏　船舶电动化示范项目

交通运输装备绿色化是交通运输领域实现碳达峰碳中和的关键。随着绿色低碳技术的不断提升，交通运输装备电动化趋势愈发明显，尤其是电动船舶等实现较快发展。

◆三峡电能船舶电动化项目。该项目由中国长江电力股份有限公司与湖北三峡旅游集团共同投资，建造了目前世界上动力电池容量最大、智能化最高的纯电动船舶“长江三峡 1 号”，对整个基础设施网络进行更新设计和投资，引入了核心的电力系统，包括直流组网，在内河领域首次采用了 10kV 高压充电——采用“高压充电、低压补电”模式。攻克了 6 项技术难关，包括电池安全、直流组网短路、电磁兼容、动态响应、人工操作复杂、充电。探索了充电、换电、电池租赁等各种模式，将有力地推动我国船舶电动化和绿色岸电等新业态在内河领域的运用。该船一次充电可充电 6000kWh、续航 100 公里，预计每年将消耗 150 万 kWh 清洁电能，可以少消耗柴油 315 吨。每年将减少排放二氧化碳 645 吨、氮氧化物约 17 吨、硫化物 2 吨、PM2. 5 颗粒 0. 6 吨，是一艘“零排放、零噪声、零污染”的绿色船舶。

四是航空企业积极推进低碳工作。中航集团积极推动低碳飞行，开发国航旅客自愿碳抵消项目，正式推出国航碳中和出行服务——“净享飞行低碳行”服务，携手旅客共同实现绿色低碳出行。该服务是一项自愿碳抵消服务，指通过购买植树造林等碳减排项目产生的减排量，抵消飞行产生的排放量，项目收入将被用于支持国家发展改革委备案的碳减排项目，严选第一类林业碳汇项目产生的国家核证自愿减排量（CCER）。东方航空以绿色供应链管理为基础，加快引进环保高效飞机发动机，推广性能改进、燃效提升、减重降噪等新技术应用，推动可持续航空燃油替代传统燃油，不断优化燃油精细化管控措施。积极尝试航空替代燃料供应链和制造商的多渠道合作，加强内外部协同运作机制，推进机型航线匹配，积极参与空域资源优化和机场运行优化项目，提高航班整体运行效率。

第十章　城乡建设领域碳达峰碳中和目标与实践

城乡建设领域是碳排放的主要领域之一，随着城镇化快速推进和产业结构深度调整，我国城乡建设领域碳排放量及其占全社会碳排放总量比重进一步提高，推进城乡建设领域碳达峰碳中和刻不容缓。

第一节　城乡建设领域碳排放情况

城乡建设当中存在"大量建设、大量消耗、大量排放"的突出问题，城乡建设领域的碳排放主要来自各类建筑和基础设施建造、运行过程中使用化石能源产生的碳排放，其中建筑运行中的供暖、炊事、生活热水等使用化石能源产生的碳排放占大部分。

近年来，我国城镇化发展迅速，建筑业规模不断扩大，进而带动了建筑领域用能与排放的持续增长。2011～2020年，建筑业能源消费量从0.61亿吨标准煤增长到0.93亿吨标准煤，占能源消费总量的比重由1.58%增加到1.87%（见图10－1）。

中国建筑节能协会建筑能耗与碳排放数据专业委员会编撰的《2022中国城乡建设领域碳排放系列研究报告》显示，2020年全国建筑全过程（含建材生产、建筑施工和建筑运行）二氧化碳排放总量为50.8亿吨，占全国碳排放总量的比重为50.9%。其中，建材生产阶段碳排放为28.2

图 10－1　2011～2020 年我国建筑业能源消费及其占能源消费总量的比重

资料来源：国家统计局、中能智库。

亿吨，建筑施工阶段碳排放为 1.0 亿吨，建筑运行阶段碳排放为 21.6 亿吨，占建筑全过程碳排放的比重分别为 55.5%、2.0%、42.5%（见图 10－2）。

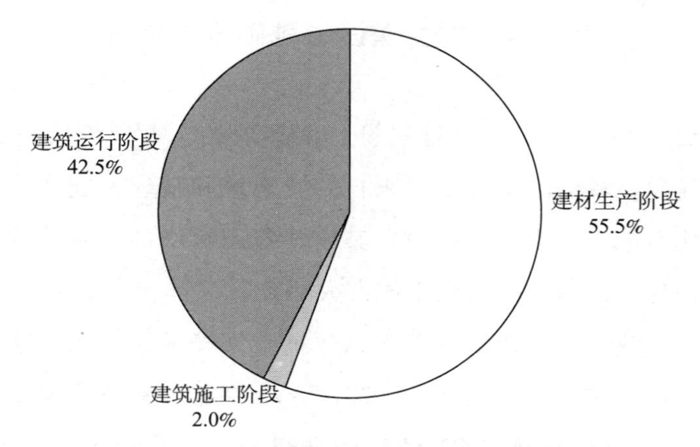

图 10－2　2020 年我国建筑全过程碳排放量占比

资料来源：《2022 中国城乡建设领域碳排放系列研究报告》、中能智库。

从建筑运行阶段碳排放数据看，公共建筑碳排放量为 8.34 亿吨，占全国建筑运行碳排放总量比重为 38%；城镇居住建筑碳排放量为 9.01 亿吨，占比 42%；农村居住建筑碳排放量为 4.27 亿吨，占比 20%。从省级建筑运行碳排放总量看，排名前五的省份依次为山东、河北、广东、江苏、河南，碳排放量均超过了 1 亿吨，分别为 2.12 亿吨、1.81 亿吨、1.39 亿吨、1.18 亿吨、1.09 亿吨，合计占全国建筑运行碳排放总量的 35%。

随着我国城镇化程度不断提高、建筑需求不断攀升，加之南方供暖市场逐渐扩大，我国建筑领域的碳排放量仍会持续攀升。建筑领域资源消耗大、排放高等问题仍较为突出，有效降低建筑领域碳排放将是实现碳达峰碳中和过程中极为重要的一环，推动建筑业绿色低碳发展迫在眉睫。

第二节　城乡建设领域碳达峰碳中和目标与路径

我国城乡建设领域碳达峰碳中和政策文件陆续发布，明确了城乡建设领域碳达峰碳中和发展目标、措施和具体实现路径，构建了清晰的时间表、路线图，城乡建设绿色发展加快推进。

一　主要目标

2021 年 9 月 22 日，《中共中央 国务院关于完整准确全面贯彻新发展理念做好碳达峰碳中和工作的意见》发布。其中提出，提升城乡建设绿色低碳发展质量，推进城乡建设和管理模式低碳转型，大力发展节能低碳建筑，加快优化建筑用能结构。作为我国碳达峰碳中和“1 + N”政策体系中的“1”，该文件指明了城乡建设领域低碳发展的思路纲领。

2021 年 10 月 26 日，《国务院关于印发 2030 年前碳达峰行动方案的通知》（国发〔2021〕23 号）出台（见表 10 - 1）。其中提出，加快推进城乡建设绿色低碳发展，城市更新和乡村振兴都要落实绿色低碳要求。推进城乡建设绿色低碳转型，加快提升建筑能效水平，加快优化建筑用能结构，推进农村建设和用能低碳转型。作为我国碳达峰碳中和“1 + N”政策体系中的“N”之首，该文件进一步明确了城乡建设低碳发展的发展思路。

2021 年 10 月 21 日，中共中央办公厅、国务院办公厅印发《关于推动城乡建设绿色发展的意见》（国办发〔2021〕31 号）。这是我国城乡建设领域出台的国家级顶层碳达峰碳中和工作意见，成为城乡绿色发展工作和碳达峰碳中和工作的重要支撑。

2022 年 3 月 11 日，《住房和城乡建设部关于印发“十四五”建筑节能与绿色建筑发展规划的通知》（建标〔2022〕24 号）正式发布，总体目标是到 2025 年，城镇新建建筑全面建成绿色建筑，建筑能源利用效率稳步提升，建筑用能结构逐步优化，建筑能耗和碳排放增长趋势得到有效控制，基本形成绿色、低碳、循环的建设发展方式，为城乡建设领域 2030 年前碳达峰奠定坚实的基础。具体目标是到 2025 年，完成既有建筑节能改造面积达 3.5 亿平方米以上，建设超低能耗、近零能耗建筑 0.5 亿平方米以上，装配式建筑占当年城镇新建建筑的比例达 30%，全国新增建筑太阳能光伏装机容量达 0.5 亿千瓦以上，地热能建筑应用面积达 1 亿平方米以上，城镇建筑可再生能源替代率达 8%，建筑能耗中电力消费比例超过 55%。

2022 年 7 月 13 日，《住房和城乡建设部 国家发展改革委关于城乡建设领域碳达峰实施方案的通知》（建标〔2022〕53 号）发布，提出 2030 年前，城乡建设领域碳排放达到峰值。随着顶层设计不断完善，绿色低碳建筑逐步成为建筑行业转型发展的重要方向，将孕育丰富的产业发展和市场投资机遇。

表 10－1　城乡建设领域碳达峰碳中和目标

时间	政策文件	主要内容
2021 年 10 月 26 日	《国务院关于印发 2030 年前碳达峰行动方案的通知》（国发〔2021〕23 号）	加快提升建筑能效水平。到 2025 年，城镇新建建筑全面执行绿色建筑标准。加快优化建筑用能结构。到 2025 年，城镇建筑可再生能源替代率达到 8%，新建公共机构建筑、新建厂房屋顶光伏覆盖率力争达到 50%

续表

时间	政策文件	主要内容
2021 年 10 月 21 日	中共中央办公厅、国务院办公厅《关于推动城乡建设绿色发展的意见》（国办发〔2021〕31 号）	到 2025 年，城乡建设绿色发展体制机制和政策体系基本建立，建设方式绿色转型成效显著，碳减排扎实推进，城市整体性、系统性、生长性增强，“城市病”问题缓解，城乡生态环境质量整体改善，城乡发展质量和资源环境承载能力明显提升，综合治理能力显著提高，绿色生活方式普遍推广。 到 2035 年，城乡建设全面实现绿色发展，碳减排水平快速提升，城市和乡村品质全面提升，人居环境更加美好，城乡建设领域治理体系和治理能力基本实现现代化，美丽中国建设目标基本实现
2022 年 3 月 11 日	《住房和城乡建设部关于印发“十四五”建筑节能与绿色建筑发展规划的通知》（建标〔2022〕24 号）	到 2025 年，完成既有建筑节能改造面积达 3.5 亿平方米以上，建设超低能耗、近零能耗建筑达 0.5 亿平方米以上，装配式建筑占当年城镇新建建筑的比例达 30%，全国新增建筑太阳能光伏装机容量达 0.5 亿千瓦以上，地热能建筑应用面积达 1 亿平方米以上，城镇建筑可再生能源替代率达 8%，建筑能耗中电力消费比例超过 55%
2022 年 7 月 13 日	《住房和城乡建设部 国家发展改革委关于城乡建设领域碳达峰实施方案的通知》（建标〔2022〕53 号）	持续开展绿色建筑创建行动，到 2025 年，城镇新建建筑全面执行绿色建筑标准，星级绿色建筑占比达到 30% 以上，新建政府投资公益性公共建筑和大型公共建筑全部达到一星级以上。2030 年前严寒、寒冷地区新建居住建筑本体达到 83% 节能要求，夏热冬冷、夏热冬暖、温和地区新建居住建筑本体达到 75% 节能要求，新建公共建筑本体达到 78% 节能要求。 推进建筑太阳能光伏一体化建设，到 2025 年新建公共机构建筑、新建厂房屋顶光伏覆盖率力争达到 50%。因地制宜推进地热能、生物质能应用，推广空气源等各类电动热泵技术。到 2025 年城镇建筑可再生能源替代率达到 8%。引导建筑供暖、生活热水、炊事等向电气化发展，到 2030 年建筑用电占建筑能耗比例超过 65%。推动开展新建公共建筑全面电气化，到 2030 年电气化比例达到 20%

资料来源：中能智库、中国建筑科学研究院有限公司整理。

二 实施路径

在碳达峰碳中和目标引领下，城乡建设领域应立足新发展阶段，抓住新发展机遇，积极采取绿色低碳措施，推动领域尽早达峰，并为 2060 年碳中和奠定基础。

（一）统筹城乡融合发展

加快推进城乡基础设施和公共服务一体化建设，促进城乡融合发展。依托乡村振兴战略，加强农村地区能源、交通、市政等基础设施建设，加快新一轮农村电网改造升级，推动供气设施向农村延伸；合理布局乡村建设，保护乡村生态环境，减少资源能源消耗，推动农村地区生活污水和垃圾的处理，提升乡村生态和环境质量。提升城市低碳水平，推进老旧小区、老旧建筑、老旧水电气管网完成节能改造；推进道路修建、充电桩、5G 网络等新基建建设活动；推进城市生态修复，提升污水处理系统的减排能力和能源回收效率；开展城市园林绿化提升行动，完善城市公园体系，推进中心城区、老城区绿道网络建设，加强立体绿化，提高乡土和本地适生植物应用比例。

（二）强化建筑低碳节能

不断提高建筑节能标准，完善新建建筑节能技术体系，大力发展超低能耗建筑、近零能耗建筑及装配式建筑。推进建筑太阳能光伏一体化建设，在太阳能资源较丰富地区及有稳定热水需求的建筑中，积极推广太阳能光热建筑应用；因地制宜推进地热能、生物质能应用，推广空气源等各类电动热泵技术。提升农房绿色低碳设计建造水平，促进乡村建筑节能改造，鼓励就地取材和利用乡土材料，推广使用绿色建材，鼓励选用装配式钢结构、木结构等建造方式。

（三）优化用能消费结构

因地制宜推进清洁供热供暖，推进太阳能、地热能、空气热能、生物质能等可再生能源在供气、供暖、供电等方面的应用，尤其是北方地区应采取以热电联产集中供热方式为主导，以工业余热、燃气、热泵，以及清洁能源、可再生能源为调峰或补充的供暖模式。大力推动农房屋顶、院落空地、农业设施加装太阳能光伏系统，充分利用太阳能光热系统提供生活热水，鼓励使用太阳能灶等设备。推动乡村进一步提高电气化水平，鼓励炊事、供暖、照明、交通、热水等用能电气化。

（四）倡导绿色生活方式

充分发挥生产生活方式转型对减碳的作用，倡导城乡居民绿色生活方式，引导消费者合理消费。鼓励自然采光、自然通风、遮阳等被动式自然能源利用方式，在采暖、空调、热水、照明、电器设备等能源服务方面避免浪费及不合理的过度消费。推广节能环保汽车、高效照明产品等，进一步提升节能家电市场占有率，鼓励居民选用绿色家电产品，减少使用一次性消费品。鼓励建立绿色批发市场、绿色商场、节能超市等绿色流通主体，提倡使用新型包装材料，提倡绿色包装、适度包装。

第三节　城乡建设领域碳达峰碳中和探索与实践

城乡建设是推动绿色发展、建设美丽中国的重要载体。近年来，我国城镇化质量不断提升，人居环境持续改善，住房水平显著提高，城乡建设绿色发展取得积极成效。

城市发展方面。2013 年以来，我国提出坚持走中国特色新型城镇化道路，在以人为核心的新型城镇化阶段，加快推进城镇化的同时，更加注重城镇化质量的提升。我国城市功能不断完善，城市人居环境显著改善，人均住宅、公园绿地面积大幅增加，城市治理水平明显提高。2021 年，我国常住人口城镇化率达到 64.72%，建成区面积为 6.2 万平方千米，城市燃气普及率为 98.0%，供水普及率为 99.4%，城市建成区绿地率为 38.7%，人均公园绿地面积为 14.87 平方米。

乡村建设方面。随着脱贫攻坚深入落实以及乡村振兴政策全面推进，农村低碳发展取得明显成就。农村电气化水平逐步提升，2020 年达到 18% 左右，比 2012 年提高 7 个百分点，电磁炉、电饭锅已经成为常见的炊事工具，摩托车、农用车逐步被电动车取代。用能清洁化程度不断提高，北方地区冬季取暖更多地用上了电力、天然气和生物质能，清洁供暖取得一定进展。农村人居环境基本实现干净、整洁、便捷，农村垃圾和污水也得到了一定治理，低碳发展取得初步成效。

建筑业方面。建筑业作为国民经济支柱产业的作用不断增强，为促进经济增长、缓解社会就业压力、推进新型城镇化建设、保障和改善人民生活、决胜全面建成小康社会做出了重要贡献。装配式建筑、建筑机器人、建筑产业互联网等一批新产品、新业态、新模式初步形成。2021年，全国新建装配式建筑面积达到7.4亿平方米，占新建建筑的24.5%。绿色低碳建筑水平逐步提高。2021年，我国绿色建筑面积占城镇新建建筑面积的84.22%，全国累计建成绿色建筑面积超过85亿平方米，已形成全世界最大的绿色建筑市场。

2021年，建筑、建材行业央企积极探索绿色低碳技术，承担近20项建筑建材低碳领域国家重点研发计划，投入经费2500余万元；承担国家低碳建筑、零碳建筑、绿色建筑、低碳建材等相关技术标准编制工作；为争取实现建筑全产业链的节能降碳，建筑建材行业央企重点布局装配式建筑技术、绿色建筑围护技术、能源化工低碳清洁技术、固体废弃物回收利用技术、新型低碳水泥、水泥窑炉全氧燃烧耦合碳捕集、氢能煅烧水泥熟料、玻璃窑炉氢能替代、水泥高效粉磨、二氧化碳碳化建材、特种低碳胶凝材料等方面的研究，多种形式的投入累积超过100亿元。中国建材集团从建筑原材料低碳技术创新入手，重点布局新型低碳水泥、水泥窑炉全氧燃烧耦合碳捕集、氢能煅烧水泥熟料、玻璃窑炉氢能替代、水泥高效粉磨、二氧化碳碳化建材、特种低碳胶凝材料等技术攻关，力求在建筑产业链源头实现节能降碳。中国建筑集团重点关注建筑建设低碳减排技术，布局装配式建筑、绿色建筑围护、能源化工低碳清洁、水环境技术与装备、土壤修复技术与装备、固体废弃物回收利用等绿色低碳技术。其中，在装配式建筑技术、绿色建筑围护技术、能源化工低碳清洁技术三个研究领域，相关企业从各自特色化研发优势进行攻关，重点突破绿色建筑高性能围护结构设计核心技术以及特色化能源化工清洁技术。

专栏　绿色低碳建筑项目进展

建筑行业是碳达峰碳中和目标实现的关键产业。降低建筑运行能耗、升级低碳技术是建筑行业减排的重要途径和手段。

◆深圳国际低碳城会展中心低碳建筑实践项目。建造国内首个零能耗场馆类建筑示范、深圳首个零能耗＋近零能耗建筑群、未来先进应用减排示范中心。本项目采用：高效光伏发电系统、2MWh储能系统、光储充电桩、风光互补路灯、磁悬浮空调主机。2021年12月，深圳国际低碳城会展中心A馆、B馆取得零能耗建筑标识认证，C馆取得近零能耗建筑标识认证。

◆金隅西砂西公租房12#楼超低能耗建筑项目。该项目遵循超低能耗建筑节能标准，通过精细化设计、精细化施工，在采用先进的外墙保温技术、建筑气密技术、热桥设计技术、机械通风技术的基础上，充分利用被动式自然能源和内部热源，在保证建筑内较高生活舒适度的条件下，实现建筑低能耗运行。该项目碳排放量相比传统建筑降低38%，减碳效果较明显，对绿色建筑、住宅建筑的发展具有示范意义。

◆中德生态园被动房体验中心项目。该项目为寒冷气候区超低能耗公共建筑，也是亚洲体量最大、全球功能最复杂的单体被动式建筑。采用土壤源热泵作为冷热源，生活热水来自屋顶太阳能，高能效热回收新风机组，末端使用冷梁，实现温湿度独立控制，输配系统优化，减少风机水泵耗能。项目于2016年建成，预计每年可节约一次能耗1300 MWh，节约运行费用55万元，减少碳排放664吨。相对于常规按照节能标准设计的公共建筑，节能率高达60%以上，节能减碳效果显著，对寒冷气候区新建超低能耗公共建筑具有示范意义。

◆中国大剧院通州舞美艺术中心项目。项目共有7幢建筑，分别为 1#台湖剧场，2#台湖艺术公寓，3#艺术交流楼，4#舞美创意空间，5#舞美制作工坊，6#舞美仓储库房 A，7#舞美仓储库房 B。根据每幢建筑实际情况，规划设计建设了总计 604.123kW 光伏装机量，包含光电建筑形式的发电幕墙、光伏采光顶，以及分布式光伏形式的屋顶光伏，对光电材料、光电建筑的发展具有示范意义。2#台湖艺术公寓楼顶采用光电建筑形式的光伏采光顶，使用 147 片 40%透光碲化镉光电建筑构件，装机量为 12.789kW，兼具采光和发电功能。3#艺术交流楼中庭屋顶采用了光电建筑形式的光伏采光顶，使用了 138 片 40%透光碲化镉光电建筑构件，东立面玻璃幕墙采用了光电建筑形式的发电幕墙，使用了 46 片 40%透光碲化镉定制带国家大剧院 logo 光电建筑构件，该楼总装机 14.03kW，兼具采光和发电等功能。4#舞美创意空间为混凝土屋顶，规划设计建造了 2170 片碲化镉标准组件的分布式光伏，光伏装机量为 184.45kW，具有发电功能兼具建筑屋顶隔热。6#、7#舞美仓储库房屋顶为彩钢瓦屋顶，规划设计建造了 4536 片碲化镉标准组件的分布式光伏，光伏装机量为 385.56kW，兼具发电和延缓屋顶彩钢瓦老化功能。

技术篇

第十一章　低碳技术概述

低碳技术是我国实现碳达峰碳中和的关键手段，是实现碳达峰碳中和的“动力源”和“支撑点”。加强低碳技术基础研究和关键核心技术攻关，形成战略性、系统性、原创性、颠覆性和引领性科技成果，既是我国低碳转型发展的有力引领和支撑，又是我国未来核心竞争力的体现。

第一节　低碳技术概念与分类

一　低碳技术定义与内涵

（一）低碳技术的定义

为应对全球气候变化，发展低碳经济或低碳社会是重要的战略选择，加快发展低碳经济的物质基础是技术进步，因此，低碳经济实现的关键一环是低碳技术的运用和创新。

关于低碳技术的定义，目前学术界还没有形成共识。根据李旸的定义，所谓低碳技术，也称为清洁能源技术，主要是指提高能源效率、减少对化石燃料依赖程度的主导技术，涉及煤炭、油气、电力、交通、建筑、冶金、化工、石化等部门有效控制温室气体排放的新技术。[①] 根据

① 李旸．我国低碳经济发展路径选择和政策建议［J］．城市发展研究，2010，（2）．

谢和平的定义，广义的低碳技术是指所有能降低人类活动碳排放的技术。[①] 根据邓线平的定义，低碳技术是指更低的温室气体排放的技术[②]；周五七等认为，低碳技术是相对于高排放的传统碳基技术而言的一种技术范式[③]；潘家华等认为，低碳技术是指能使人类活动所产生的温室气体排放减少的技术，包括控制、减少、除去、吸收温室气体的各类技术[④]。

低碳技术国内相对权威的定义是由生态环境部在2022年发布的《国家重点推广的低碳技术目录（征求意见稿）》中提出的："低碳技术是指以能源及资源的清洁高效利用为基础，以减少或消除二氧化碳排放为基本特征的技术，广义上也包括以减少或消除其他温室气体排放为特征的技术。"

本书讨论的低碳技术以能源、钢铁、有色金属、石化化工、建材、交通、建筑等重点排放行业有效控制二氧化碳气体排放的新技术为主，不涉及其他领域的低碳技术。

（二）低碳技术的内涵

低碳技术的内涵可以包括两个方面，即基础研究与应用。低碳技术的基础研究，是指为了获取降低碳排放基本原理的新知识（揭示碳排放的本质、运动规律，获得新发现、新学说）而进行的实验性或理论性研究，它不以任何专门或特定的应用或使用为目的。低碳技术的应用，则是指为了达到削弱温室效应的目的而采取的措施，包括技术、工艺、产品、设备、新材料等。基础研究内涵表现为对未知领域的认知，为技术创新和技术应用提供支撑；应用内涵表现为为人类服务的目的性。两者是上下一脉相承的，联合在一起成为一个整体。

---

① 谢和平．发展低碳技术推进绿色经济［J］．中国能源，2010，(9)．

② 邓线平．低碳技术及其创新研究［J］．自然辩证法研究，2010，(6)．

③ 周五七，聂鸣．促进低碳技术创新的公共政策实践与启示［J］．中国科技论坛，2011，(11)．

④ 潘家华，陈洪波．低碳技术：需要厘清几个认识问题［J］．中国高新技术企业，2011，(7)．

二　低碳技术分类

根据减排机理划分，低碳技术可以分为减少排放二氧化碳、不排放二氧化碳、吸收二氧化碳三种。按照以上机理，本书将低碳技术分为三类（见图 11－1）：第一类是减碳技术，是指在高排放、高消耗的领域，通过新技术减少碳的排放，包括电力、冶金、石化化工、建材、城乡建设和交通等领域所采用的节能减排技术；第二类是零碳技术，其本身就是新能源体系的一部分，指的是直接使用非化石能源的新能源技术，比如核能、太阳能、风能、生物质能等可再生能源技术；第三类是负碳技术，主要包括碳捕集、利用与封存技术（CCUS）以及碳汇技术。

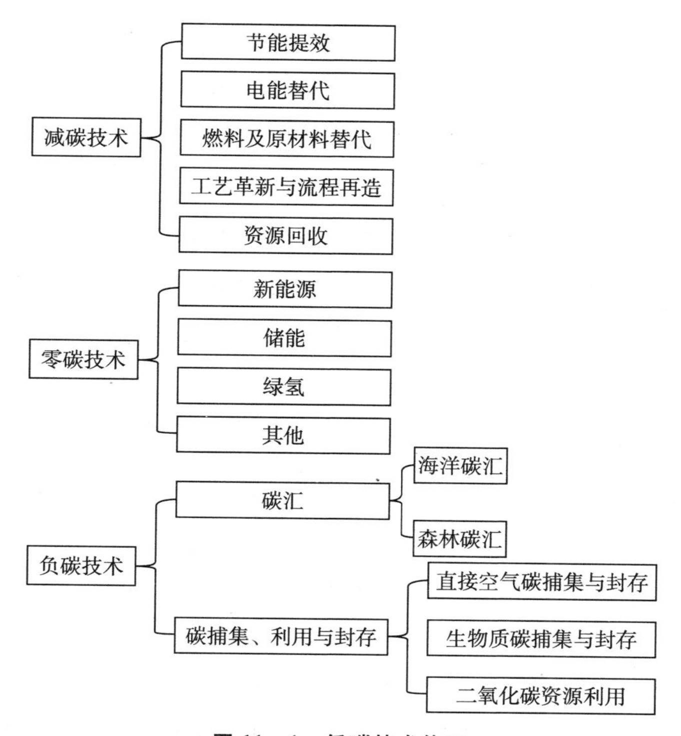

图 11－1　低碳技术体系

资料来源：中能智库整理。

（一）减碳技术

减碳技术是指在过程中控制二氧化碳排放的技术，实现生产消费使用过程中的低碳，满足低排放、低污染、高效能的目标。减碳技术分为以下几类：节能提效、电能替代、燃料及原材料替代、工艺革新与流程再造、资源回收。

能源节约和效率提升技术适用于能源和终端用能部门，这类技术可以通过提高能效、调整结构和转变生活方式，在保证人们生活水平的前提下实现脱碳。在电力、热力的生产和供应领域，通过加快研发煤电的整体煤气化联合循环技术（IGCC）、高参数超临界机组技术、热电联产技术、清洁煤技术等，达到提高发电效率的同时降低碳排放的目的。钢铁行业节能技术包括钢铁行业能源管控技术、蒸汽系统运行优化与节能技术、高炉鼓风除湿节能技术、冶金炉窑高效燃烧技术等。有色金属行业重点采用的节能减排技术包括复式反应新型原镇冶炼技术、低温低电压铝电解新技术、高电流密度特电解节能技术等。石化化工节能减排技术主要包括变换气制碱及其清洗新工艺技术、蒸汽系统运行优化与节能技术、非稳态余热回收及饱和蒸汽发电技术等。建筑行业的节能减排技术主要包括建筑规划设计、建造、使用、运行、维护、拆除和重新利用全过程低碳控制优化技术，以及建筑节能新型材料研制和固体废弃物再生建筑材料回收利用技术。交通部门的节能技术主要包括传统燃油载运工具的降碳技术、运输结构的优化调整、运输装备和基础设施用能清洁化等。

电能替代是实现碳达峰碳中和的重要手段与工具。工业领域电能替代技术主要包括电锅炉、电窑炉、电加热、电机械动力、电制燃料及原料技术；交通领域电能替代技术包括电动汽车、氢燃料电池汽车、铁路电气化技术；建筑领域包括电采暖、热泵技术。

燃料及原材料替代是终端用能领域实现低碳化必不可少的技术。钢铁行业采用氢气作为还原剂，替代焦炭；化工行业采用纳米高分子复合型可降解生态塑料技术；水泥行业采用电石渣、粉煤灰、钢渣、硅钙渣等替代石灰石作为水泥生产用原料。

工艺革新与流程再造是支撑我国碳达峰碳中和目标实现的重要抓手。通过新技术、新装备、新工艺等工业流程再造技术研发，引领高碳工业流程的零碳和低碳再造，降低工业生产的能耗，提高能源和资源利用率，有效降低碳排放。例如，可再生能源规模化制氢、全废钢电炉流程集成、惰性阳极铝电解和水泥窑富氧燃烧等都是典型的工艺革新与流程再造技术。

资源回收能够发挥节约资源和降碳的协同作用，通过资源高效循环利用降低碳排放强度。关键技术包括固废源头减量清洁工艺、无废盐清洁介质转化、多源有机固废协同处置、废旧物资智能拆解利用、产业循环链接等。

（二）零碳技术

零碳技术是一种从源头对二氧化碳排放进行控制的技术，以无碳排放为根本特征，主要包括风能、太阳能、水能、地热能、生物质能、核能、零碳制氢等技术，还包含储能系统的建立及技术开发，最终理想是实现对化石能源的彻底取代。从目前发展来看，零碳技术是构建新型电力系统的关键技术，既包括风电光伏等零碳电力技术，也包括氢能和储能等零碳非电能源技术（见图 11 －2）。零碳电力技术以新能源发电技术为起点，实现对化石能源的大比例替代，从源头减少碳排放。零碳非电能源技术以氢能和储能技术为出发点，通过新能源发电制氢技术，为构

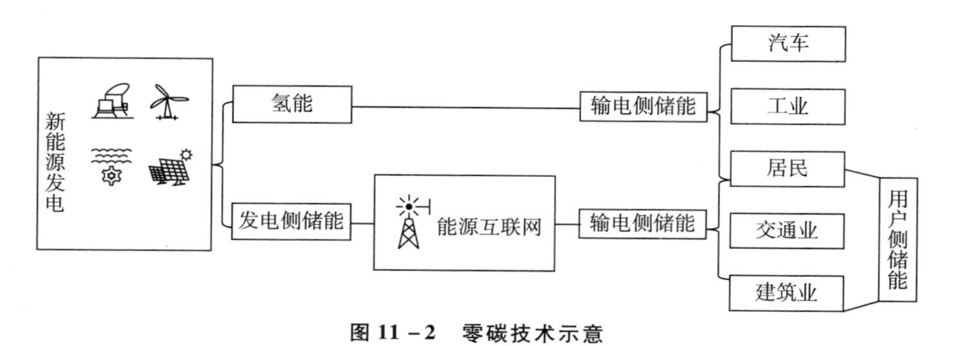

图 11 －2　零碳技术示意

建多元化清洁能源供应体系提供助力，采用“新能源＋储能”的方式缓解新能源发电随机性、间歇性、波动性问题，并贯穿运用于发电侧、输电侧和用户侧。

（三）负碳技术

负碳技术又称为碳移除技术，通常指捕集、利用和封存二氧化碳的技术，是控制和有效缓解碳排放最重要的手段之一。随着碳中和概念的提出和地球碳循环宏观视角的扩大，负碳技术也逐渐被用来总括所有能够产生负碳效应的技术路径，主要包括碳捕集、利用与封存（CCUS）和碳汇技术。

CCUS是指将二氧化碳从排放源中分离后直接加以利用或封存，以实现二氧化碳减排的工业过程。作为一项有望实现化石能源大规模清洁低碳利用的新兴技术，CCUS主要原理是阻止各类化石能源在利用中产生的二氧化碳进入大气层，是未来减少二氧化碳排放、保障能源安全和实现可持续发展的重要手段。在碳中和目标下，化石能源在能源消费体系中占比面临大幅度下降，最终将保留一定的比例以支持电力系统调峰、难脱碳工业部门和其他部门的应用等，这部分化石能源的利用需要匹配CCUS技术以保证净零排放目标的实现。生物质能碳捕集与封存（BECCS）技术和直接空气碳捕集与封存（DACCS）技术是以传统的CCUS技术为基础发展而来的负排放技术，BECCS是指将生物质燃烧或转化过程中产生的二氧化碳进行捕集和封存，从而实现捕集的二氧化碳与大气的长期隔离，DACCS则是指利用人工制造的装置直接从空气中捕集二氧化碳。相比传统的CCUS技术，BECCS和DACCS能够实现大气中二氧化碳浓度的降低，是真正实现“负排放”的技术手段，且捕集装置的分布地点可以更加灵活便捷。

碳汇主要是指利用包括森林、草原、湿地、海洋等在内的自然系统从大气中吸收二氧化碳的过程、活动或机制。碳汇主要由陆地生态系统碳汇和海洋生态系统碳汇两部分构成。陆地生态系统碳汇，又称绿色碳汇，主要是指在森林、湿地、草原、农田等陆地生态系统中依靠植树造林、植被修复、森林经营等措施吸收并储存大气中的二氧化碳，其中森林碳汇量占据陆地碳库量的一半，是陆地生态系统中最大的碳库。海洋碳汇是指红树林、盐沼、海草床、浮游植物、大型藻类、贝类等从空气或海水中吸收并储存大气中的二氧化碳的过程、活动和机制。海洋碳汇是地球生态系统中最大的碳库，又称为蓝色碳汇，包括海岸带生态系统碳汇、渔业碳汇和微型生物碳汇三部分，其中海岸带生态系统碳汇主要源自红树林、海草床和盐沼。

第二节　低碳技术发展历程

一　低碳技术的出现

为降低碳排放以及解决化石能源紧缺等问题，低碳技术应运而生并日益得到重视。随着新能源技术不断累积突破，以新能源革命和低碳经济为主题的绿色产业浪潮席卷全球，成为各国调整经济结构、转变经济发展方式的重要抓手，是从根本上解决能源紧缺问题和改善生态环境的基础性产业，是全球各国实现可持续发展和生态文明的战略举措。

二　低碳技术在我国的发展

（一）低碳技术顶层设计不断推出

2007 年 6 月，我国发布《中国应对气候变化国家方案》，明确提出要依靠科技进步和科技创新应对气候变化，充分发挥科技进步在减缓和适应气候变化中的先导性和基础性作用，加大先进适用技术开发和推广力度。其后，科技部等部门发布了《中国应对气候变化科技专项行动》，为《中国应对气候变化国家方案》的实施提供科技支撑。表 11 - 1 呈现了我国部分低碳技术顶层设计。

表 11－1　低碳技术顶层设计

文件	时间	发布部门	批次	主要内容
《国家重点节能技术推广目录》	2008～2014 年	国家发展改革委	7	涉及 19 个领域，共计 433 项技术。其中工业领域重点推广使用的节能技术有 71 项，建材行业重点推广的节能技术有 65 项，钢铁行业重点推广的节能技术有 62 项，化工行业涉及的节能技术有 55 项，煤炭行业重点推广的关键技术有 46 项，有色金属行业重点推广的节能技术有 42 项，除此之外，重点推广的节能技术还涉及农林业、纺织业等领域
《国家重点推广的低碳技术目录》	2014 年、2015 年、2017 年和 2022 年	国家发展改革委、生态环境部	4	统计目录涉及的五类低碳技术类型，分别是非化石能源类技术 8 项，燃料及原材料替代类技术 65 项，工艺过程等非二氧化碳减排类技术 14 项，碳捕集、利用与封存类技术 7 项，碳汇类技术 9 项
《节能减排与低碳技术成果转化推广清单》	2014 年和 2016 年	科技部	2	共计 66 项低碳类技术，涵盖了四个方面，依次是提高能效类关键技术 35 项，废物和副产品回收再利用技术 20 项，清洁能源类技术 6 项，温室气体削减和利用类技术 5 项
《绿色技术推广目录》	2021 年	国家发展改革委、科技部、工业和信息化部、自然资源部	1	共收录绿色技术 116 项，其中节能环保产业 63 项、清洁生产产业 26 项、清洁能源产业 15 项、生态环境产业 4 项、基础设施绿色升级产业 8 项

资料来源：中能智库整理。

中国的低碳产业日趋壮大，在减碳技术方面取得了很大进步。在减碳技术基础研发方面，我国重点部署了整体煤气化联合循环技术、大规模可再生能源发电、新能源汽车技术及低碳替代燃料技术等 10 项关键减缓技术。同时，还部署了极端天气气候事件预测预警技术、干旱地区水资源开发与高效利用等 10 项关键适应技术。在“863”计划和科技支撑计划的支持下进行了能源清洁高效利用技术、重点行业工业节能技术与装备开发、重点行业清洁生产关键技术与装备开发等，取得了一批具有自主知识产权的发明专利和重大成果。

“十三五”期间，科技部联合相关部门共同编制印发《“十三五”应对气候变化科技创新专项规划》，提出了应对气候变化科技发展的优先领域和重点方向，明确相关领域与行业绿色低碳技术创新示范、重点研发任务。

同期，我国组织实施国家重点研发计划“煤炭清洁高效利用和新型节能技术”“新能源汽车”“可再生能源与氢能技术”“绿色建筑及建筑工业化”“全球变化及应对”等重点专项，围绕应对气候变化和绿色发展，部署了一批基础研究、关键共性技术研发和集成示范项目，实现了10米级别分辨率的全球地表覆盖制图，研发了“全球陆地均一化气温数据集”等多种数据集产品；攻克叶绿素荧光卫星反演算法关键技术，成功应用于我国首颗碳卫星；进行10万吨级/年烟气二氧化碳吸收工业装置示范和千吨级/年烟气二氧化碳吸附工业验证，建设年注气规模10万吨以上二氧化碳驱油与封存示范工程；科技创新促进2020年风能和太阳能总装机双双突破2.5亿千瓦，2011～2020年，风电、光伏度电成本分别下降69%和90%，与煤电基准价基本相当。

“十四五”期间，科技部将加强碳达峰碳中和科技创新部署，统筹推进可再生能源、氢能、储能与智能电网、循环经济、绿色建筑等领域国家重点研发计划重点专项，继续加强可再生能源、氢能、煤炭清洁高效利用等相关技术的研发部署，并统筹组织实施国家重点研发计划“碳达峰碳中和关键技术研究与示范”重点专项。

（二）低碳技术广泛应用

1. 电力行业低碳技术

电力低碳技术水平取得了飞跃式的发展。改革开放以来，特别是“十八大”以来，我国低碳电力技术日新月异，紧盯国际电力科技创新和产业变革前沿，电力低碳技术发展进入创新驱动的新阶段。百万千瓦超超临界煤电机组持续保持世界领先水平，“华龙一号”三代核电、百万千瓦水电机组成为当之无愧的中国能源名片，太阳能硅片、风电、光热发电等技术由追赶迈入并驾齐驱、引领发展新时代，我国电力技术为国际能源科技进步贡献了“中国智慧”。

电网技术在特高压输电、智能电网、大电网安全稳定运行控制等方面，取得了一批达到全球领先水平的科技创新成果。我国主导制定的特高压等国际标准成为全球相关工程建设的重要规范。特高压输电技术和超临界技术进入世界先进行列，拥有世界电压等级最高的正负1100kV直流输电和1000kV交流特高压输电技术。特高压输电技术的发展改变了中国输变电行业长期跟随西方发达国家发展的被动局面，确立了国际领先地位。

2. 工业领域低碳技术

（1）钢铁

近40年来，钢铁工业综合能耗指标取得持续优化，节能降耗成效显著，主要得益于工艺流程的优化、先进节能技术的广泛应用及能源管理水平的不断提升，实现了系统能源效率的不断提高。

（2）有色金属

经过多年的研发努力，有色金属减碳技术取得了较大的成果，研发出了一批先进的清洁生产技术。例如，新型结构电解铝技术、低温低电压铝电解技术、闪速炼铅技术、旋浮铜冶炼技术等行业减碳生产技术都取得了突破。

（3）水泥

近年来，水泥生产技术有了较大转变和提升，采用纯低温余热进行发电，利用新型的干法水泥窑处置城市生活垃圾，实现了水泥工业循环经济发展，使水泥产业逐渐朝着绿色环保的方向发展。目前已经出现了生态水泥，生态水泥以各种固体废弃物（例如工业废料、废渣、城市垃圾焚烧灰、污泥及石灰石等）为主要原料制成，主要特征在于其生态性，即与环境的相容性和对环境的低负荷性。以高炉矿渣、石膏矿渣、钢铁矿渣、火山灰、粉煤灰等低环境负荷添加料生产的生态水泥，烧成温度降至1200～1250℃，相比传统水泥可节能25%以上，二氧化碳总排放量可降低30%～40%。

（4）石化

我国石化工业自主创新能力不断增强，形成了相对完备的生产技术体系，具备利用自主技术建设单系列千万吨级炼厂、百万吨级乙烯装置、百万吨级芳烃装置的能力；大力推进新能源、化工新材料、高端专用化学品、现代煤化工等创新平台建设，努力构建“产学研用”相结合的技术创新体系；突破了一大批关键核心技术，实现了绝大部分催化剂和工艺技术的国产化，部分技术和催化剂处于世界领先水平。

3. 建筑领域低碳技术

20世纪80年代初，国家提出建筑节能战略，并在科研机构和高等院校内开展了众多建筑节能新技术、新材料和新产品的研究开发。“十一五”期间，国家科技支撑计划把建筑节能、绿色建筑、可再生能源建筑应用等作为重点，在建筑节能、绿色建筑技术、既有建筑综合改造、地下空间综合利用等方面突破了一系列关键技术，研发了大批新技术、新产品、新装置，促进了建筑节能和绿色建筑科技水平的整体提升。在国家科技支撑计划支持建筑节能研究开发的同时，各地围绕建筑节能工作发展需要，结合地区实际情况，积极筹措资金，安排科研项目，为建筑节能深入发展提供科技储备。近几年，城市化进程加快，我国建筑物数量逐年上升，与此同时，建筑能耗也逐年攀升。降低建筑能耗、将资源最大化利用成为目前建筑行业人士的共同目标。环保绿色建材、BIM技术、可再生能源技术等减碳技术有效降低了建筑能耗，在保证居住环境和舒适度的同时，最大限度节约资源，并将不可再生资源利用最大化。

4. 交通运输领域低碳技术

我国从“十五”时期开始实施新能源汽车科技规划，“十五”和“十一五”期间，我国先后投入20.4亿元科研经费，实施“863”计划、电动汽车重大科技专项、节能与新能源汽车重大项目。持续鼓励自主研发电动汽车和其他节能新能源汽车发展，形成了以纯电动车、油电混合动力、燃料电池三条技术路线为“三纵”，以多能源动力总成控制系统、驱动电机及其控制系统、动力蓄电池及其管理系统三种共性技术为“三横”的电动汽车研发格局。在新能源汽车技术中最为重要的电池技术方面，宁德时代推出 CTP 高集成动力电池，相较传统电池包，CTP 电池包体积利用率提高了 15% ~20%，电池包能量密度提升 10% ~15%。比亚迪正式推出由旗下新成立的弗迪公司研发的第一款产品——“刀片电池”，“刀片电池”体积比能量密度达到 330Wh/L，比传统磷酸铁锂电池提升 50%。

5. CCUS 技术

20 世纪 90 年代初，CCUS 在国际上逐渐获得重视，美国、日本等国家先后启动了 CCUS 专项研究计划，挪威更是在 1996 年建成全球首个碳捕集与专用封存商业项目——斯莱普内尔（Sleipner）项目，碳封存规模达到 100 万吨/年。国际上对 CCUS 的逐步重视和成功实践，促进了国内对 CCUS 的理解和认识。加之我国碳排放量快速上升、减排压力不断增加，CCUS 逐渐被定位为一种重要的温室气体减排储备技术。我国 CCUS 的发展由此进入系统性研究和试验的阶段。

近年来，我国将 CCUS 作为推动低碳发展、积极应对气候变化的重要战略技术，积极推动其研发、示范与推广。目前，国内大型能源企业积极开展 CCUS 相关技术研究和试点示范。2017 年 3 月，华润和中英广东（CCUS）中心联合启动了华润电力海丰电厂碳捕集测试平台项目，建设中国首个国际性多技术并联碳捕集技术测试平台，2019 年 5 月顺利投产。陕西延长石油在“十三五”期间建设我国首个百万吨级 CCUS 一体化项目。我国还与主要国家及多边机构开展了多种形式的合作，2017 年 6 月，中方与亚行东亚局签署谅解备忘录，促进我国加快推进大规模 CCUS 技术的研发、示范与推广。2019 年 8 月，在中国环境科学学会推动下成立了 CCUS 专业委员会，有效整合国内主要相关机构的研究力量，围绕 CCUS 开展政策标准与技术规范的研究，推动相关技术的研发与交流，促进试验示范的大规模推广与应用。《中华人民共和国国民经济和社会发展第十四个五年规划和2035年远景目标纲要》中明确提出“开展碳捕集利用与封存重大项目示范”。“十四五”以来，国内大型企业逐渐开始布局，相关示范项目呈现项目规模提升、技术领域拓展的良好开端，如中石化启动胜利油田CCUS示范工程项目等。同时，金融界、投资界和地方政府逐渐认识到CCUS的重要作用，工商银行、建设银行均为中石化启动胜利油田CCUS示范工程项目提供绿色贷款。

第三节　低碳技术赋能碳达峰碳中和

低碳技术已经成为实现碳达峰碳中和目标的关键力量。在我国碳达峰碳中和的进程中，加强低碳领域重大科技攻关和推广应用，强化基础研究和前沿技术布局，加快先进适用技术研发和推广，具有十分重大的意义。

一　低碳技术为碳达峰碳中和提供有力支撑

当前我国经济发展的内外部条件发生改变，面临的硬约束明显增多，资源环境的约束越来越接近上限，碳达峰碳中和成为我国中长期发展的重要框架，科技进步是实现碳达峰碳中和的有力抓手。依靠低碳技术，将促进我国能源结构不断优化，提升碳排放减排力度，加快产业结构调整。随着我国碳达峰碳中和战略不断向纵深推进，完善低碳技术基础理论、构建绿色低碳技术体系和创新发展路径、推动绿色低碳技术取得重大突破将为碳达峰碳中和目标的实现提供有力支撑。

二　碳中和愿景下需要系统性的低碳技术解决方案

碳达峰碳中和目标实现将给我国经济社会发展模式带来颠覆性改变，加大了减排行动的复杂性，更加需要科技提供系统性解决方案。碳中和不是仅涉及单一领域或某一行业的深度减排问题，需要从全产业链、跨产业的角度处理好协同减排的关系；不是独立解决能源转型或者温室气体减排的问题，需要兼顾减排目标实现、能源资源安全和经济社会可持续发展等多重需求。同时，低碳技术的推广与应用需要考虑不同区域、行业和领域的不同应用场景，各技术间要实现协同优化，亟须集成耦合与优化技术提供支撑。

三 碳中和目标对低碳技术提出了更高要求

我国绿色低碳技术整体水平与世界先进国家相比仍有明显差距，在许多关键核心领域、关键环节仍存在技术阻碍，许多技术设备、关键核心零部件仍依赖国外。在煤炭清洁高效利用、先进核能、风电光伏、储能、氢能、固态电池等多个关键领域为代表的绿色低碳技术中，我国目前有 19.7% 的绿色低碳技术达到国际领先水平，54.4% 的技术与国际平均水平持平，25.9% 的技术仍落后于国际平均水平。要实现碳中和目标，更迫切需要充分发挥科技创新支撑引领作用，不断深化应用基础研究，加强低碳前沿技术攻关，组建一批科技创新平台，实现关键核心技术的自主可控。同时，要加强低碳零碳负碳技术的攻关、示范和产业化应用，实现应用成本大幅下降。

第十二章　减碳技术

减碳技术在电力、冶金、化工、石化、建材、交通、建筑等行业广泛应用，通过技术创新提升能源效率、减少高碳能源消耗，是碳排放重点行业可持续发展的重要条件。

第一节　能源减碳技术

在我国现有能源结构为主要依靠煤炭、石油、天然气等化石能源的背景下，提升化石能源的减碳水平是减少二氧化碳排放的有效过渡途径。

一　清洁煤炭技术

清洁煤炭技术是指在煤炭从开发到利用全过程中，加工、燃烧、转化和污染控制等新技术的总称，它以煤炭分选为源头，以煤炭转化为先导，以煤炭高效清洁燃烧和发电为技术核心，其根本目标是减少环境污染和提高煤炭利用效率。

根据煤炭的利用过程，可分为前端的煤炭加工与净化技术，中端的煤炭高效清洁燃烧及先进发电技术、煤炭转化技术、污染物控制，以及后端的废物资源化利用及综合利用技术三大类（见表 12 - 1）。

表 12－1　清洁煤炭技术种类

技术环节	技术类型	子项主要技术
前端	煤炭加工与净化技术	选煤、配煤、型煤和水煤浆技术
中端	煤炭高效清洁燃烧及先进发电技术	循环流化床燃烧、加压流化床燃烧、粉煤燃烧、超临界发电、超超临界发电、整体煤气化联合循环、整体煤气化燃料电池联合循环、富氧燃烧
	煤炭转化技术	气化、液化、氢燃料电池、煤化工、煤制烯烃、分质分级转化技术
	污染物控制	工业锅炉和窑炉、烟气净化、脱硫、脱硝、除尘、颗粒物控制、汞排放
后端	废物资源化利用	粉煤灰、煤矸石、煤层气、矿井水、煤泥
	综合利用技术	多联产技术

资料来源：中国知网，中能智库整理。

700℃超超临界发电、整体煤气化联合循环（IGCC）、整体煤气化燃料电池联合循环（IGFC）等技术有助于推进 CCUS 技术的应用，被认为是最有前景的清洁煤炭前沿技术。700℃超超临界发电技术是指在700℃/35MPa 及以上的条件下的机组发电技术，研究表明通过增加再热次数其效率可达 50% 以上，其节能减排经济效益是 600℃超超临界发电技术的 6 倍，同时可以降低二氧化碳的捕获成本，有助于推进 CCUS 技术的应用。IGCC 是指煤气化制取合成气后，通过燃气—蒸汽联合循环发电方式生产电力的过程，被认为是有发展前途的清洁煤炭发电技术之一。IGFC 是指以气化煤气为燃料的高温燃料电池发电系统，包括固体氧化物燃料电池（SOFC）和熔融碳酸盐燃料电池（MCFC），兼备 IGCC 技术的优点，其效率可达 60% 以上。

二　油气勘探开发技术

石油、天然气的碳排放量低于煤炭，特别是天然气的碳排放量远远低于煤炭，是更清洁的化石能源。我国油气资源严重依赖进口，影响我国的能源安全。因此，常规油气以及煤层气、页岩气等非常规天然气的勘探开采技术将成为降低碳排放、保障国家能源安全的重要途径。常规油气勘探开采技术包括纳米驱油、二氧化碳驱油、精细化勘探、智能化注采等技术。非常规油气勘探开采技术包括深层页岩气、非海相非常规天然气、页岩油和油页岩勘探开发技术。

第二节　工业减碳技术

传统工业是最主要的碳排放部门之一，碳中和目标对工业部门传统高耗能生产模式提出挑战，钢铁、有色金属、石化化工、建材等高耗能行业的设备、工艺流程、资源回收方面都需要大力发展减碳技术。

一　钢铁

目前，我国以高炉—转炉工艺为主的钢铁生产模式碳排放量较高，仍具有改进空间。由第八章可知，焦炭和煤炭燃烧是钢铁行业的最大碳排放源。因此，钢铁行业降低碳排放的重点是降低与焦炭和煤炭燃烧有关的炼焦、烧结、球团、炼铁等环节碳排放。表 12－2 依据生产流程呈现了钢铁减碳技术。干熄焦技术、高炉煤气干法除尘技术作为炼焦、炼铁工序最重要的减碳技术，在 2015 年底实现了九成钢铁企业的覆盖。钢铁行业较为前沿的减碳技术包括全废钢电炉流程集成优化、富氢或纯氢气体冶炼、富氧高炉、高品质生态钢铁材料制备、钢化联产、余热余能利用等。其中，氢冶金和废钢回用短流程技术，在未来的碳减排中潜力和比重较大。

表 12－2　钢铁减碳技术种类

生产流程	技术内容
炼焦工序	高温高压干熄焦技术
	焦炉用关键功能耐火材料集成技术
	焦炉自动加热控制技术
	焦炉上升管荒煤气余热高效回收技术

续表

生产流程	技术内容
烧结工序	烧结混合料预热技术
	烧结烟气余热回收利用技术
	烧结环冷机液密封技术
炼铁、炼钢、轧制工序	高炉炉顶均压煤气回收技术
	热风炉富氧烧炉技术
	高炉汽动鼓风技术、高炉高效喷煤技术等高炉技术
	转炉干法除尘技术等转炉工艺技术
	氢基高炉—转炉炼钢
	氢基直接还原铁—电弧炉炼钢
	钢包高效预热技术、薄板坯等连铸工艺技术
	带钢集成连铸连轧、热压厂过程控制等热轧工技术
能源公辅	全流程钢厂水系统智慧管控与零排放技术
	冷却塔水电双动力风机节能技术
	高炉渣等废料综合利用技术
	高炉烟气回收、转炉烟气高效利用、电炉烟气余热回收等烟气处理技术

资料来源：中国知网，中能智库整理。

氢冶金原理是利用氢代替焦炭作为还原剂进行钢铁冶炼。用氢气取代碳作为还原剂和能量源，不排放二氧化碳。氢冶金工艺可分为富氢还原和纯氢还原。由于纯氢还原受大规模制氢技术和成本的限制，富氢还原得到了优先发展。在富氢高炉炼铁方面，向高炉中喷吹焦炉煤气、天然气等均是传统高炉冶金向氢冶金技术转变近期切实可行的技术路线。纯氢直接还原铁工艺已成为钢铁工业绿色低碳发展的有效途径，以天然气、煤制气、焦炉煤气等为主体能源或还原剂生产海绵铁发展较快。纯氢还原是全部以氢气为还原剂的无碳冶金工艺，未来预计将占主导地位。

废钢回用短流程技术是指将回收再利用的废钢破碎、分选加工后，经预热加入电弧炉中，电弧炉利用电能做能源熔化废钢，去除杂质

（如磷、硫）后出钢，再经二次精炼（如 LF/VD）获得合格钢水。废钢回用短流程技术以废钢为原料，与采用矿石炼铁后再炼钢（长流程）相比，省去了能耗最高的高炉炼铁工序、焦化和烧结球团工序，更有利于生产清洁化、低碳化，同时节省铁矿石的资源消耗，大幅减少尾矿、煤泥、粉尘、铁渣、废水、二氧化碳、二氧化硫等排放物的排放量。

二　电解铝

电解铝行业碳排放占我国有色金属行业总碳排放的85%，因此有色金属行业碳减排的重点是电解铝行业碳减排。从生产流程看，电解铝减碳技术种类如表 12－3 所示。电解铝减碳技术主要包含新型连续阳极电解槽、惰性阳极铝电解技术、新型稳流保温电解槽节能改造、电解槽大型化、电解槽结构优化与智能控制、铝电解槽能量流优化及余热回收等技术。

惰性阳极铝电解技术是彻底变革铝电解行业的颠覆性技术，是实现碳中和目标的核心战略性技术。惰性阳极是指在冰晶石－氧化铝熔盐中电解时不消耗或微量消耗的阳极。惰性阳极相较于炭素阳极具有成本低、不产生二氧化碳等优点。可作为惰性阳极材料的有以下几类材料：合金类惰性阳极、金属陶瓷类惰性阳极、金属基体氧化物外层类惰性阳极。

表 12－3　电解铝减碳技术种类

生产流程	技术内容
铝土矿制备氧化铝	铝土矿提质技术
	分解槽大型化及搅拌节能技术
	新型节能蒸发技术

续表

生产流程	技术内容
氧化铝电解制备金属铝	低温低电压、新型导流槽、全石墨阴极结构等铝电解槽结构优化技术
	阳极炭块倒角等预焙铝电解槽电流强化与高效节能综合技术
	铝电解槽新型阴极结构焙烧启动与控制技术
	惰性阳极铝电解技术
	大型铝电解不停电技术及成套装置
	低温铝电解技术
再生铝回收利用	多源铝废料界面解离技术
	电热熔炼控氧熔炼技术及装备
	废铝精炼技术与装备

资料来源：中国知网，中能智库整理。

三　石化化工

石化化工行业低碳化发展将主要集中在原料与燃料替代、工艺技术革新等方向，关键技术包括原油催化裂解多产化学品技术、煤油共炼制烯烃/芳烃技术、电催化合成氨/尿素技术、先进低能耗分离技术等。燃料油、乙烯、烧碱、合成氨是减排潜力最大的石化化工子行业。从生产流程来看，乙烯产业提升能效关键突破口是提高裂解炉传热效率，这可以通过大型化改造裂解炉、燃气吹灰技术以及耐高温材料升级裂解炉实现。烧碱产业提升能效关键突破口是降低蒸发环节能耗，蒸发环节防垢除垢、过程优化、降膜蒸发等技术为之提供支撑，膜过滤技术也是比较有前景的能效技术。合成氨产业提升能效关键突破口是提升转化工段燃烧反应和传热效率，装置的大型化及集成化、烷化净化原料气以提升合成氨原料的档次等是最具节能潜力的碳减排技术。表 12 - 4 对石化化工减碳技术进行了分类。

表 12-4　石化化工减碳技术种类

低碳技术种类	子产业	技术内容
节能增效、原燃料替代、流程再造	乙烯	透平压缩机组优化控制技术
		脉冲燃气吹灰技术
		裂解炉耐高温辐射涂料技术
		辐射炉管内强化传热技术
	烧碱	电解-膜极距离子膜法
		氯气压缩机替代纳式泵
		蒸发-超声波防垢除垢蒸发过程优化控制
		三效逆流降膜蒸发等节能技术
	合成氨	回路分子筛节能技术
		低耗能脱碳技术
		全自热非等用醇烷化净化合成氨原料气技术
		塔温度的自动控制及优化技术
		低温甲醇洗技术
资源回收	乙烯	回收低位工艺热余热燃烧空气技术，一段炉烟气余热回收利用技术
	合成氨	烟气余热回收利用技术

资料来源：中国知网，中能智库整理。

四　水泥

水泥行业碳排放占建材行业的80%以上，对建材行业碳达峰碳中和至关重要。水泥行业部分减碳技术已经相对成熟并将持续推广应用，如高效冷却/磨粉技术和低温余热发电技术等。新型干法预分解窑等新型干法水泥技术可以显著提升传热效率，有助于热力节能，逐渐得到广泛普及。部分技术处于研发和示范阶段，如燃料替代、原料替代、新型熟料体系生产等技术。能耗在线检测和分析管理系统、水泥生产替代燃料、纯低温余热发电技术最具有减排潜力，但也将增加中小水泥企业的成本。燃料替代技术的价格体系与废弃物标识体系尚未成熟，仍须配套政策的支持。部分技术仍处于探索研发阶段，如新能源（包括绿氢、光伏、微波等）煅烧水泥、低碳水泥等技术，仍需技术攻关，未来这些技术将逐步成为水泥行业碳中和的重要技术手段。表 12 – 5 呈现了水泥行业减碳技术种类。

表 12 –5　水泥行业减碳技术种类

低碳技术种类	技术内容
原料/燃料替代、资源回收	生物质材料预处理及水泥熟料 – 替代燃料的能质耦合技术
	城市垃圾、废弃轮胎及其他可燃废弃物等预处理及调控技术
	替代燃料生产熟料关键技术与应用
	大掺量典型富钙固废替代石灰石烟烧高胶凝性熟料的关键技术
	非传统硅铝质材料高性能低碳胶凝材料制备与应用关键技术
	建筑废弃物循环利用技术
节能增效	辊压机生料终粉磨技术
	外循环生料立磨粉磨技术
	高效篦式冷却机技术
	高能效自适应烧成技术
	流化床窑技术
	新型水泥熟料冷却技术及装备
	钢渣立磨终粉磨技术

资料来源：中国知网，中能智库整理。

第三节　城乡建设减碳技术

在各类建筑终端耗能方式中，采暖、制冷及电器设备能耗最大，因此制热、制冷、用电供能服务的节能是建筑部门节能减排的关键，需要突破绿色低碳建材、光储直柔、建筑电气化、热电协同、智能建造等关键技术。

一　采暖制冷减碳技术

采暖与制冷的碳排放量占建筑部门碳排放量的 50% 以上。热源减排技术中，冷热电三联供技术可以与天然气、太阳能及生物质能等清洁能源结合，实现能量的梯级利用，提升能效，是开展清洁供暖的重要技术。散煤替代技术与清洁煤技术能有效降低散煤造成的大量碳排放，有助于解决目前的建筑热力碳排放痛点。集中供暖改造与分散供暖清洁改造按照"宜气则气、宜电则电"原则，分别适用于城市管网供热与农村散户供热，为我国因地制宜经济供暖提供技术支撑。输热管网技术中，蓄热罐等储热技术实现热调峰，有助于解决新能源消纳问题。建筑内、外能效提升技术分别通过控制供热面积、提升墙体及屋顶等建筑围护的保温性能，从而减缓热量耗散速度。表 12－6 依据技术应用环节显示了采暖制冷减碳技术种类。

表 12－6　采暖制冷减碳技术种类

技术应用环节	技术内容
热源（冷源）	空气、水、地热、核电余热等热泵低品位余热利用技术
	冷热电三联供技术及热电联产技术
	"煤改气""煤改电"等散煤取代技术
	清洁煤供暖技术
	电锅炉、热泵等集中供暖清洁改造
	电热膜、碳晶、发热电缆、分户燃气
	壁挂炉等分散供暖清洁改造
输热管网	老旧管网、集中供热管网改造
	蓄热灌等热储能调峰技术
建筑内部	建筑供热面积控制
	建筑热环境营造
建筑外部	装配式建筑
	建筑围护结构隔热保温等建筑被动式节能技术

资料来源：中国知网，中能智库整理。

二　电气照明减碳技术

电气照明能耗包括炊具能耗、照明能耗、电器能耗等电力能耗，约占建筑运行能耗的15%。炊具减排主要通过燃料替代、燃气灶节能改造实现。而照明能效的提升，依赖于楼宇能耗绿色控制技术与灯具节能技术，前者通过传感器检测环境参数，实现对空调、照明系统的智能调节，后者通过光源替代与灯具结构改造，降低灯具能耗水平。表12－7呈现了炊具能耗和照明能耗方面的减碳技术。

表12－7　电气照明减碳技术种类

技术应用环节	技术内容
炊具能耗	电炊具替代燃煤炉灶、燃气灶技术
照明能耗	LED等高能效电光源技术
	反射罩等灯具节能技术
	镇流器节能技术
	楼宇能耗绿色控制技术

资料来源：中国知网，中能智库整理。

第四节　交通减碳技术

目前，交通燃油多为化石燃料，是该部门碳排放的主要来源，因此清洁燃油替代是交通部门的主要减排方式。需要突破化石能源驱动载运装备降碳、非化石能源替代和交通基础设施能源自洽系统等关键技术，加快研发建设数字化交通基础设施，推动交通系统能效管理与提升、交通减污降碳协同增效、先进交通控制与管理、城市交通新业态与传统业态融合发展等技术。

一　道路运输减碳技术

道路运输减碳技术如表12－8所示。燃料替代方面，甲醇燃料目前应用最广，成本低且工艺较成熟，二甲醚较甲醇将拥有更广阔的应用前景。能效方面均质压燃技术提升了热效率，汽油机缸内直喷技术实现了精确控制空燃比，是最主要的燃油经济型提升技术。混合动力汽车、插电式混合动力汽车、纯电动汽车技术显著降低汽车二氧化碳排放量，有望成为今后一段时期主要道路运输工具。氢燃料电池汽车具有零污染、续航里程长、动力性能高、燃料加注时间短等优点，在我国的北京、无锡、成都等城市被陆续投放，多应用于重载客车等大型交通工具。但燃料电池续航里程短、加氢站等配套设施不齐全等问题限制其快速发展。

表 12－8　道路运输减碳技术

技术应用环节	技术内容
交通网络结构	建设紧凑型城市等，调整城市结构
	完善公共交通系统
	建设充电桩、充气桩、换电站等新型基础设施
经济性	稀燃技术
	汽油机缸内直喷技术等燃油喷射技术
	内燃机提升技术
	增压中冷技术
	可变进气技术等改善进排气过程技术
	汽车轻量化
	高压共轨技术
	绝热发动机技术
清洁性	高效柴油轿车技术
	天然气汽车技术
	混合动力技术
	固态电池等纯电动汽车技术
	氢燃料电池汽车技术
	燃料乙醇、生物柴油等燃料替代技术

资料来源：中国知网，中能智库整理。

二　轨道运输减碳技术

轨道运输主要包括铁路与城市轨道交通系统。相比其他交通部门，轨道交通的节能技术降低单位周转量碳排放的效益将最显著。轨道运输减碳技术具体如表 12－9 所示。通过网络节点法建立交通网络模型，进而优化铁路、城市轨道交通的结构布局可以降低平均客货运里程；动力牵引改进技术提升了发动机的能量转换效率；再生制动技术通过电动机的多象限运行，实现制动动能向电能的转换，进而实现能量的再利用，是节能潜力最大的方式之一；以混合动力系统为代表的燃油清洁技术可以降低轨道交通对石油等化石燃料的依赖性，实现铁路电气化，最具有应用前景。

表 12－9　轨道运输减碳技术

技术应用环节	技术内容
交通网络结构	完善 BRT 等城市轨道交通建设
	完善铁路交通网络结构
经济性	变压器改进、喷油器改进等动力牵引改进技术
	再生制动技术及其储能技术
	列车操纵优化控制技术
	列车轻量化材料
清洁性	燃料动力技术
	混合动力系统
	能源管理控制系统

资料来源：中国知网，中能智库整理。

三　水路运输减碳技术

水运是经济性较高的货运方式，承载较大的货运量，其碳排放量在四大运输方式中仅次于道路运输。因此，提高水路运输能效对交通部门长远碳排放控制具有重要意义。水路运输减碳技术具体如表 12－10 所示。以岸电技术为代表的水路再电气化技术，是水路减排的重要方式之一；船队运力调整通过推动船舶的大型化、专业化与标准化改造，减少船舶碳排放，节能效果最显著；技术性节能方面，船型结构及发动机的改进，有助于减少传播阻力、提升燃油利用效率，是水路技术节能的重要研究方向；此外，热泵技术、余热回收技术实现低品位热量的再利用，有效提升船舶的热能利用效率。

表 12－10　水路运输减碳技术

技术应用环节	技术内容
交通网络结构	内河、海运船队运力结构调整
经济性	船舶轴带发电技术
	减小螺旋桨运动阻力的船舶推进技术
	船用冷热全效热泵技术
	船舶节能操作技术
	焚烧炉机余热回收等余热回收利用技术
	燃油研磨设备技术
	船减重技术与船型优化技术
清洁性	船舶电气化
	“油改气”技术

资料来源：中国知网，中能智库整理。

四　航空运输减碳技术

航空运输是主要客运方式之一，其客货运周转量逐年递增且保持高增速。提升航空运输能效的具体方式如表 12－11 所示。碳纤维复合材料将大幅度降低飞机自重，有望广泛应用于机翼、机身等机体承载结构；生物燃料、氢燃料飞机及电力飞机技术则有望实现航运能源革新。生物航空燃油仍处于探索阶段，但减排效果显著。目前，氢燃料飞机受氢能生产成本、存储技术制约尚未实现量化生产与应用；电力飞机则利用离子推进、霍尔推进等电推进技术实现动力来源，已在无人机领域有所应用，但其功率密度较低，续航能力有限，对于大规模应用仍须进一步研究。

表 12－11　航空运输减碳技术

技术应用环节	技术内容
交通网络结构	航运路线优化
经济性	碳纤维复合材料等轻量化材料
	机翼改良等飞机结构优化技术
	燃气轮机、电推进技术等推进系统改进技术
清洁性	氢燃料飞机
	生物燃油飞机
	燃料电池、太阳能等电力飞机技术

资料来源：中国知网，中能智库整理。

第十三章　零碳技术

零碳技术包括可再生能源发电、氢能、储能等不产生碳排放的技术，是碳达峰碳中和背景下低碳技术的最重要的发展趋势，正成为市场的关注热点。

第一节　可再生能源发电技术

一　太阳能发电技术

太阳能发电技术主要是指通过太阳光的照射使太阳能电池片中的可移动电子进行有规律的移动，实现光电转换，达到发电效果。

（一）光伏发电技术

1. 光伏电池技术

光伏电池根据半导体材料的不同分为晶硅电池和薄膜电池。晶硅电池根据用料的不同进一步分为单晶硅电池和多晶硅电池，薄膜电池包括非晶硅电池和化合物电池两种（见图 13－1）。单晶硅片拥有良好的晶体结构电学性能及较高的光电转化效率，在性能上显著优于多晶硅片。随着制造环节的大幅降本，单晶硅片性价比凸显。2021 年，单晶硅片市场占比为 94.5%，而多晶硅片市场份额仅为 5.2%，持续几十年的单多晶硅技术之争以单晶硅的完胜宣告结束，单晶硅电池成为市场主流。

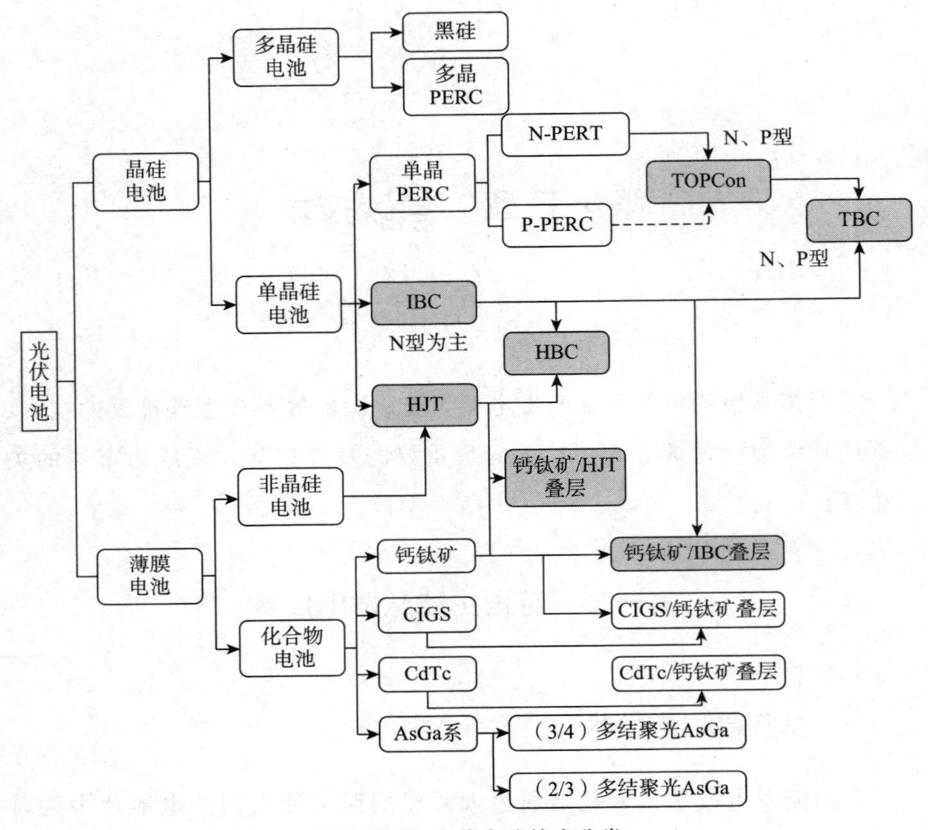

图 13-1　光伏电池技术分类

资料来源：华西证券研究所、中能智库。

单晶硅电池因为硅片原材料和电池制备技术的不同又分为 N 型电池和 P 型电池。P 型电池原材料是在硅材料上掺杂硼元素的 P 型硅片，主要的制备技术包括 AI-BSF（铝背场）和现在主流的 PERC 技术；N 型电池原材料是在硅材料上掺杂磷元素的 N 型硅片，主要的制备技术包括 PERT、TOPCon、HJT（异质结）和 IBC（背接触）。IBC 作为平台型电池技术可以分别与 TOPCon 和 HJT 结合形成 TBC 及 HBC 技术，此外钙钛矿也可以同 HJT 和 IBC 叠加组成叠层电池。P 型电池技术是市场主流路线，2021 年市场占比为 90.4%，N 型电池属于下一代高效电池技术路线的潜在方向。钙钛矿具有成本较低、工艺较简单的特点，转换效率也在不断提升，目前处于实验室研发阶段和部分量产阶段，有较大的发展潜力和较好的应用前景。表 13－1 详细整理了我国太阳能电池片技术路线情况。

表 13－1　我国太阳能电池片技术路线情况

技术路线	基本情况
AI－BSF 技术	AI－BSF 电池是指在晶硅太阳能电池 P－N 结制备完成后，通过在硅片的背光面沉积一层铝膜，制备 P＋层，从而形成铝背场。其既可以减少少数载流子在背面复合的概率，同时也可以作为背面的金属电极，因此能够提升太阳能电池的转换效率
PERC 技术	PERC 技术是指在现有 AI－BSF 工艺上增加背面介质钝化层，然后用激光在背表面进行打孔或开槽露出硅基体。背面介质钝化层通过背面钝化工艺在硅片背面沉积 AI203 和 SiNX，AI203 由于具备较高的负电荷密度，可以对 P 型表面提供良好的钝化，SiNX 主要作用是保护背部钝化膜，并保证电池正面的光学性能。背面钝化可实现两点价值：一是显著降低背表面少数载流子的复合速度，从而提高少数载流子的寿命，增加电池开路电压；二是在背表面形成良好的内反射机制，增加光吸收的概率，减少光损失。由于 PERC 电池具有结构简单、工艺流程短、设备成熟度高等优点，已经替代 AI－BSF 电池成为主流电池工艺
TOPCon 技术	TOPCon 是一种基于选择性载流子原理的隧穿氧化层钝化接触电池技术，与常规电池最大的不同在于，其在电池的背面采用了接触钝化技术，结构包括超薄二氧化硅隧穿层和掺杂多晶硅层（晶硅基底与掺杂多晶硅在背面形成异质结），二者共同形成了钝化接触结构，为电池的背面提供了优异的表面钝化。TOPCon 电池制备过程较 PERC 电池要复杂，但我国光伏企业在 TOPCon 电池技术上已取得一定积累，很多量产工艺瓶预和设备瓶颈也有了突破，未来存在将 TOPCon 技术与 IBC 技术相融合升级为 TBC 电池的可能性。目前，布局 TOPCon 电池的国内厂商包括通威太阳能、隆基股份、泰州中来、晶科能源及晶澳太阳能等
HJT 技术	HJT 技术即异质结太阳能电池，电池片中同时存在晶体和非晶体级别的硅，非晶硅的存在能够更好地实现钝化。HJT 电池的制备工艺步骤简单，且工艺温度较低，可避免高温工艺对硅片的损伤，并有效降低排放，但是工艺难度大，且产线与传统电池技术不兼容，需要重新购置主要生产设备，产线投资规模较大。目前异质结电池市场渗透率相对较低，仅在部分企业中实现小规模量产
IBC 技术	IBC 电池最大的特点是 P－N 结和金属接触都处于电池的背面，正面没有金属电极遮挡的影响，因此具有更强的短路电流，同时背面可以容许较宽的金属栅线来降低串联电阻从而提高填充因子，加上电池前表面场以及良好钝化作用带来的开路电压增益，因此这种正面无遮挡的电池就拥有了高转换效率。相比于 PERC、TOP-Con 和 HJT，IBC 电池的工艺流程和设备要复杂很多，并且投资较高，国内尚未实现规模量产

资料来源：中能智库整理。

2. 光伏发电系统技术

太阳能光伏发电系统可分为离网光伏发电系统、并网光伏发电系统和分布式光伏发电系统等。离网光伏发电系统主要组成部件有太阳能动力电池的零部件、控制器和蓄电池，若为交流负载供电，还应该配置一个交流逆变器。并网光伏发电系统是将太阳能电池组件产生的直流电经过并网逆变器转换成符合市电电网要求的交流电之后直接接入公共电网的技术系统。分布式光伏发电是指分散式发电或者分布式供能，这种方法是指将小型光伏和风力发电的供电系统安装在距离用户现场较近的位置，从而满足专门用户的供电需要，以支撑现存配电网的经济运行。分布式光伏发电系统的基本设备包括光伏电池组件、光伏方阵支架、直流汇流箱、直流配电柜、并网逆变器、交流配电柜等设备。

（二）光热发电技术

光热发电技术通过大体积聚光器聚集太阳能，通过太阳能蒸发聚光器中的水分，使液态物质转化为气态，进而在大量蒸汽的作用下持续不断地向汽轮发动机传递动能，使其在驱动作用下发电。光热发电系统可以分为槽式、蝶式和塔式三种形式。其中，槽式发电系统是光热发电技术中最主要的技术应用方式，由槽式抛物反光镜、集热管、玻璃套管、吸热管和接收器支架等设备组成槽式集热器，利用反光镜反射太阳能，通过调整仰角聚集热量，使集热管在不同角度上自动跟踪阳光，发电效率较高。

二　风力发电技术

风力发电技术主要利用风力发电设备收集高速流动状态下的风能。风能发电装置主要由风轮、塔筒及风能发电机三个部分组成。其中，风轮的主要作用是将风能转化为机械能，按装机容量不同，风能发电机可分为小型、中型、大型及特大型四种，装机容量越大，叶片越长，在我国应用比较广泛的是小型及中型发电机；按发电机转速分类，风能发电机可分为恒速、变速及多态定速三种。风力发电技术的核心技术包括恒速变频技术和变速变频技术。其中，变速变频技术是应用变频器将直流电转化为交流电，可以调节风力发电系统的运行功率、有功功率、风能捕捉率、运行速度和范围等。如果加装三相异步电动机，可以通过控制板对 IGBT 和 IPM 等进行控制。

近年来，我国风力发电技术和产业获得了跨越式发展，实现了从陆上到海上，从关键部件、整机设计制造、风力发电场开发、运行到标准、检测和认证体系的全面突破，建立了较为完备的产业链，建立了大功率机组设计制造技术体系，实现了主要装备国产化和产业化。未来需要进一步提高装备性能与可靠性、降低成本，解决产业发展的“卡脖子”技术问题，在基础和前沿技术研发、核心技术攻关、大功率装备研制、海上风力发电工程、输电、运维等方面全面提升能力和水平。特别是在超大型海上风电机组技术开发方面，需在超大型机组设计软件、25MW 级全工况试验技术、全特性数字孪生技术三个方向展开技术攻关。

三　核能发电技术

核能可用于发电、区域供暖、工业供热（冷）、海水淡化、核能制氢、同位素生产。核能发电技术主要是利用核反应堆核裂变释放出来的热能及逆行发电的一种新能源模式。

第四代核电技术和可控核聚变技术是核电技术发展的重要方向。我国正在积极发展高温气冷堆、钠冷快堆及钍基熔盐堆等第四代先进核能技术，开展示范堆建设和商业化，陆续建成第四代先进核电的试验和示范系统，预计在 2030 年前后进行商业化推广。在可控核聚变等方面也开展了相关研究，重点研制聚变堆材料及堆芯关键部件，探索开展气等离子体物理与试验技术、聚变 - 裂变混合堆技术，研制紧凑型聚变能试验装置及其他磁约束路径与装置，突破耐高温中子辐照诊断技术。建立聚变核安全体系，为建造聚变示范堆提供核心技术支撑。

四　生物质发电技术

生物质发电是利用生物质所具有的生物质能进行发电，是可再生能源发电的一种。生物质发电技术主要分为三大类，包括直燃发电技术、气化发电技术、燃煤生物质耦合发电技术。

我国生物质发电以直燃发电为主，技术起步较晚但发展迅速，已形成产业规模。未来重点突破的技术包括生物质炼厂关键核心技术，生物质解聚与转化制备生物航空燃料技术，多种类生物质原料高效转化乙醇技术，多种原料预处理、高效稳定厌氧消化、气液固副产物高值利用等生物燃气全产业链技术，等等。

五　地热能发电技术

地热能是蕴藏在地球内部的热能，其利用包括发电和热利用两种方式。地热发电技术使用地下热水和蒸汽为动力，把热能转换成机械能，再通过一定的设备转换成电能。

我国干热岩资源储量丰富，具有良好的市场前景，但在工程化开发及标准制定等方面，仍需通过关键技术的研发和示范，取得高水平成果和工程经验，推进产业化发展。未来重点研发的技术方向包括高温钻井装备仪器，低温地热发电关键技术，高温含水层储能和中深层岩土储能关键技术。商业上，推广含水层储能、岩土储能等跨季节地下储热技术利用，因地制宜推广集地热能发电、供热（冷）、热泵于一体的地热综合梯级利用技术。

六　海洋能发电技术

海洋能发电技术是借助海洋、波浪等的机械动能生成电力能源的技术，海洋能是更加清洁的电力能源，主要包括波浪发电技术和潮汐发电技术。波浪发电技术在我国众多沿海地区得到广泛应用，应用前景广阔。

波浪发电技术多种多样，包括振荡水柱波浪发电技术、振荡浮子波浪发电技术和越浪技术等。潮汐发电技术是基于潮水的水位变化创造势能，在势能作用下转换得到电能。

我国海域面积相对广阔，海洋能发电技术具有良好的发展前景，但也存在应用效率较低、电价高等问题。波浪能发电技术方面，需要进一步提高波浪能装置的能量转换效率，提升装置的发电量；突破波浪能装置自保护技术、抗台风锚泊技术和能量转换系统自治技术，提高波浪能装置的生存能力和免维护能力。潮汐发电技术实现兆瓦级单机功率提高，需要突破适应复杂海况的兆瓦级机组桨叶、变桨变频器等关键部件研发及整机设计技术，实现不同工况下的高效转换与控制。

第二节　氢能技术

氢能作为二次能源，必须从一次能源转换得到，再运输至用能终端，转化为电力、热能或机械动力。因此，氢能主产业链可概括为氢气制取、氢气储运、加氢、用氢四个环节（见图 13－2）。可再生能源高效低成本制氢技术、大规模物理储氢和化学储氢技术、大规模及长距离管道输氢技术、氢能安全技术是未来氢能发展的主要方向。

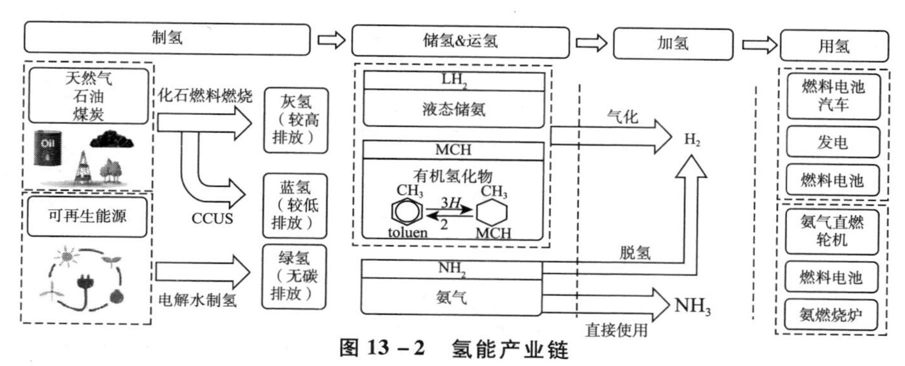

图 13－2　氢能产业链

资料来源：中国信息通信研究院、中能智库。

一　氢气制取技术

制氢的方法包括化石能源制氢、电解水制氢、生物质制氢、化工原料制氢等。按照氢气制取过程中的碳排放强度，氢气被分为灰氢、蓝氢和绿氢。灰氢是指由化石燃料重整制得的氢气，碳排放强度最高，技术成熟，适合大规模制氢，成本优势显著，约占目前全球氢源供应市场的96%。蓝氢包括加装碳捕集与封存（CCS）技术的化石能源制氢和工业副产氢，与灰氢相比碳排放量大幅降低。绿氢即可再生能源制氢以及核能制氢，制氢过程中几乎不产生碳排放，是未来氢气制取的主流方向。但绿氢制取技术目前成熟度较低，技术成本偏高，其推广应用仍需要时间。几种典型制氢技术的技术现状如表13－2所示。

表13－2　氢气制取技术

单位：标准立方米/小时，千克 CO_2/千克 H_2

氢气	工艺路线	技术成熟度	生产规模	碳排放
灰氢	煤制氢	成熟	1000～200000	19
	天然气制氢	成熟	200～200000	10
蓝氢	煤制氢＋CCS	示范论证	1000～200000	2
	天然气重整制氢＋CCS	示范论证	200～200000	1
	甲醇裂解制氢	成熟	50～500	8.25
	芳烃重整副产氢	成熟	—	—
	焦炉煤气副产氢	成熟	—	—
	氯碱副产氢	成熟	—	—
绿氢	水电解制氢	初步成熟	0.017～200000	—
	核能制氢	基础研究	—	—
	生物质制氢	基础研究	—	—
	光催化制氢	基础研究	—	—

资料来源：中国知网，中能智库整理。

氢能生产技术中，可再生能源制氢结合制氢与风光发电，可离网或并网、直流或交流制氢，为就地消纳新能源拓展思路，是氢能生产的最终方向。但目前受成本限制，工业多采用水煤气等污染较大的方式制氢。未来氢能将与电力协同互补，应用于重工业、长距离运输等难以电气化的领域，并作为储能方式之一，支撑高比例新能源的消纳，实现电—热—气网的耦合。

二　输氢技术

输氢技术包括车载输氢或管道输氢（见表 13 – 3）。车载输氢应用于常温高压气态及液态氢的运输，适合短距离的加氢站商品氢运输，更为成熟。管道输氢则具有长距离、大容量的特点，在工业领域有广阔应用前景。但是在城市区域，搭建氢专用管网昂贵，因此将氢气混入天然气管网运输成为可行且经济的方案，目前进入应用阶段。

表 13 – 3　输氢技术

技术类别	技术内容	应用场景
输氢技术	燃气管道	加氢站输氢、航天航空、化工厂输氢
	氢气管道	
	长管车输氢	
	罐车输氢	
	槽车输氢	

资料来源：中国知网，中能智库整理。

三　储氢技术

目前，储氢技术可分为高压气态储氢、低温液态储氢、固态金属材料储氢和有机溶液储氢等。几种典型储氢技术性能对比如表 13 – 4 所示。高压气态储氢设备便捷，已成熟商业化，然而储氢密度低，且存在泄漏安全隐患，长期来看，不是储氢技术优选方案。低温液态储氢需将氢气液化储存，可以大幅提高储氢密度，然而液氢储存能耗和成本较高。欧美和日本的液氢储运技术较为成熟，全球约1/3的加氢站采用液氢储运技术供氢；而国内受核心技术和高成本限制，液氢仅应用于航天领域。多孔材料（如碳纳米材料、金属有机框架物等）比表面积大，可以通过范德华力吸附氢气，但是在常温常压下的吸附性能和储氢容量有待提高。一些特定金属、金属化合物在一定的温度和压力下能与氢气反应，生成金属氢化物，经加热重新释放氢气，如镁基合金、钛基合金、稀土系金属等。固态金属储氢安全性高，能保持氢气高纯度，但吸放氢性能和循环使用性能有待改善。近年来，不饱和烃类有机溶液被视作颇具前景的氢载体，通过加氢反应储存氢气，通过脱氢反应释放氢气，储氢密度高，且可以借助现有的液体燃料输运基础设施实现氢运输。目前尚处于研发阶段，反应催化剂有待进一步优化，且脱氢后的氢气需要进一步纯化。

表13-4 储氢技术种类

单位：wt%

储氢技术	储氢密度	优点	缺点	应用情况
高压气态储氢	1.0~5.7	技术成熟，成本低，充放氢快，工作条件较宽	储氢密度低，存在泄漏安全隐患	成熟商业化
低温液态储氢	5.1~10.0	储氢密度高，氢纯度高	液化过程能耗高，易挥发，成本高	国外商业化，国内仅航空领域
固态金属储氢	1.0~10.5	不需要压力容器，氢纯度高	放氢率低，吸放氢有温度要求，储氢材料循环性差	研发阶段
有机溶液储氢	5.0~10.0	储氢密度高，成本较低，安全性较高，运输便利	副反应产生杂质气体，脱氢反应需高温，催化剂易结焦失活	研发阶段

资料来源：中国知网，中能智库整理。

四 氢能应用技术

（一）氢燃料电池技术

根据所用电解质类型的不同，氢燃料电池可分为碱性燃料电池、磷酸燃料电池、熔融碳酸盐燃料电池、固体氧化物燃料电池和质子交换膜燃料电池五种，其中质子交换膜燃料电池是目前氢燃料电池发展主流。氢燃料电池系统由电堆、空气循环系统、氢和水供给管理系统组成。电堆由膜电极、双极板、催化剂、质子交换膜等构成，是氢燃料电池的核心部件。

膜电极（MEA）是集质子交换膜、催化层、扩散层于一体的组合件，是氢燃料电池的核心组件，是燃料电池动力的根本来源，其成本占据燃料电池电堆成本的70%，占据燃料电池动力系统成本的35%。膜电极技术和关键零部件自主化和产业化，一直是制约我国氢能产业发展的短板。

双极板主要包括石墨双极板和金属双极板。石墨双极板当前应用广泛，耐腐蚀性强，导电导热性能好，但气密性较差，厚度大且加工周期长，成本较高。未来，石墨材料将寻求性能更优、成本更低的新型炭基材料替代。受乘用车空间限制，高功率、低成本的金属双极板具有更好的应用前景，目前国外已实现商业化利用，国内仅实现小规模使用。随着乘用车技术的进步，体积小、功率高、更适宜批量生产的金属双极板前景广阔。

目前燃料电池中常用催化剂是Pt/C，国外催化剂铂载量达到0.1～0.2g/kW，国内铂载量为0.3～0.4g/kW，燃油车为0.05g/kW，还有较大的下降空间。目前，国内的催化剂市场基本由海外企业垄断，国内生产厂家开始起步，离批量化生产还有一段距离，具有较大的发展潜力。

质子交换膜不仅具有阻隔作用，还具有电解质的作用。其阻隔作用就是指阻止阴阳极之间气体相通，防止氢氧混合发生爆炸；其电解质的作用是指仅使质子通过，使电子传递受阻，这样电子就被迫通过外电路流动向外输出电能。

（二）工业领域应用技术

在工业领域，氢气是重要的化工原料，合成氨、合成甲醇、原油提炼等均离不开氢气。用绿氢代替传统灰氢，发展绿色化工，是化工行业碳减排的重要途径。此外，氢气是重要的工业还原气体。在电子工业中，芯片生产需要用高纯氢气作为保护气，多晶硅的生产需要氢气作为生长气。目前国内多晶硅生产工艺中，氢气消耗量约为500～1500标准立方米/吨Si。随着信息技术和光伏产业的发展，电子工业对氢气的需求量持续增长。在钢铁行业，用氢气直接还原法代替碳还原法，是降低炼钢行业碳排放量的有效手段，在国内外已有少量示范项目。然而，氢能炼钢需要大量的氢气供给，这需要成熟且低成本的氢能供应链作为支撑，也需要耐高温和耐腐蚀的设备材料、氢气直接还原铁等技术突破。

（三）其他行业

除了交通行业和工业，氢气在其他行业也有巨大的应用潜力。在电力行业，氢能发电可以用作备用电源、分布式电源，为电网调峰。在建筑行业，一方面，天然气掺氢用作家用燃料，可以降低燃气使用碳排放强度；另一方面，氢驱动的燃料电池热电联供系统，为建筑物供电供热，综合能源利用效率超过80%。小型氢燃料电池热电联供系统目前已在欧美日实现商业化应用，而中国小型氢燃料电池热电联供系统仍处于试点阶段，千瓦级系统的度电成本超过2元/千瓦时，在经济性方面具有很大的进步空间。此外，在医疗领域，氢气也被证实有去除氧化基、治疗氧化损伤等疗效。在食品工业，也常常用氢气实现油脂氢化，以提高油脂的使用价值。

第三节　储能技术

储能技术是指通过储能设备将能量以机械能、热能、电磁能等形式进行存储，其作为能源产业最具发展前景的前瞻性技术，是构建现代能源体系的关键支撑技术之一。根据能量存储形式的不同，储能技术类型大致可分为物理/机械储能、电化学储能、电磁储能、光热储能、储氢能与二氧化碳储能六类（见图13－3）。

从技术生命周期来看，国内储能技术的成熟度为抽水蓄能>电化学储

能 > 压缩空气储能、液流电池 > 飞轮储能、钠离子电池 > 氢储能。抽水蓄能技术已较为成熟，锂离子电池也开始步入商业化阶段，国内压缩空气储能达到全球领先水平，正处于推广应用阶段，未来几年内有望实现商业化。“十四五”期间，将重点建设更大容量的液流电池、飞轮、压缩空气等储能技术试点示范项目，推动火电机组抽汽蓄能等试点示范，研究开展钠离子电池、固态锂离子电池等新一代高能量密度储能技术试点示范。

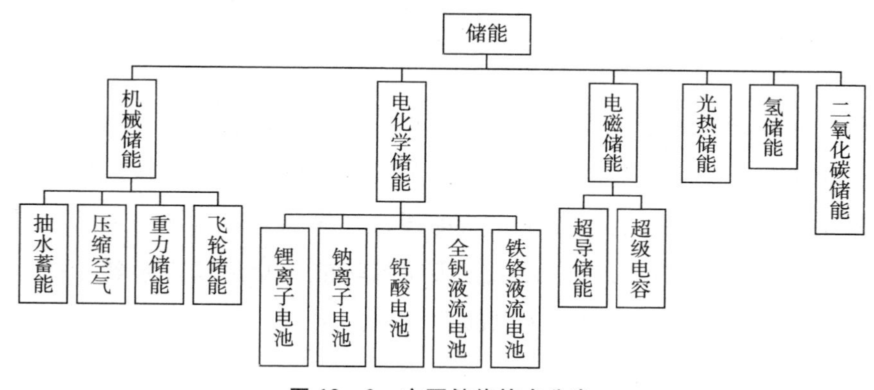

图 13－3　主要储能技术分类

资料来源：中能智库。

（一）机械储能

1. 抽水蓄能

抽水蓄能是目前应用最广、技术最为成熟的大规模储能技术，具有储能容量大、功率大、成本低、效率高等优点。抽水蓄能系统的基本组成包括两处位于不同海拔高度的水库、水泵、水轮机以及输水系统等。当电力需求低时，利用电能将下水库的水抽至上水库，将电能转化成势能存储；当电力需求高时，可释放上水库的水，使之返回下水库以推动水轮机发电，进而实现势能与电能间的转换。

2. 压缩空气储能

压缩空气储能是一种基于燃气轮机发展而产生的储能技术，以压缩空气的方式储存能量。当电力富余时，利用电力驱动压缩机，将空气压缩并存储于腔室中；当需要电力时，释放腔室中的高压空气以驱动发电机产生电能。

3. 重力储能

重力储能是一种机械储能，通过电力将重物提升至高处，以增加其重力势能完成储能过程，通过重物下落过程将重力势能转化为动能，进而转化为电能。国内外针对重力储能进一步提出了水质型和固体重物型两大类重力储能技术路线。

4. 飞轮储能

飞轮储能装置是一个机电系统，可将电能转化为旋转动能进行存储，主要由电机、轴承、电力电子组件、旋转体和外壳构成。储能时，电动机带动飞轮转动，电能转为飞轮的动能；释放能量时，同一电动机可充当发电机，将动能转为电能释出。飞轮系统的总能量取决于转子的尺寸和转动速度，额定功率取决于电动发电机。

（二）电化学储能

1. 锂离子电池

锂离子电池主要包括三元电池和磷酸铁锂电池，在储能领域中，成本低、安全性高、使用寿命长的磷酸铁锂电池的应用更广泛，三元电池一般应用于新能源汽车领域。锂离子电池储能系统主要由电池组、储能变流器（PCS）、电池管理系统（BMS）、能量管理系统（EMS）以及其他电气设备组成。电池是其中成本最高、技术门槛最高的部分，是整个锂离子电池储能系统的核心。

2. 钠离子电池

钠离子电池工作原理与锂离子电池相同。钠离子电池采用“摇椅式充放电”原理，即利用钠离子（Na^+）在正负极材料之间的可逆脱嵌实现充放电。充电时，Na^+在电势差的驱动下从正极脱出，经过电解质传输嵌入负极，实现电量储存，放电过程正好相反。钠离子电池虽然在能量密度等方面与磷酸铁锂电池还有一定差距，但是在高低温性能、安全性、成本等方面具备显著优势。

3. 铅酸电池

铅酸电池属于典型的二次电源，采用一种电解质溶液且正负极电极间的电化学反应可逆。从电池结构来看，铅酸电池包括正负极板、电解液、隔离板、电池槽和其他相关零部件等，正负极板都是由板栅和涂覆的活性物质组成，正极为红棕色二氧化铅，负极则是海绵状灰色铅，隔离板一般采用多孔结构的玻璃纤维，电解液采用稀硫酸。

4. 全钒液流电池

液流电池，也被称为氧化还原液流电池，是一种基于液体的可充电电池。在传统电池中，电解质是电子可以在阴极和阳极之间穿行的媒介；在液流电池中，阳极和阴极本身就是电解质溶液。全钒液流电池是目前最成熟的液流电池技术，通过钒离子价态的相互转换实现能量的存储和释放，其电解液中的活性物质为钒离子。

5. 铁铬液流电池

液流电池具有多重技术路线，铁铬液流电池技术较为成熟且电解液成本更低。根据活性物质种类，液流电池可以分为全钒、锌溴、多硫化钠溴、铁铬等多种技术路线。铁铬液流电池目前技术较为成熟，且电解液资源的可获取性和制备成本相较于全钒液流电池具备显著优势，从发电成本来比较，铁铬液流电池度电成本仅为 0.4 元/度，低于全钒液流电池的 0.8 ~ 1.3 元/度。

（三）电磁储能

1. 超导储能

超导储能是指将电流导入环形电感线圈，由于该环形电感线圈由超导材料制成，因此电流在线圈内可以无损失地不断循环，直到导出为止，进而达到储能的目的。

2. 超级电容

超级电容基于多孔炭电极/电解液界面的双电层电容，或者基于金属氧化物或导电聚合物表面快速、可逆的法拉第反应产生的准电容来实现能量的储存。

（四）光热储能

光热发电是指将太阳的直接辐射能聚集在吸热器上，加热吸热器中的传热介质，然后产生高温高压蒸汽，驱动汽轮发电机组做功，输出电能。光热电站包括太阳能集热、储热、热功转换、发电四个模块，其工作原理是将低密度的太阳辐射能通过集热器聚焦之后转换为高密度太阳辐射能，加热吸热器中的传热工质到一定温度，熔盐在换热装置中加热水工质产生高温高压蒸汽，推动热力发电机组发电。

（五）氢储能

氢储能技术是利用电力和氢能的互变性而发展起来的。氢储能既可以储电，又可以储氢及其衍生物（如氨气、甲醇）。狭义的氢储能是基于“电—氢—电”（Power-to-Power，P2P）的转换过程，主要包含电解槽、储氢罐和燃料电池等装置。利用低谷期富余的新能源电能进行电解水制氢，储存起来或供下游产业使用；在用电高峰期时，储存起来的氢能可利用燃料电池进行发电并入公共电网。广义的氢储能强调“电—氢”单向转换，以气态、液态或固态等形式存储氢气（Power-to-Gas，P2G），或者转化为甲醇和氨气等化学衍生物（Power-to-X，P2X）进行更安全的储存。

（六）二氧化碳储能

二氧化碳储能是在压缩空气储能和 Brayton 循环的基础上提出的，以二氧化碳作为储能系统工作介质，通过多级绝热压缩、等压加热、多级绝热膨胀和等压冷却等过程实现。由于二氧化碳工质的特殊性，因此系统为封闭式循环，系统设备和参数设置也和压缩空气储能有较大差异。

第十四章　负碳技术

负碳技术主要包括 CCUS 和碳汇相关技术，是实现碳中和的重要技术路径，虽然目前存在经济性不足的问题，但是在无法实现零碳排放的领域，负碳技术是实现净零排放的“托底”手段。

第一节　碳捕集、利用与封存技术

CCUS 按技术流程分为捕集、输送、利用与封存等环节（见图 14－1），当前从捕集到利用再到封存各个产业链条的新技术不断涌现，技术种类也不断增多并日趋完善。形成的二氧化碳捕集技术覆盖了主要的碳排放源类型，二氧化碳利用与封存技术在煤炭、油气、电力、化工和建材等行业都有工程实践。丰富的 CCUS 技术选项对形成具有可观经济社会效益的新业态、促进 CCUS 可持续发展产生了重要和积极的影响。

一　碳捕集技术

碳捕集是指将电力、钢铁、化工、水泥等行业利用化石能源过程中产生的二氧化碳进行分离和富集的过程，可分为燃烧前捕集、燃烧后捕集和富氧燃烧捕集。工业烟气中二氧化碳纯度较低，例如燃煤电厂的烟道气中，二氧化碳体积百分比大约为 12%。为了对二氧化碳进行后续加工处理，必须将其中混有的其他气体分离出去，使二氧化碳的浓度达到

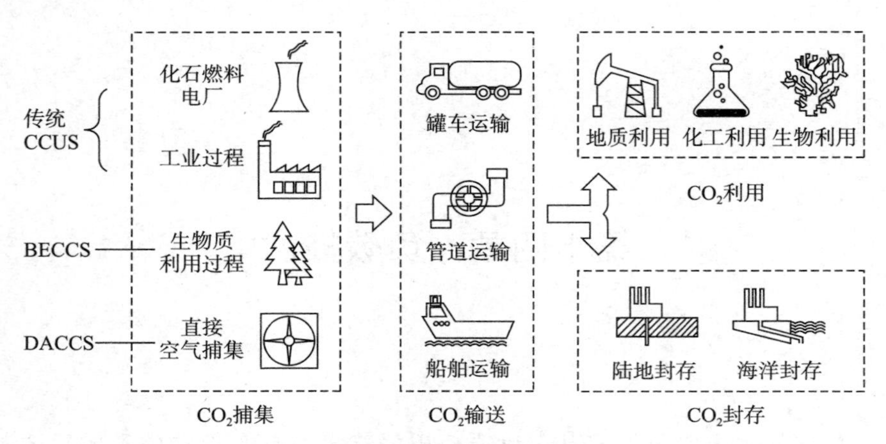

图 14－1　CCUS 技术流程

资料来源：中国 21 世纪议程管理中心、中能智库。

95% 以上，这就是二氧化碳的捕集过程。二氧化碳捕集技术已在发电厂、化工厂等工业生产中得到应用，但仍存在成本高、能耗高等问题，因此研究热点在于新型吸收剂和吸收体系的开发。

（一）燃烧前捕集技术

燃烧前捕集技术主要是指从燃料中分离二氧化碳和氢气。对于含碳燃料，通过燃烧前脱碳就可以在一开始减少二氧化碳排放。这一技术一般将煤炭气化，再转化成氢气和二氧化碳，然后经过吸收法、吸附法等技术去除二氧化碳，其主要流程如图 14－2 所示。这一技术的核心在于水煤气发生装置，通常会加入催化剂使反应更加顺利。在空气分离装置中，近年来液化天然气技术的成熟为其中的空气压缩模块提供了便捷，大大降低了能耗。膜分离的方法也被应用于二氧化碳分离装置中，实现二氧化碳截留。

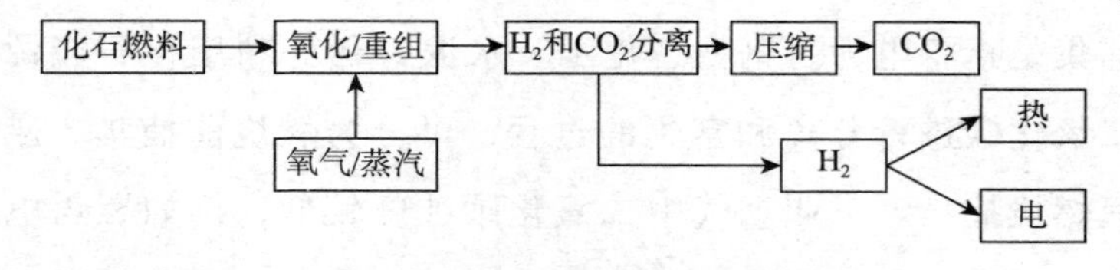

图 14－2　燃烧前碳捕集流程

资料来源：CNKI、中能智库。

燃烧前捕集技术通过碳氢分离，既提供清洁燃料氢气，又妥善处置二氧化碳，目前发展较成熟，已被部分规划中的IGCC技术环节采用。但其流程多，运行成本较高，且只能用于新建发电厂，有一定局限。

（二）燃烧后捕集技术

燃烧后捕集技术是指一次燃料燃烧产生烟道气中的二氧化碳被分离出来的技术。燃烧后捕集技术的分支较多，主要分为吸收法、吸附法、膜分离法、低温蒸馏法等，详细类别如表14－1所示。化学吸收法是目前应用最广泛、最成熟的燃烧后捕集工艺，该方法利用有机胺等碱性吸收剂与二氧化碳发生化学反应形成不稳定的盐类，而后在加热或减压的条件下逆向分解释放二氧化碳，并使用吸收剂从烟气中分离出二氧化碳。吸附法的核心在于固体吸附剂，活性炭纤维、沸石分子筛因其优异的吸附能力得到广泛关注，但经济性及实际应用中的选择性还有待提升。低温蒸馏法能够直接分离出高浓度的二氧化碳，且操作成本低，但对设备要求较高，需要新方法。膜分离法利用二氧化碳与待分离气体分子在膜内透过速率的差异实现分离，可以显著降低分离二氧化碳过程的能耗，但目前仍未达到工业化应用水平，对膜材料的进一步研究是重点内容。膜溶剂气体吸收法是将膜分离技术与气体吸收技术集成的新技术，融合了二者高选择性和结构紧凑的优点，但二者的兼容性仍是影响稳定性的因素。燃烧后捕集技术的优势在于可直接改造机组来安装捕捉设备、适应性较好，缺点在于设备体积较大、对化学溶剂的消耗大、后续处理麻烦。

表14－1　二氧化碳燃烧后捕集工艺

捕集工艺	具体方法
吸收法	化学吸收法
	物理吸收法
	物理化学溶剂吸收法

续表

捕集工艺	具体方法
吸附法	变温吸附法
	变压吸附法
	真空吸附法
低温蒸馏法	多级压缩
	冷却
膜分离法	有机聚合物膜分离
	无机膜材料分离
	混合基质膜分离
膜溶剂气体吸收法	气体膜分离与气体吸收相结合

资料来源：中国知网，中能智库整理。

（三）富氧燃烧捕集技术

富氧燃烧捕集技术是指在燃烧过程中通入不含氮气的纯氧，生成以水汽和二氧化碳为主的烟气，二氧化碳体积浓度可达85%以上，便于后续的封存。富氧燃烧捕集具有非常大的发展前景，由于燃烧过程中没有氮气的参加，其燃烧温度更高，且只产生微量的氮氧化物，因而整个碳捕集过程能耗较低。但是富氧燃烧捕集核心是制氧过程，常采用低温分离和膜分离技术，制氧过程费用很高。国内高校近年来开展了相关技术的研究，在试验阶段均取得了不错的效果，但应用到工厂生产中仍需进一步观察。

二　碳运输技术

碳运输作为CCUS技术中的一环，对于大规模CCUS工程的开展至关重要。目前二氧化碳运输主要包括管道运输、公路罐车运输、铁路罐车运输和船舶运输4种方式，其中管道运输因其运输量大、运输距离远等优点，现已成为最重要的碳运输方式（见表14－2）。

表 14-2 二氧化碳运输方式比较

运输方式		优点	缺点	适用条件
罐车运输	公路	适用于小规模、近距离、目的地较分散的场合	需要考虑 CO_2 的蒸发与泄漏	运输量较小的 CO_2 运输，如食品级 CO_2 运输
	铁路	运输量较大、距离较远、可靠性较高	运输调度和管理复杂、受铁路线路的限制	运输量大、运输距离远且管道运输体系还未建成时
管道运输		最广泛的大规模运输方式	管道建造成本高	大规模、长距离，负荷稳定的定向 CO_2 输送
船舶运输		运输方向灵活、运输距离远；成本同管道运输相当，甚至低于海底管道	需要考虑 CO_2 的蒸发与泄漏	远距离、大规模 CO_2 运输，如果 CO_2 排放源与封存地有水路相通的话，适宜采用船舶运输

资料来源：中国知网，中能智库整理。

（一）管道运输

根据运输二氧化碳介质的不同相态，管道运输可分为气态运输、一般液态运输、密相运输和超临界运输四种方式。其中，气态运输对管道材质和耐压等级要求均不高，但固定时间内运输总量偏小，经济性不强；一般液态运输由于温度要求高、运输压力低，因此运输量小，应用并不广泛；密相运输需要一直保持运输流体处于密相状态，使运输压力高于临界压力，并且温度不能过高，一般多和驱油技术配合使用；超临界二氧化碳具有黏度小、密度大等特点，并且其余气体对管输的压降和温降影响很小，因此实际中超临界运输的应用较为广泛。

对于大规模二氧化碳的运输，管道运输是一种廉价的方式。如果在100～500km 范围内每年运输 1～5Mt 二氧化碳或者在 500～2000km 范围内每年运输 5～20Mt 二氧化碳，将在经济上形成规模效益。未来 40 年中 CCUS 的需求规模决定了管道运输将是最主要的二氧化碳运输方式。然而，在 CCUS 技术从示范到商业化的漫长历程中，为确定管道网络和常规运载工具将如何发展而进行的大量工作尚待完成。在世界的很多地区，只有弄清埋存地分布之后，管道运输网络的规划才能进入实质性阶段。

（二）其他输送

近年来船舶运输与增压罐车运输的兴起，为碳运输提供新思路。汽车槽车不受运输距离和运输地点的限制，但一次运输量较小，且由于一般运输的是液态二氧化碳，容易受外部环境影响，吸热蒸发造成内部压力增大，因此安全隐患较大；相较之下，铁路运输容量较大且经济性较好，但其依赖于现有的铁路设施，而且同样只能运输单一的液态相态的二氧化碳；船舶运输对河流和海洋的依赖性强，并且对二氧化碳存储设施要求高，且一般需要进行二次转运，但其与二氧化碳的海上封存和海上驱油技术的联系使得其具有一定的开发潜力。

三　碳利用技术

二氧化碳利用技术可以将二氧化碳应用到工厂实际生产中，实现变废为宝。目前二氧化碳的利用技术如表 14 - 3 所示，可分为化工利用、生物利用、地质利用和物理利用四大类。其中，化工利用主要集中在以二氧化碳为原料进行化学品的制备上，生物利用集中在微藻固定二氧化碳进行转化上，地质利用集中在用二氧化碳来驱动汽、油等的开采上，物理利用集中在二氧化碳的基本物理特性应用上。目前这些技术已在实际生产中得到应用，各类示范工程不断建成。

表 14 - 3　二氧化碳利用技术

二氧化碳利用技术	具体方法
化工利用	重整制备合成气
	制备液体燃料
	合成甲醇、有机碳酸酯等
	制备烯烃
	光电催化转化
	钢渣矿化利用、石膏矿化利用
	低品位矿加工联合矿化

续表

二氧化碳利用技术	具体方法
生物利用	转化为食品和饲料
	转化为生物肥料
	微藻生物利用
	转化为化学品和生物燃料
	气肥利用
地质利用	强化石油、天然气、深部咸水等开采
	采热利用
	地浸采矿
	置换水合物
	驱替煤层气
物理利用	制备饮料
	冷藏运输
	焊接保护气

资料来源：中国知网，中能智库整理。

（一）CO_2 - EOR 技术

二氧化碳驱油封存技术（CO_2 - EOR）是当前最受关注的二氧化碳利用技术之一。它的原理是利用高压把超临界/密相二氧化碳注入储油层，用二氧化碳来驱动原油流向生产井，以此提高原油采收率。CO_2 - EOR 技术主要包含二氧化碳混相驱油、二氧化碳非混相驱油、二氧化碳吞吐技术。在提高采收率的同时，CO_2 - EOR 技术还能封存部分二氧化碳，实现经济效益和环境效益双丰收。因此，这一技术在 CCUS 技术中所占地位尤其重要。国际上 CO_2 - EOR 技术已发展到比较成熟的地步，我国则结合本国国情发展和形成了自己的关键技术。但由于我国碳市场尚不成熟、气源供给体系不健全等，二氧化碳换油率高、采收率低。当前我国仍处于工业化试验阶段，存在规模不大、资源不匹配、技术不完善等问题。

（二）化工利用技术

二氧化碳化学利用以化学转化为主要手段，将二氧化碳和共反应物转化成目标产物，实现二氧化碳资源化利用。例如，二氧化碳与甲烷在催化剂作用下重整制备合成气，可用于生产多种高附加值的化工产品；以氢气和二氧化碳为原料，在一定温度、压力下，通过不同催化剂作用，可合成不同的醇类、醚类及有机酸等；在高温熔盐体系下，通过调控二氧化碳反应途径和采用不同电极材料和催化剂，能够实现碳纳米管、石墨烯等材料的制备。由于二氧化碳是一种惰性气体，需要大量能量才能使其发生化学反应，这意味着转化成本较高，克服这个问题就需找到转换二氧化碳的低能耗方法。

（三）生物利用技术

二氧化碳生物利用是指利用部分植物和藻类的光合作用来吸收二氧化碳，并产出具有经济价值的产品。生物利用以生物转化为主要手段，将二氧化碳用于生物质合成，对二氧化碳的浓度要求较高、实施成本较高，但单吨二氧化碳产出效益也相对较高。目前微藻固碳技术是被广泛关注的方法，主要以微藻固定二氧化碳转化为液体燃料、化学品、生物肥料、食品和饲料添加剂等。二氧化碳气肥技术是指将从能源和工业生产过程中捕集的二氧化碳调节到一定浓度注入温室，来提升作物光合作用速率，以提高作物产量。此外，受天然生物固碳的启发，解析天然生物固碳酶的催化作用机理，融合各类技术，目前已创建了全新的人工固碳酶和固碳途径。

四　碳封存技术

封存是指将捕集的二氧化碳压缩到地下空间中，以防止其释放到大气中，可分为地质封存、矿物质碳化封存和海洋封存，其中地质封存又分为枯竭油气藏封存、深部咸水层封存和煤层封存（见表 14－4）。枯竭油气藏封存进展较快，在封存二氧化碳的同时还提升了原油等的产出率；

深部咸水层封存尽管潜力大，但因为封存较深，现有技术无法进行长期有效监测，无法预判其生态影响；煤层封存可以置换出煤层中的甲烷，增加煤层气采收率，但二氧化碳的溶胀反应会引起煤层空隙变小，因此封存能力有限。矿物质碳化封存能够将二氧化碳固定在稳定的物质中，其中含有钙镁元素的矿物能将其转化为固体碳酸盐，具有一定的经济效益，现阶段研究中将自然界富含钙镁离子的岩石作为重点研究对象。海洋封存技术同样具有很大潜力，缺点是注入深海中引起的反应很难监测。

表 14－4　二氧化碳封存方式

主要封存方式		具体技术措施	优势
地质封存	枯竭油气藏封存	驱动原油	提高原油产出率
	深部咸水层封存	注入深部咸水层	潜力大
	煤层封存	注入煤层	驱替甲烷，煤气层利用
矿物质碳化封存		碳化反应吸收	废料二次利用
海洋封存		输送到深海	潜力大

资料来源：中国知网，中能智库整理。

第二节　碳汇技术

一　陆地碳汇

（一）森林碳汇

森林可以通过其自身的光合作用，将大气中的二氧化碳储存起来。吸收进来的二氧化碳一部分随着植被的呼吸、植被的死亡、人工砍伐等释放出去，剩余的部分可以被固定在植被和土壤中，形成碳汇。森林碳汇途径主要分为乔木林、竹林和国家特别规定的灌木林地。

（二）草地碳汇

草地碳汇主要是指将吸收的二氧化碳固定在地下的土壤当中。草原作为我国重要的生态系统和自然资源，具有庞大的碳储量和强大的碳汇功能，对碳达峰碳中和意义重大。

（三）土壤碳汇

土壤主要包括农用地和森林土壤，森林土壤是一种特殊的碳汇渠道。土壤中的碳最初来自植物通过光合作用固定的二氧化碳，在形成有机质后通过根系分泌物、死根系或者枯枝落叶的形式进入土壤层，形成土壤碳汇。

（四）湿地碳汇

湿地兼有水陆生态系统的属性。湿地植物通过光合作用吸收大气中的二氧化碳，并将其转化为有机质；湿地土壤因长期处于水分过饱和状态而具有厌氧的特性，土壤中微生物以嫌气菌类为主，活动相对较弱，植物死亡后的残体经腐殖化作用和泥炭化作用形成腐殖质和泥炭，由于不能充分分解，经长年累积逐渐形成富含有机质的湿地土壤。

二　海洋碳汇

（一）海滨湿地生态系统增汇技术

海岸带生态系统相比于陆地生态系统的优势在于其具有极高的固碳速率（单位面积的碳埋藏速率是陆地森林系统的几十倍到上千倍）以及长期持续的固碳能力（百年至万年）。

1. 红树林碳汇

红树林生长在热带和亚热带低能海岸潮间带上部，受周期性潮水浸淹，形成以红树植物为主体的常绿灌木和乔木组成的潮滩湿地木本生物群落。红树林固碳量约占全球热带陆地森林生态系统固碳量的3%，约占全球海洋生态系统固碳量的14%，在全球碳循环中起到关键性作用。

2. 盐沼湿地碳汇

盐沼湿地是指分布在河口或海滨浅滩的含有大量盐分的湿地。盐沼植被根冠比值可达1.4～5，有大量的初级生产力（生态系统中植物群落产生的有机物质的总量）所固定的碳被储存在地下生物量中，通过根系周转进入土壤碳库。盐沼湿地具有很高的固碳能力，碳存储量约占全球海洋生态系统固碳量的 14% ~30%。

3. 海草床碳汇

大面积的连片海草成为海草床。海草床是继红树林、珊瑚礁以外的又一个重要、典型的海洋生态系统，其固碳能力略低于红树林，但高于几乎所有其他类型的海洋生态系统，其固碳量约占海洋总固碳量的 18%。

（二）海水养殖区碳汇技术

海水养殖区中固碳效果最佳的海洋生物有浮游植物、海藻、养殖贝类等。我国海水养殖产业发展居世界前列，为国民经济发展提供了重要支撑。基于营养盐调控的人工上升流举措已纳入 IPCC。结合海洋牧场建设，开展海藻养殖区上升流增汇工程，研发养殖区微型生物碳汇，有望在增加近海碳汇的同时，应对大规模养殖所带来的生态环境压力。

（三）海底森林修复技术

我国东南沿海以岩石质、沙质海岸为主体，具备建设海底森林的自然条件。在原有海洋底栖附着植物的基础上，统筹规划整治，加大保护，控制污染流入，增大藻床面积，使海底森林规模化、特色化，实现资源与环境的可持续发展。

（四）海洋缺氧区负排放技术

海洋缺氧是沿海各国和地区所面临的日益严重的生态环境问题，其形成过程与富营养化密切相关，这将严重影响近海生态系统的结构和功能。针对这一问题，我国科学家提出了在厌氧条件下实施有机（生物）和无机（矿物）联合负排放的理论和技术框架，旨在增加碳存储，同时缓解生态环境问题。选择近海典型的缺氧区，基于微型生物碳泵、生物泵和碳酸盐泵原理，建立综合负排放生态工程发展示范区，形成兼具生态系统服务功能和高效负排放的中国方案，是一举两得的生态工程范例。

第十五章　支撑技术

支撑技术对于低碳战略的制定、低碳路径的选择及低碳措施的效益评估具有重要的意义。是实现高效低碳管理必不可少的手段，它将为碳中和目标的实现提供科学指导。本章主要介绍新型电力系统技术、碳排放核算技术及数字化技术。

第一节　新型电力系统技术

构建新型电力系统是加速实现碳达峰碳中和目标的重要举措，为应对高比例新能源消纳、系统高效低碳运行等需求和挑战，需要在发电侧、电网侧、用户侧等关键环节取得一系列技术突破。

一　发电侧

（一）多能互补技术

多能互补技术是指采用多种能源进行相互补充与综合利用，通过利用风、光、水及传统化石能源等不同种类能源间存在的互补特点，实现风光水火储及冷热电集成优化的技术。

多能互补以新能源为主体，针对各风电或光伏场站级并网主体，充分挖掘风电机组、风场集控、光伏发电系统以及光伏电站自身的调控潜力，配置适量的储能，实现场站级电源调节控制能力的提升。在模式上，风光储场站级集成系流包括光伏 + 储能、风电 + 储能、风电 + 光伏 + 储能等，是目前集中式新能源的有效发展方向，也是未来以新能源为主体的新型电力系统的主要构成单元。风光储场站级集成，需要开展风光火（储）、风光水（储）、风光储一体化规划与集成设计研究，解决风储、光储、风光储参与调频、调压、调峰、黑启动等电力服务的容量配调控制、集群效应及优化等问题。

（二）煤电机组灵活性改造技术

煤电机组分为仅发电的纯凝机组和发电与供热联合的供热机组，灵活性改造旨在提高机组的调峰能力、爬坡速度、快速启停能力等。根据现有煤电机组的技术特性，可以形成不同的技术方案。

随着电力系统中煤电机组占比不断降低，煤电机组的功能定位将逐步由以发电为主转为以调节为主，机组的运行目标从追求高效节能转变为注重提升机组的灵活性并兼顾高效节能。煤电机组灵活性改造还需要继续降低机组最小技术负荷、提高爬坡速度和快速启停能力，研究机组常态化深度调峰运行的安全保障、高效率保持和热电解耦技术。

（三）可再生能源发电功率预测技术

维持电力供需平衡是保证电力系统安全稳定运行的关键，其中电力预测技术是制定电力供需平衡计划和调度控制的关键基础。可再生能源规模化发展和新型电力系统的建设对可再生能源发电功率预测技术提出了更高要求。

可再生能源发电功率预测技术包含统计预测模型、物理预测模型及物理统计相结合的模型。面向不同时间尺度、预测对象和应用场景的功率预测技术，是未来需关注的关键技术。为提高功率预测结果的精度和实用性，支持大规模可再生能源开网，可再生能源发电功率预测技术的发展将由单一预测方法转向综合预测方法，结合天气过程数值预测系统与人工智能应用，由日前预测发展至日内多小时滚动预测乃至分钟级预测，由基于历史数据建模发展至概率预测和事件预测。对于光伏发电，还包括基于云团观测的光伏发电功率分钟预测技术等。另外，目前国际标准、国家标准和行业标准中仅有针对可再生能源资源评估的数据要求，缺乏支撑超短期功率预测的实时数据收集标准，因此未来有必要制定相关标准，并在开发和建设风电场及光伏电站时对数据收集提出要求，为可再生能源发电功率预测提供高质量、标准化的数据支撑。

（四）可再生能源主动构网技术

在“双碳”目标下，未来我国光伏发电、风电等新能源发电占比将大幅度提升，而新能源必须通过电力电子换流器等装置并入电网。目前绝大多数新能源的并网换流器控制采用跟网型控制方式，随着电力系统中火电同步发电机组占比逐步下降，在很多情况下没有合适的同步电源可以跟踪，势必会引起电力系统惯量水平急剧降低、系统抗干扰能力降低和稳定特性恶化等严重问题。

在未来以新能源和电力电子装置为基础技术的电力系统中，电网的主动支撑能力需要由主动构网型电力电子换流器来实现。主动构网型换流器电源在电力系统中的应用形态将从分布式可再生能源、微电网向大型新能源电站逐渐演化。针对可再生能源的主动构网及其控制问题，未来需重点突破主动构网型换流器控制策略及其电网交互技术、规模化构网型换流器集群控制技术等，提高主动构网型换流器电源在区域自主同步电力系统中的发电占比，从而保障电力系统一定量的惯量、频率/电压调节水平，进而保障高比例可再生能源新型电力系统的安全稳定运行。

二 电网侧

（一）柔性交流与直流控制技术

柔性交流输电技术是综合电力电子技术、微处理和微电子技术、通信技术及控制技术而形成的用于灵活快速控制交流输电的新技术，它能够增强交流电网的稳定性并降低电力传输的成本。柔性直流输电技术是以电压源换流器为核心的新一代直流输电技术，具有响应速度快、可控性好、运行方式灵活等特点，适用于可再生能源并网、分布式发电并网、孤岛供电等。

新型电力系统背景下，电网全面柔性化发展，常规直流柔性化改造、柔性交直流输电、直流组网等新型输电技术广泛应用。为了适应电网柔性化需求，在输电技术装备领域重点推动高电压大容量柔性直流和柔性交流输电技术应用研究，重点研发全新能源输送的特高压柔性直流技术、多端特高压柔性直流技术、高可靠性低能耗新型变压器研制技术、低能耗断路器及输电线路研制技术等。远期进一步突破低频输电、超导直流输电等新型技术，支撑远期全新形态的电力系统全面建成。

（二）智能电网

智能电网就是以特高压电网为骨干网架、各级电网协调发展的坚强网架为基础，以通信信息平台为支撑，具有信息化、自动化、互动化特征，包含电力系统的发电、输电、变电、配电、用电和调度，覆盖所有电压等级，实现“电力流、信息流、业务流”的高度一体化融合的现代电网。从我国整体来看，清洁能源资源集中分布在西部，用能主体集中分布在中东部，大规模清洁能源传输和利用需要强大的输配电技术支撑。智能电网的关键技术包括集成通信、传感与测量、高级电力设备、高级控制方法、决策支持。以数字化、智能化带动能源结构转型升级，研发大规模可再生能源并网、分布式电源友好并网、源网荷双向互动及电网安全高效运行技术，也是新型电力系统的重要组成部分。表 15 - 1 为具体的智能电网技术种类。

表 15 - 1　智能电网技术种类

技术环节	技术内容
新能源发电并网及主动支撑技术	无常规电源支撑的新能源直流外送基地主动支撑技术
	新能源孤岛直流接入的先进协调控制技术
	新能源发电参与电网频率/电压/惯量调节的主动支撑控制、自同步控制、宽频带振荡抑制

续表

技术环节	技术内容
大容量远海风电友好送出技术	大容量海上风电机组的全工况模拟及并网试验技术
	远海风电全直流以及低频输电系统设计技术
	远海风电柔性直流接入关键技术、装备及运维技术
	大容量直流海缆与附件材料设计及制造技术
电力系统仿真分析及安全高效运行技术	电力电子设备/集群精细化建模与高效仿真技术
	大规模和高精度的交直流混联电网仿真技术
	直流电网系统运行关键技术
	广域协调安全稳定控制技术
	高比例新能源和高比例电力电子装备接入电网稳定运行控制技术
交直流混合配电网灵活规划运行技术	源网荷储精准匹配、整流逆变合理布局的新型配电网规划技术
	多端差动保护、区域故障快速处理等装置及直流配用电装备
	中低压配电网源网荷储组网协同运行控制及市场运营关键技术
新型直流输电装备技术	交直流协调控制快速保护以及多馈入直流系统换相失败综合防治技术
	新型换流器、新型直流断路器、DC/DC 变换器、直流故障限流器、直流潮流控制器、有源滤波器、可控消能装置
源网荷储一体化技术	场站级高电压穿越和次同步振荡抑制技术
电网智能调度运行控制与智能运维技术	基于卫星及设备 GIS 的多源信息电网灾害监测预警、输电线路及设施无人机一键巡检、基于物联网的高效精益化运维以及单相接地故障准确研判等技术与装备
	全景全息感知与智能决策、电网故障高效协同处置、现货市场支撑、新能源预测与控制、源网荷储协同的低碳调度、基于调控云的调度管理等技术
	新一代调度技术支持系统

资料来源：《“十四五”能源领域科技创新规划》，中能智库整理。

三　用户侧

（一）分布式资源高效集成的交直流混合配电技术

可再生能源、电动汽车等分布式资源常规并网方式存在电力电子设备及其变换环节多、效率和可靠性低等问题，且互联设备电压差异大，限制了分布式资源的灵活集成和高效互动。交直流配电赋予分布式资源灵活可控的多样化互联网架构，该结构有利于增强系统连通性，并可减少变换环节，提高能源转换效率，支撑更大时空范围内的能源互补消纳和高效互动。因而需要构建源网荷储交直流互联的新一代配电网络，突破多端交直流复杂网络交互振荡稳定性分析技术、系统阻尼协同提升与高弹性控制技术、模型/数据融合驱动的交直流主动均衡与柔性互动技术等，实现新型电力系统配/用电侧分布式资源的高效集成与互动。

（二）支撑源网荷储互动的虚拟电厂技术

虚拟电厂是一种新型电源协调管理系统，通过信息技术和软件系统，实现分布式电源、储能、可调负荷等多种分布式资源的聚合和协同优化。虚拟电厂既可以作为“正电厂”向系统供电调峰，又可作为“负电厂”加大负荷消纳配合系统填谷。在电网运行方式向源网荷储灵活互动转型和结构向清洁低碳转型的背景下，大力发展虚拟电厂对促进电网供需平衡，实现分布式能源低成本并网，充分消纳清洁能源发电量，推动绿色能源转型具有重大的现实意义。虚拟电厂的核心竞争力在于技术和资源的运用，本质是通过协调控制技术、智能计量技术和信息通信技术将各类分布式发电设备与储能设施结合，对电力负荷进行协调和控制，聚合资源越多，调节能力就越强。

第二节　碳排放核算技术

碳核算是实现碳达峰与碳中和所有工作的基础。碳排放的核算，需要实现碳排放数据标准的统一与碳排放数据质量的控制。此外，碳核算也有助于从源头研究开发减排路径、量化评估减排效果。

一　IPCC 国家温室气体清单指南

《IPCC 国家温室气体清单指南》（简称《IPCC 指南》）由政府间气

候变化专门委员会（IPCC）制定，是属于国家层面的核算指南，是可以针对国家、企业、项目等不同核算对象的温室气体排放量进行核算的标准和编制温室气体清单的指南。它是当前适用性比较广泛的标准，世界各国在制定本国的温室气体核算体系时大多以《IPCC 指南》为准，对各国制定减缓温室气体排放政策和应对气候变化行动有较大的贡献，目前通用的是2006 年版本，2019 年编制出版了《2019 年精细化2006 年 IPCC 国家温室气体清单指南》。《IPCC 指南》由五卷组成，清单中涵盖二氧化碳、甲烷、氧化亚氮、氢氟烃、全氟碳等导致温室效应的气体。第一卷是其他卷的综合指导的综述，给出了总体的清单编制步骤，包括从初始的数据收集到最终的报告，并为每个步骤所需的质量要求提供了指导意见，属于一般性指导意见。第二卷至第五卷则属于详细指导，分别对应四个不同经济部门清单编制工作，包括能源、工业、农业土地利用、废弃物。第一卷与其他几卷形成交叉参照、互为补充的关系。

二　ISO 14064 与 ISO 14067

ISO 14064 与 ISO 14067 由国际标准化组织（ISO）制定，属于非强制性标准，ISO 14064 适用于碳排放核算，ISO 14067 适用于产品碳足迹的核算。ISO 14064 由三部分组成，包括《ISO 14064 -1：温室气体第一部分组织层次上对温室气体排放和清除的量化和报告的规范及指南》《ISO 14064 -2：温室气体第二部分项目层次上对温室气体减排和清除增加的量化、监测和报告的规范及指南》《ISO 14064 -3：温室气体第三部分温室气体声明审定与核查的规范及指南》。ISO 14064 目的在于降低温室气体的排放，促进温室气体的计量、监控、报告和验证的标准化，提高温室气体报告结果的可信度与一致性。通过使用该标准化的方法组织可明确自身的减排责任和风险，以及帮助组织进行减排计划与行动的设计、研究和实施。《ISO 14067：温室气体产品碳足迹量化和信息交流的要求和指南》是关于产品层面的标准，它由两部分组成，分别是产品碳足迹的量化和产品碳足迹的信息交流。编制该标准的目的是通过全生命周期评价的方法去量化一个产品在整个生命周期的温室气体排放量，并基于标准化结果进行信息交流。

三　国内温室气体核算体系

省级层面上，国家发展改革委气候司组织多个单位的多位专家在编制国家温室气体清单工作的基础上，参考《IPCC 指南》相关核算方法理论，编制出《省级温室气体清单编制指南》，并在广东、湖北、天津等七个省市进行试点编制。《省级温室气体清单编制指南》与其他国际上的温室气体清单编制指南相比更适合我国进行区域温室气体清单编制工作时使用，主要表现在该指南对于温室气体核算所使用的碳排放因子与《IPCC 指南》中推荐的缺省排放因子不同。《省级温室气体清单编制指南》中给出的碳排放因子是针对我国国情进行修改的，更加符合我国能源消耗结构具体情况。

企业层面上，2013 年，国家发展改革委出台了首批十个行业的企业温室气体排放核算方法与报告指南，并开始试行，之后又于 2014 年尾以及 2015 年中分别出台了第二批总共四个行业和第三批总共十个行业的企业温室气体排放核算方法与报告指南。碳达峰碳中和目标提出后，我国更加重视碳核算体系建设。2021 年 12 月，生态环境部对 2020 年 12 月发布的《企业温室气体排放核算方法与报告指南发电设施（征求意见稿）》进行修订，并于 2022 年 12 月正式发布《企业温室气体排放核算与报告指南发电设施》《企业温室气体排放核查技术指南发电设施》，解决我国此前的碳核算技术参数链条过长等问题，规范全国碳排放权交易市场发电行业重点排放单位的温室气体排放核算与报告工作。

碳核算为各行业减排战略制定提供数据支撑，但现行各层面碳核算方法仍欠缺精度。一是行业碳排放核算方法问题。当前行业碳排放核算方法基于能源品种或行业水平，计算指标总量与碳排放因子的乘积，受总量统计与碳排放因子测算误差传递影响，难以精确衡量行业碳排放。《国家温室气体清单指南》修订后，碳核算边界进一步明确，基于该清单的碳核算行业方法亟待完善。二是企业碳排放核算标准问题。当前企业主要基于 ISO 14064 标准开展精确碳核查，无法覆盖原料等产品全生命周期的碳排放，造成“碳泄漏”。基于 ISO 14067 的碳足迹核算标准及其精确核算方法亟待推广与研究。为此，我国碳核算技术层面上应加强高精度温室气体排放因子研究与标准参考数据库建设，加强先进碳排放测量和计量方法应用，开发企业、园区、城市和重点行业等层面碳排放核算和测量技术，研究直接排放、间接排放和全生命周期排放的标准与适用范围。

第三节　数字化技术

数字化技术能够为经济社会绿色发展提供网络化、数字化、智能化的技术手段，赋能构建清洁低碳安全高效的能源体系，助力产业升级和结构优化，促进生产生活方式绿色变革，推动社会总体能耗的降低。

一　数字化助力能源低碳化转型

云计算、大数据、物联网、移动互联网、人工智能、区块链等新一代数字化技术与现代能源体系的构建相融合，构建数字化能源系统，加速推进能量流、物质流与信息流的融合，实现系统优化，推动以绿色、数字化、高质量为核心的能源领域创新发展。

（一）能源互联网技术

能源互联网是以电为核心，利用可再生能源发电技术、信息技术，融合电力网络、天然气网络、供热和供冷网络等多能源网以及电气交通网形成的异质能源互联共享网络。能源互联网将改变原有能源系统“条块分割”的状况，把电、热、冷、气等多种能源形式在生产、输送、存储、消费等各个环节耦合起来。建设能源互联网是加速推进能源系统深度脱碳化进程的重要措施，能够从各方面提高整个能源体系的运作效率，实现整个能源网络的互联化、数字化和智能化协同，实现电力生产运维和能源利用效率的最大化，从而达到节能减排的目的。

能源互联网的体系由下至上可以分为能源层、网络层和应用层（见图 15－1）。其中，能源层主要是进行能源的生产、转换、传输和利用，包括化石燃料的发电、清洁可再生能源的多能转化、电力利用等；网络层主要是通过广域布局的智能传感进行能源相关数据的采集和传输，利用互联网技术，实时获取海量数据；应用层主要是利用大数据、云计算、人工智能等技术进行能量信息的数据共享，主要包括能源设备的运行状态和各能源系统的运转状况等。结合能源互联网的体系与流程，以及最新技术动态，纵向上，能源互联网的技术体系分为多能融合能源网络技术、信息物理能源系统技术、能源运营技术等；横向上，能源互联网的技术体系分为能源生产与转换技术、能源传输技术、能源消费技术、能

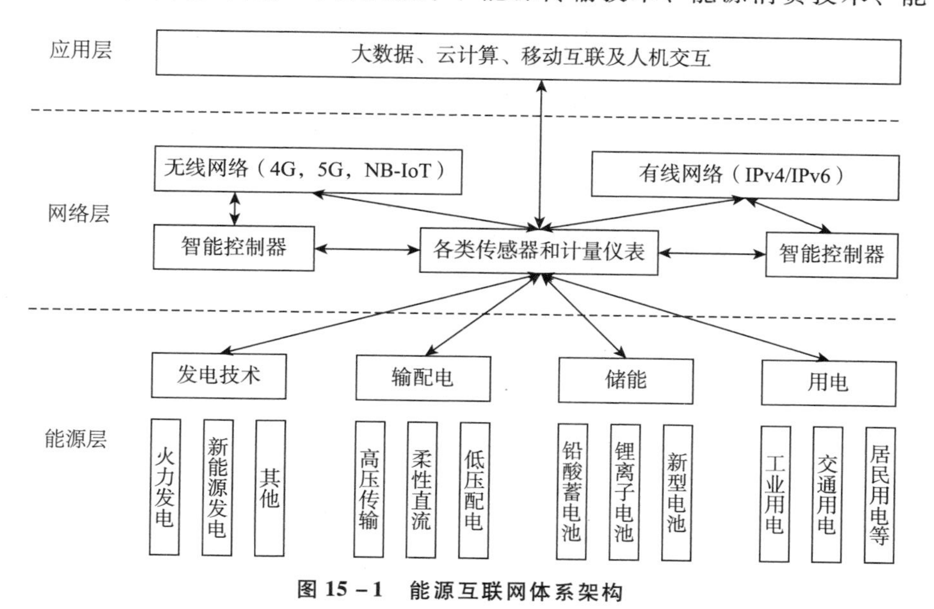

图 15－1　能源互联网体系架构

资料来源：中国信息通信研究院，中能智库。

源存储技术（见表 15 - 2）。

能源生产与转换环节，能源互联网实现多种能源网络的互联互补，增强新能源的消纳能力，加快推进能源开发清洁替代，实现能源生产清洁主导及能源电力发展与碳脱钩。能源传输环节，能源互联网提升能源传输效率，实现能源生产、负荷中心的互联，多能流互补控制技术有助于能源网耦合的协调优化与安全控制，提升能效。碳达峰碳中和目标下，电网形态将从“源随荷动”向“源网荷储协同互动”转型，配电网分布式能源的聚合和协调优化催生了基于先进通信技术的虚拟电厂技术。能源消费环节，结合云端与大数据等信息技术，支持能量的端对端分销、设备间多能互补，实现能源消费电能替代，降低碳排放。

表 15 - 2　能源互联网技术

技术环节	技术类型	具体技术
能源生产与转换	能源	能源捕获与转换技术
		能源接入友好技术
	多能融合	热电联供技术
	源荷交互	虚拟电厂技术
能源传输	智能电网技术	详见表 15 - 1
	多能流互补	柔性接入端口
		能源路由器
		多向能源自动配置技术
		能量携带信息技术
	多能流控制	神经网络控制技术
		预测控制技术
		电网自愈自动控制技术
		互联网远程控制技术
		模糊控制技术
		接入端口控制技术

续表

技术环节	技术类型	具体技术
能源消费	信息技术	区块链技术
		信息交互自动感知技术
		通用信息接口技术
		能源计量技术
		互联网营销技术
		云存储、云计算技术
		互联网金融技术
	用能终端	港口岸电技术
		新能源汽车技术
		智能建筑技术
能源存储	储能	储电、储氢、储热等储能技术

资料来源：中国知网，中能智库整理。

（二）数字化赋能新型电力系统

1. 电源侧

数字化技术将助力新能源发电与传统火电机组的高效运行，依托数字孪生电厂建设与智慧能量管理，提升新能源预测精度、火电发电能效，从而显著提升电源侧的可观、可测、可控性。因此，亟须研究新能源发电的人工智能高效预测技术、基于数据驱动的新能源时空相关性建模与重构技术、基于数据驱动的新能源主动支撑控制技术。

2. 电网侧

随着新能源占比的逐渐提高，电力系统不确定性和随机性大量增加；此外，分布式资源、电动汽车、需求响应等的发展，使电网的分析和控制更加复杂。海量数据量测装置的应用将有效提升电网的态势感知能力，并在此基础上，基于大数据分析技术助力电力系统的高效分析与决策。因此，依托数字化技术赋能，需要研究数据—物理驱动的复杂电力系统拓扑辨识与状态估计技术，增强复杂大系统可观性；研究数据驱动的双高电力系统安全规则提取技术，辨识电网安全运行边界；研究海量复杂电网运行方式的大数据分析技术，实现典型与极端运行方式的自适应辨识与提取。

3. 用户侧

广泛用户的柔性互动可以给电力系统提供大量灵活性，是建设新型电力系统的关键特征与主要抓手之一。电力用户行为具有多样性、不确定性、高维复杂性等特点。伴随智能电表等信息渠道的建设以及主动配网、虚拟电厂等技术的推广应用，电力用户侧正逐步形成“社会—物理—信息”的深度耦合。数字化技术正逐步支撑对电力用户行为的深入感知与分析，引导用户与电网深度互动。因此，亟须研究基于配用电大数据的电力用户行为建模理论与方法、基于电力大数据的非侵入式用户行为辨识与分析方法、基于深度学习的负荷预测技术、海量分布式异构资源的聚合调控技术。

4. 储能侧

储能系统的安全管理与经济性一直是储能规模化推广应用的主要制约因素。数字化转型为储能技术的智慧管理与新商业模式创造了新的契机。需要研究数字储能技术，通过对电池能量流进行离散化和数字化处理，实现能量信息化，进一步实现储能系统的数字化定义与动态电池网络重构，显著提升储能安全水平与经济性。研究云共享储能商业模式与调控技术，通过对海量分布式储能系统的协同管控与多元储能需求服务的供需匹配，极大降低储能系统的建设与运维成本，显著提升储能的经济效益。

5. 碳视角

加快建立统一规范的碳排放核算体系，对夯实碳排放数据基础、支撑实现碳达峰碳中和目标具有重要意义。依托电力行业与能源活动、经济生产消费之间的关联性，构建电碳分析模型，发挥电力大数据实时性强、准确度高、分辨率高和采集范围广等优势，实现碳排放精准分析与动态监测，是新型电力系统中“数”与“碳”两个要素融合支撑的创新实践。因此，需要研究电碳数据的关联机制分析技术、基于高频电力大数据的碳排放分析与监测模型方法，构建分区域、分行业、多时间尺度的电碳分析与监测模型方法库。

二　数字化助力工业碳减排

数字化技术为我国工业低碳转型打开重要窗口，助推高耗能行业发展低碳化生产，赋能工业价值链全流程的低碳转型，促进工业生产方式的精益化，推动工业能源管理的智慧化，打造工业资源循环的高效化。

数字化技术降低工业过程碳排放。利用移动互联网、云计算、大数据、物联网及分享经济模式促进生产方式绿色转型，推动研发设计、原材料供应、加工制造和产品销售等工业生产的全过程精准协同，强化生产资料、技术装备、人力资源等生产要素共享利用，实现生产资源优化整合和高效配置。总之，数字化技术能够助力提高绿色制造效率，形成以科技含量高、资源消耗少为特点的制造模式。

数字化技术提升工业能效。将网络协同制造、远程运维服务、智能环境数据感知等数字化技术与能源监测管理相结合，实现数据采集、边缘计算、反向控制、数据分析、策略优化、策略下发和能源预测等功能，进而实现数字化的能源管理，实现工业生产的节能提效。例如，可以通过建设绿色数据中心，鼓励企业实现能源消耗与利用的动态监测、控制和管理；利用云计算技术，帮助广大中小企业实现共享能源管理，推动区域能耗监测体系建设。

数字化技术推动循环经济。利用物联网、大数据等数字化技术创新改善工业资源回收利用方式，实现工业资源综合利用产业协同转型升级。为了加大工业废料回收力度，家电、钢铁、煤炭、船舶等诸多传统工业行业先后发展了“互联网＋”回收利用新模式，利用物联网、大数据开展信息采集、数据分析、流向监测等，鼓励互联网回收利用企业创新电子信息平台，承担其资源回收责任，鼓励传统工业生产企业建立高效、规范的资源回收体系，落实绿色节能。

三　数字化技术助力降低建筑全生命周期能耗

以建筑工程施工流程为界，将建筑全生命周期分为建筑设计、建筑施工、建筑运维三个主要阶段。诸多数字化技术的应用能够对各流程进行优化调整，将不断推动建筑节能的标准迈向超低能耗、近零能耗、零能耗。

（一）建筑设计阶段

在建筑设计上，建筑节能软件、云计算平台可以帮助设计师选择使用低能耗的材料和技术。近年来，我国开发引进了诸多建筑节能软件、云计算平台，在建筑新部件、新能源、绿色建材、新型材料、新工艺、管理营运新模式等方面大量应用数据化和网络化新技术，也逐渐吸引了一批高新技术企业参与研发。通过互联网，建筑设计师们可以方便地找到各种符合当地气候条件和国家标准的新型建筑材料、新工艺和新技术，在确保安全性、防腐性、隔热性的基础上，解决信息不对称问题，选择使用能耗较小的材料、技术。

（二）建筑施工阶段

在建筑施工阶段，数字化技术的应用主要体现在装配式建筑施工方式上。建筑施工阶段的碳排放主要来源于现场安装时施工机械运行能源消耗产生的碳排放，而传统现浇式施工方式需运行大量施工机械，耗费大量能源资源，碳排放量极高，不利于碳减排。为此，有关部门多次发布政策，探讨其改进措施。2020 年 12 月，住建部在全国住房和城乡建设工作会议中提出，应加快推动智能建造与新型建筑工业化协同发展，建设建筑产业互联网平台，完善装配式建筑标准体系，大力推广钢结构建筑。

装配式建筑施工方式具有节能环保特点，有机会发展成传统现浇式的完美替代品。装配式建筑是由预制部品部件在工地装配而成的建筑，部分或全部构件在工厂经精密的工业数字化制造而成，具有系统化、标准化、集成化、数字化的特点，运输到施工现场后以可靠的连接方式组装起来。与现浇式建筑相比，装配式建筑施工方式在建材生产及施工阶段碳排放量均有一定程度的降低，一方面，装配式建筑采用集约规模型数字化生产模式，在一定程度上减少了材料消耗；另一方面，其后期采用机械化安装方式，大幅度规避了建筑废弃物出现，节能减排优势明显。

（三）建筑运维阶段

在建筑运维阶段，数字化技术的应用主要体现在通过物联网、大数据、云计算平台等，对整个建筑进行实时监测和反应，降低运维的总体能耗。例如，通过物联网技术，在建筑内部安装相应的传感器，可以实时监测建筑内部的PM2.5、挥发性污染物、二氧化碳浓度，以及湿度、温度等数据，并通过云计算平台进行统一校准；再通过物联网操纵相应的电器设备（如空调、新风系统等）进行调整。再如，数字化技术能够通过能源管理系统提升建筑用能效率，具体而言，以建筑当中的家具家电为载体，采用物联网技术和机器学习技术，为建筑提供能源监控、能源管理、能源分析、能源服务等，实现建筑总体能源的统一调度和优化平衡。

四　数字化技术改造交通工具和交通网络

数字化技术在交通部门的应用体现为智能交通系统的建设，这主要分为智能交通网络与智能交通工具两个方面。其中，智能交通工具是指数字化技术与清洁能源技术相结合，推动交通工具的低碳化与智能化发展。随着电驱动、电池、电控、车用芯片、氢动力续航等技术的不断成熟，新能源汽车、天然气公交车市场占有率不断提升，零排放船舶、零排放飞机等低碳交通工具预计将在2030～2035年大规模投入市场，为节能减排注入巨大动力。智能交通网络是指城际高速铁路、城际轨道交通、充电桩网络等智能交通网络元素与人工智能、大数据、云计算、数字孪生等技术相结合，在提高交通网络运转效率的同时减少碳排放。

（一）智能交通工具

智能交通工具的发展包括各类型交通工具的电气化转型和节能减排的

技术升级，这包括目前关注度最高的新能源汽车产业，也包括零排放的飞机、船舶等低碳交通工具。近年来，智能交通工具范围不断扩大，且逐渐向节能环保方向倾斜。在低碳趋势下，人们逐渐以新能源汽车替代传统燃油车，以共享单车解决公共交通最后一公里问题，以电动公交车替代燃油公交车，以时间稳定、四通八达的地铁替代私家车出行，等等。

数字化技术的深度应用将进一步促进新能源汽车智能化的发展。国务院、国家发展改革委在2020年先后印发了《智能汽车创新发展战略》和《新能源汽车产业发展规划（2021～2035年）》，提出了我国智能汽车与新能源汽车在未来15年的发展目标与具体支持措施，其中车联网、云计算、大数据等数字化技术将起到举足轻重的作用。

（二）智能交通网络

智能交通网络能有效缓解交通拥堵及减少碳排放量，交通系统大数据监管、交通工具智能革新都是我国未来较长时间的发展重点。

城市智能交通管理网络能够将多源异构交通信息有效融合，由交通地理信息子系统、交通信号控制子系统、交通电视监视子系统等对交通状况进行直观展示，并将交通信息基础数据加工处理，分析研判后为交通管理决策提供依据。交通管理决策层可以通过交通实时图谱准确判断各地点不同时间段车流量及拥堵、发生事故情况，便于及时对此做出限流、交通管制、人为疏散等处理，规避大量燃油车长时段拥堵释放尾气的情况频繁发生。

交通工具的智能网联则能够通过车联网技术与智能车的有机结合，实现车辆控制、配套应用的智能化，以解决交通拥堵问题、降低交通事故发生率，进而达到降低交通系统整体碳排放量的目的。具体而言，智能网联是通过车载传感器、控制器、执行器等装置，融合现代通信与网络技术，实现车与车、路、人、云等智能信息交换共享，甚至替代人来进行各类操作。目前，智能网联正由起步期步入高速发展阶段，但仍需突破自动驾驶芯片供需缺口、自动驾驶软件L5研发升级、高精地图、5G通信协议等核心技术瓶颈。

第十六章　低碳技术实践探索与典型案例

在碳达峰碳中和政策目标下，低碳技术发挥的作用日益凸显。现代煤化工、非常规油气、高效光伏、大容量风电、核能、绿色氢能、生物质能、先进储能、低碳冶金、碳捕集利用与封存技术等一大批新兴低碳技术正以前所未有的速度加快迭代，多种低碳技术进入试点示范和商业化规模化发展阶段。

第一节　减碳技术实践探索与典型案例

一　煤炭清洁高效利用

在确保能源安全的前提下，稳妥有序推进碳达峰碳中和工作，是当前及今后一个时期能源工作的重中之重。化石资源特别是煤炭资源，是我国能源安全稳定供应的“压舱石”，要依靠科技进步，着力推进煤炭安全、高效、绿色、智能化开采，清洁、高效、低碳、集约化利用。2021 年 9 月，习近平总书记考察榆林时指出：“煤化工产业潜力巨大、大有前途，要提高煤炭作为化工原料的综合利用效能，促进煤化工产业高端化、多元化、低碳化发展，把加强科技创新作为最紧迫任务，加快关键核心技术攻关，积极发展煤基特种燃料、煤基生物可降解材料等。”这明确了现代煤化工发展的定位和方向。

煤炭清洁高效利用应主要从煤炭绿色智能开采、高效燃烧和清洁高效转化三个方面开展。一是绿色智能开采技术。中国煤炭科工集团研发的我国首套钻锚一体化智能快掘4.0成套装备投运，陕煤集团小保当矿业公司2米采高/450米高度智能化超长综采工作面工业性试验成功。二是高效燃烧技术。现役煤电机组加快节能降碳改造，国家能源集团在国际上首次实现40兆瓦等级燃煤锅炉氨煤混燃比率为35%的中试验证，标志着我国燃煤锅炉混氨技术迈入世界领先行列。三是清洁高效转化技术。国家能源集团宁夏煤业公司建成400万吨/年煤间接液化重大科技示范项目，推进煤炭行业低碳零碳负碳技术研发与应用；中国科学院大连化学物理研究所开发的具有自主知识产权的新一代煤制油技术—炭载钴基浆态床合成气制油技术达到国际先进水平。

二　工业减碳技术

碳达峰碳中和重大宣示以来，各有关部门和企业科学稳妥有序推进工业领域碳达峰碳中和工作，深入实施节能降碳增效行动，加快构建以高效、绿色、低碳、循环为特征的现代化产业体系，加快工业领域低碳工艺革新，推进绿色低碳技术装备创新突破和改造应用。

钢铁行业在大型高炉超高比例球团冶炼技术、电炉绿色高效冶炼技术、顶煤气循环氧气高炉冶炼技术、高炉富氢冶炼技术、氢气竖炉直接还原技术、氢气直接还原炼铁技术、氢基熔融还原炼铁技术、闪速熔炼技术、熔融电解法冶炼技术等典型减碳技术领域，均取得了积极进展。这些技术在原理上主要包括三大类——提高能量利用效率、提高副产品利用效率、突破性冶炼技术，特别是中国宝武富氢碳循环高炉突破传统高炉工艺极限，取得50%富氧、降碳15%的重要成果。表16－1为代表性钢铁企业“碳减排”技术实践。

表 16－1 代表性钢铁企业“碳减排”技术实践

减排类型	钢铁企业	减排技术
提高能量利用效率	鞍钢鲅鱼圈钢铁分公司	高炉喷吹焦炉煤气
	莱钢	氧气高炉炼铁基础研究
	八一钢铁	富氧冶铁
提高副产品利用效率	首钢京唐	转炉煤气制燃料乙醇
	日钢、达钢	焦炉煤气制天然气
	沙钢、马钢	转底炉处理固废生产金属化球团
	首钢、莱钢	钢铁尾气制乙醇
突破性冶炼技术	中晋太行	焦炉煤气直接还原铁
	宝武	核能制氢与氢能炼钢
	河钢	富氧气体直接还原铁
	酒钢	煤基氢冶金
	日钢	氢冶金及高端钢材制造
	宝钢湛江	钢铁工业 CCUS

有色金属行业持续推动产业结构优化调整，积极推广应用先进节能低碳技术。中国铝业新型稳流保温铝电解槽节能技术大幅提升电解铝企业能源利用效率、经济效益和竞争力，属于先进铝电解节能技术重大发展方向，整体节能效果达到国际领先水平。海亮集团有限公司第五代连铸连轧精密铜管生产线技术，单位产品综合能耗下降300kWh，减少了碳排放，达到国际领先水平。呼伦贝尔驰宏矿业有限公司以锌系统多种复杂渣物料无害化和资源化为目标，利用铅富集稀贵金属的特性，将火法炼铅与湿法锌渣相结合，实现铅系统对湿法锌冶炼系统各种渣料的资源化和无害化处置，达到了国际领先的水平。

石化化工行业推动绿色低碳转型，选取行业节能先进适用技术，引导能效落后企业实施技术改造，科学合理制定不同企业节能技术路线。中国石油以 α－烯烃、聚烯烃弹性体等新型化工材料为抓手，加大关键核心技术攻关力度，形成涵盖核心技术、关键装备、集成应用、标准规范、检测检验等的自主可控的化工新材料理论技术创新体系。中国石化攻关 PBST 和 PBAT 技术，实现可降解聚酯 PBAT 工业生产并成功应用于膜袋、包装材料等领域。中国化学工程股份有限公司开发先进纯碱技术，应用于江苏德邦联碱项目和江苏华昌大型内冷式碳化塔项目，预计年减排二氧化碳约 42 万吨。

绿色低碳发展是建材行业发展主脉络，水泥、平板玻璃行业节能降碳技术改造持续推进，并继续向建筑卫生陶瓷、玻璃纤维等领域不断拓展。建材企业重点布局全氧燃烧玻璃窑炉工艺及产业化、陶瓷原料干法制粉、多腔孔陶瓷复合保温绝热材料、基于碱土金属复合盐类的绝热（保温隔热）涂料、生活垃圾生态化前处理和水泥窑协同后处置、高性能土工格栅制造与应用等多项减碳技术。中国建材集团重点布局氢能煅烧水泥熟料、玻璃熔窑利用氢能成套技术及装备、工业用低成本气凝胶材料工程化制备、电熔法 2.4m 幅宽岩棉制品等技术攻关。华润水泥控股有限公司应用高效节能节电技术，实施水泥粉磨、选粉工艺优化升级改造，并集成应用磁/气悬浮风机等先进节能装备，实现系统电耗降低，逐步提升工厂运营水平。

制造业方面，国机集团在传统制造业领域重点关注提升现有装备技术水平，创新工艺技术，推进装备节能降耗，研发可降低综合排放的混动轮式拖拉机。通用集团大力推进新溶剂法纤维素纤维产业化，使中国成为全球第二个拥有绿色纤维产业化技术的国家，目前总产能居全国第一、全球第二。柳工集团对绿色工程机械产品开展节能降碳的研发、设计、生产，以及对生产过程应用节能技术，严格按国家对能源管理的要求执行，实现公司节能降碳目标，履行公司社会责任。上海电气风电集团自主研发的 SEW11.0－208 海上风力发电机组产品，是亚洲规模靠前的直驱海上风电机组，标志着中国海上风电领域自主创新取得新突破、全面步入 10MW 以上的时代。吉利汽车西安工厂采用效率高能耗低的设备，积极探索技术节能措施，充分利用余热余压，提升能源效率。

三　城乡建设减碳技术

全国各地区大力推进城镇建筑和市政基础设施节能改造，持续提升建筑节能低碳水平。天津坚持组团式、多中心、多节点城市群发展战略，加快构建“一市双城多节点”绿色低碳发展新格局。上海加快推广超低能耗建筑，对符合要求的超低能耗建筑给予容积率和资金奖励。浙江严格新建建筑节能管理，明确新建民用建筑项目设计节能率需达到75%以上。湖北在武汉、襄阳、宜昌开展超低能耗建筑试点。

建筑企业大力发展绿色建筑，加快推进既有建筑节能改造，积极发展绿色智能建造。中国建筑集团建成全产业链装配式建筑智慧工厂，投资 PC 预制构建厂超 50 个，年总产能超 600 万平方米。美的楼宇科技运用楼宇自控、智慧照明、智慧运营 IOC 等技术实现综合系统提效，帮助工业园区低碳转型。

专栏　建筑节能技术

建筑节能技术使建筑成为能源的生产者和调控者，减少化石能源的使用，提高能效，大幅降低建筑能耗，减少二氧化碳的排放。

◆东风智能装备产业园 BIPV 光伏项目。该项目采用 BIPV 光伏组件替代传统在屋顶加装光伏方式，规划建设容量达 22MW，年均发电量可达 2400 万千瓦时，全寿命期可发电 5.3 亿千瓦时，预计减排 245 万吨。项目采用光伏技术为我国建筑行业双碳发展的重要技术方向，该项目采用BIPV光伏组件新方式能够有效降低建设费用，且比在屋顶直接安装光伏板更安全。该技术契合我国碳达峰碳中和发展的迫切需求，具有较好的技术先进性和市场前景。

◆奥意建筑园区智慧低碳改造工程。该项目综合采用各项节能技术，涉及围护结构、能源和设备系统、照明、智能控制、可再生能源利用等，使能耗水平远低于常规建筑，且改造后建筑运行年碳排放量下降约 60%。该项目技术合理、运行稳定，具有一定的节能减碳效果，对低碳智慧改造技术的发展具有示范意义，整体达到国内先进水平。

四 交通减碳技术

实施交通基础设施绿色化改造，积极开发绿色、节能、环保交通运输装备。中国中车研发碳化硅逆变器、永磁直驱技术等新一代地铁产品，较普通产品节能15%以上。中国一汽、东风汽车推动清洁燃料电池、智能充电等技术攻关与应用。全球排名第一的动力电池制造商宁德时代发布CTP3.0电池，即“麒麟电池”。麒麟电池体积利用率突破72%，三元体系能量密度可达255Wh/kg，轻松实现整车1000公里续航，磷酸铁锂体系能量密度可达160Wh/kg。创新水冷板技术，锂电池热稳定性能高，可避免相邻电芯出现热失控，寿命有了极大提高，具有更高效的快充功能，可承受高电压快充，可支持5分钟快速热启动及10分钟快充。

第二节 零碳技术实践探索与典型案例

一 清洁能源发电技术

目前，我国正在大力发展可再生能源、核能发电、智能电网与分布式能源等新技术。国家电网在张北建成世界首个柔性直流电网工程，助力实现冬奥场馆100%绿电供应；中国华能全球首堆四代核能高温气冷堆并网发电；中国华电、东方电气合作推动G50燃气轮机取得重大突破；中国大唐投入资金超4亿元布局风电光伏等领域低碳技术研发；华润集团电力业务积极探索城市垃圾污泥掺烧、生物质耦合发电等技术应用和推广；哈电集团重点开展新型电力系统装备技术研究。

专栏　清洁能源技术应用

清洁能源开发和利用日益受到电力企业的重视，清洁能源开发利用模式占比逐渐提高，充分发挥零碳技术在碳中和过程中的关键作用。

◆雅砻江水风光互补绿色清洁可再生能源示范基地建设项目。本项目围绕水电站流域集群开发，依托流域内已建和在建的梯级水电站群，规模化插接水电站周边风光资源，通过水风光互补、打捆消纳，构建可再生能源示范基地，取得了年均减少二氧化碳6200万吨的良好效果。示范基地逐步将流域水电变成清洁能源基地，保证流域一体化开发，这对于其他流域开发具有参考价值。

◆海阳核电450万平方米核能供热项目。该项目采用最新的AP1000核能技术，实现了450万平方米的核能供热，降碳减碳成果显著，同时具有良好的推广作用。

二　储能

储能技术可有效平抑大规模可再生能源发电接入电网带来的波动性，促进电力系统运行电源和负荷的平衡，提高电网运行的安全性、经济性和灵活性。南方电网广东梅州、阳江抽水蓄能电站全面建成投产，粤港澳大湾区抽水蓄能装机容量达到968万千瓦。华润集团围绕储能技术，聚焦火电调频、新能源并网、用户侧三大应用场景开展研究应用，建设了常熟24兆瓦储能调频示范项目。国家电投集团在储能领域重点关注大容量、长时效、长寿命储能技术，自主开发“容和一号”铁铬液流电池，研发压缩空气储能和储热技术，提高绿色能源系统稳定性与可调节性。国际首套百兆瓦先进压缩空气储能国家示范项目在河北张家口顺利并网发电，该项目是目前世界上单机规模最大、效率最高的新型压缩空气储能电站，项目总规模为100兆瓦/400兆瓦时。首个国家级大型化学储能示范项目——百兆瓦级大连液流电池储能调峰电站正式投入使用，该电站是迄今为止全球功率最大、容量最大的液流电池储能调峰电站，总建设规模为 200 兆瓦/800 兆瓦时。

三　氢能

氢能产业作为新兴产业，产业链涵盖制造、储存、运输、加注和下游应用等，涉及生产工艺、新材料和装备制造等行业。央企稳步构建氢能产业体系，推进氢能制、储、输、用一体化发展，超过 1/3 的中央企业布局氢能产业。中国石化自主研发的首套质子交换膜（PEM）制氢设备打通了从关键材料、核心部件到系统集成的整套流程。国家电投集团重点关注氢能产业链关键环节，自主研发的氢燃料电池、天然气掺氢等多项关键技术填补了国内多项技术空白。

专栏　氢能技术应用

从氢能技术发展状况来看，我国的制氢和加氢技术相对成熟，已经逐步完善产业化结构，全国化石能源制氢、工业副产氢已经有比较大的规模，建成加氢站超 270 座。

◆中国石油华北石化公司 2000Nm^3/h 副产氢提纯项目。该项目为冬奥氢能供应项目。项目采用了变压吸附技术对重整装置所产生的氢气进行深度提纯，满足了超纯氢品质要求。整个装置为撬装式设计，适应性强，能力达到600～2000Nm^3/h，特别是解决了炼化企业安全生产平面布局的适应性问题，具有很好的推广价值。

◆来宾氢能试点应用。该项目以 EPC 总承包模式建设一座增压能力为 20 公斤/天（24h）、45Mpa 高压、储氢能力达到 85kg 的非撬装式加氢站，站所配加氢枪的规格有 TK16 和 TK25 两种，工作压力为 35Mpa，可满足两辆氢燃料电池客车加注氢气的需求。目前该项目经济效益良好，有一定的推广价值。

第三节　负碳技术实践探索与典型案例

一　CCUS 技术

2021 年 3 月，国务院发布《中华人民共和国国民经济和社会发展第十四个五年规划和 2035 年远景目标纲要》。其中明确提出要开展 CCUS 重大项目示范，这是 CCUS 技术首次被纳入国家五年规划重要文件。我国关于 CCUS 的定位，已经从碳减排储备技术，变成了碳中和关键技术。政府开始将 CCUS 纳入更高规格的顶层设计文件。

广东启动碳达峰碳中和关键技术研究与示范重大专项，开展千万吨级 CCUS 集群全产业链示范项目前瞻性研究。天津、广东、陕西、新疆等地开工建设百万吨级 CCUS 示范项目。

企业层面，中国石油吉林油田 CCUS 示范工程稳定运行 13 年，累计二氧化碳埋存量超过 200 万吨；中国海油投入 2.1 亿元大力发展 CCUS 关键技术，初步开展了碳埋存源汇匹配方法研究，探索二氧化碳固化及置换开发天然气水合物技术；中国石化建成投运国内首个百万吨级 CCUS 项目；国家电投自主开发低能耗碳捕集技术，开展国内首个 10 万吨级全周期商业化 CCUS 创新示范；中国华能开展相变型二氧化碳捕集技术开发及示范验证；国家能源集团建成国内最大规模的 15 万吨/年燃烧后碳捕集示范装置，世界首个煤化工 10 万吨级碳捕集与封存工程。国内大型 CCUS 项目情况详见表 16－2。

表 16－2　国内大型 CCUS 项目情况

时间	企业	项目	项目内容
2021 年 4 月	国家能源集团	泰州电厂 50 万吨/年 CCUS 示范项目	该项目计划于 2023 年建成，通过驱油、加氢制甲醇和食品级销售实现 CO_2 的 100% 消纳

续表

时间	企业	项目	项目内容
2021 年 7 月	中国石化	胜利油田百万吨级 CCUS 全流程示范项目	包括齐鲁石化煤制氢装置尾气碳捕集和胜利油田二氧化碳驱油封存两部分，我国第一个百万吨级 CCUS 项目，2022 年 1 月建成
2022 年 1 月	通源石油	三期投资建设百万吨 CCUS 项目	其中一、二、三期分别为 20 万吨、30 万吨、50 万吨，总投资规模约 10 亿元
2022 年 2 月	中国石油	300 万吨 CCUS 规模化应用示范工程	该项目建成后将成为我国最大的碳捕集利用与封存全产业链示范基地，每年减排二氧化碳规模可达 300 万吨
2022 年 2 月	延长石油	500 万吨/年 CCUS 工程	拟将煤制甲醇产生的 CO_2 经捕集、提纯、增压后，经管道输送到周边驱油
2022 年 3 月	广汇能源	300 万吨/年 CCUS 项目	首期建设 10 万吨/年示范项目
2022 年 6 月	中国海油	300 万 ~ 1000 万吨/年	我国首个海上规模化（300 万 ~ 1000 万吨级）CCS/CCUS 集群研究项目
2022 年 9 月	华能甘肃陇东能源公司	150 万吨级 CCUS 示范项目	拟建设年捕集量 150 万吨的大规模 CCUS 技术全流程示范项目，打造电力企业和石油企业合作的大规模 CCUS 样板工程
2022 年 11 月	包钢集团	200 万吨 CCUS 项目	国内最大、钢铁行业首个 CCUS 全产业链示范工程。为我国钢铁行业实现节能减排和低碳经济发展提供示范
2022 年 11 月	中石化联合壳牌、中国宝武钢铁、巴斯夫	国内首个开放式千万吨级 CCUS 项目	将长江沿线工业企业的碳源，通过槽船集中运输至二氧化碳接收站，通过距离较短的管线再把接收站的二氧化碳输送至陆上或海上的封存点

资料来源：企业规划，中能智库整理。

专栏 CCUS 技术应用

我国 CCUS 技术项目遍布 19 个省份，捕集源的行业和封存利用的类型呈现多样化分布，企业开始积极规划百万吨级 CCUS 项目，我国 CCUS 的发展由此步入扩大示范与应用的新阶段。

◆中国石油吉林油田二氧化碳捕集埋存与提高采收率（CCUS－EOR）矿场实践。该案例依托国家及中石油集团重大科技专项，充分利用自身碳源及油气田开采优势，积极开展 CO_2 捕集运输封存、驱油提高采收率矿场实践，形成了自主、特色、核心配套的 CCUS

创新技术体系，建设了国内首个全产业链、全流程国家级示范工程，是全球正在运行的大型 CCUS 项目中唯一一个中国项目，也是亚洲最大的 CO_2 - EOR 项目，年封存能力达到 35 万吨，累计实现封存量达 235 万吨，形成各类标准 600 余项，研究理论和成果水平高、整体创新程度高、可操作性和实用性强、应用范围广、行业影响力大，处于国内同类研究领先水平，具有较高的代表性。

◆水泥窑烟气 CO_2 捕集纯化（CCS）示范项目。此示范项目是世界首个水泥窑烟气碳捕集工业化项目，研发了适合水泥熟料生产烟道气控制的烟气预处理系统，集成创新开发了首套工业化水泥窑烟道气捕集纯化系统，实现了水泥窑烟道气 CO_2 捕集、纯化的工业化。为水泥行业碳捕集技术的研究做了良好的探索。成果已在白马山水泥厂每年 5 万吨 CO_2 捕集纯化生产示范线得到应用，实现液态工业级、食品级 CO_2 产品的工业化生产，市场前景广阔。

二　碳汇技术

碳达峰碳中和目标确定后，碳汇开发成为各大企业实现碳中和的重要路径之一。其中，陆地碳汇项目开展时间较早，特别是林业碳汇项目方面相对成熟，海洋碳汇工作开展时间较晚，相关工作仍处于探索阶段。

地区层面。西藏开展森林、草原、湿地、冻土等潜在固碳能力评估。福建建立健全林业碳汇计量监测体系，形成碳汇资源“一本账”。广西开展红树林生态系统碳储量调查评估试点，发布红树林湿地生态系统固碳能力评估技术规程。

企业层面。中核集团旗下中核汇能有限公司与北京绿色交易所合作开展 9 个国家核证自愿减排（CCER）项目，年减排量共计 98 万吨；中国电建黄河中游地区生态系统林业碳汇项目选取陕西省延安市与山西省宁武县黄河流域 3 个典型生态造林建设工程，通过推进黄河中游地区整体保护、系统修复和综合治理，增加森林、湿地碳汇，全面提升生态碳汇能力；三峡集团已有注册国家核证自愿减排（CCER）项目40个，对应年减排量约319.4万吨；中林集团规划参与福建省碳中和试点建设，开发建设高固碳营造林示范片5万余亩；航天科技成功发射世界首颗森林碳汇主被动联合观测遥感卫星。

专栏　碳汇技术应用

农林碳汇开发技术门槛高、开发成本大、收益周期长，但随着碳达峰碳中和战略的提出，碳汇的作用得到重视，企业开始布局农林碳汇项目。

◆森林生态系统固碳增汇能力提升案例。该项目由内蒙古森工集团申报，在全国率先构建了碳汇经济体系和固碳增汇技术体系，理顺了管理机制，形成了“一库三平台四体系”碳汇产业运营新模式，创新了区域碳中和模式，开发了“天然次生林碳汇项目方法学”，从理论和实践上突破了现有方法学的瓶颈，处于国内领先水平，拓展了森林碳汇价值核算和应用范围，探索开发了VCS和CCER项目，探索了林草碳汇绿色融资新渠道，有利于培育优质森林生态碳汇产品并实现价值转换。案例成果具有很强的实用价值，典型性强、操作性强，形成了一套在全国可复制可推广可应用的森林生态系统固碳增汇模式。

◆大型人工湿地助力固碳增汇案例。雄安新区府河河口湿地水质净化工程由中电建生态环境集团有限公司建设营运。主要目的是削减入淀污染负荷，增强固碳增汇能力，构建白洋淀西部区域生态屏障。项目通过优选饮水方案，采用“前置沉淀生态塘+潜流湿地+水生植物塘”的近自然水质净化工艺，削减工程碳排放量达10276吨/年，通过湿地生态植被修复增加生态系统固碳6361吨。在该领域掌握了几项理论性强、技术难度高、应用前景广阔的创新性技术：一是近自然多级湿地水质净化工艺，二是创新工艺提高湿地冬季水质净化效果，三是湿地水生植物恢复技术，四是构建智慧运维平台。这些技术有效解决了利用大型人工湿地削减污水处理厂尾水的氮磷等污染负荷和水质改善问题，同时有利于增强固碳增汇和减少碳排放，可复制、可推广性强。

◆北大荒农垦集团有限公司农业减排固碳技术模式案例。为了保障国家粮食安全和重要农产品有效供给，协同推进农业绿色低碳发展，北大荒农垦集团有限公司在有机肥替代化肥、绿色农药替代传统农药、规模化格田替代一般格田、保护性耕作替代传统翻耕、智能化替代机械化、地表水替代地下水、秸秆还田固碳等方面开展创新性探索和实践，实现农田土壤固碳由2012年的13.84吨/公顷上升到2020年的17.73吨/公顷，作物固碳量由2013年的2866.19万吨上升到2018年峰值3592.48万吨，均高于黑龙江的平均值；同时化学品投入碳排放、耕地土壤 NO_2 排放、稻田甲烷排放都明显下降。案例成果具有很高的理论水平、使用价值，在农业减排固碳领域具有广阔的应用前景，可操作、可复制、可推广性强。

第四节　支撑技术实践探索与典型案例

一　加快构建新型电力系统

2021年3月，我国提出要构建以新能源为主体的新型电力系统。两年多来，以光伏、风电为代表的可再生能源装机规模迅速扩大。国家能源局统计数据显示，截至2022年底，我国已经实现可再生能源装机总量超过煤电装机总量。作为输送清洁能源的大通道，电网投资建设也在持续加码，国家电网和南方电网公司不断调高电网投资额，多条特高压线路核准及建设提速。新型电力系统的建设加快推进，如：江苏建成全息数字电网，推广无人机自动巡检；福建推动制茶环节电能替代，减少二氧化碳排放；四川探索变速抽水蓄能技术应用，促进新能源高效消纳；安徽建成虚拟电厂吸引电力用户参与削峰填谷等。发电企业也加快西南地区水电建设，安全稳妥发展核电；加快推进以沙漠、戈壁、荒漠地区为重点的大型风电太阳能发电基地，持续推进整县分布式光伏开发利用；积极推动源网荷储各环节有效衔接，加大对灵活性调节电源投资力度，实施煤电机组灵活性改造，积极发展调峰气电。

专栏　电力企业构建新型电力系统案例与实践

“双碳”背景下基于源网荷储一体化的新型电力系统获得发展。国网浙江电力在浙江海宁尖山持续开展新型电力系统、“双碳”示范项目等建设，通过多年的试点工作，取得了丰硕的成果。2019年，国家能源局首批“互联网＋”智慧能源示范项目“浙江嘉兴城市能源互联网综合试点示范项目”顺利通过验收。2021年3月，在尖山新区挂牌成立全国首个“源网荷储一体化示范区”和浙江响应中央“碳达峰、碳中和”部署设立的首个“绿色低碳工业园建设示范区”。2022年，“海宁尖山电力源网荷储一体化示范项目”“海宁面向高比例分布式资源的新型配电系统综合示范项目”先后入选浙江省新型电力系统试点项目计划，成功上线新一代配电自动化系统。

海宁区域是浙江新型电力系统高渗透工业园区的未来形态，2022年海宁尖山园区全社会年用电量达21.1亿度，其中新能源年发电量达6.33亿度，本地清洁电量占全社会电量比例为30%。针对浙江省内高负荷密度工业园区新型电力系统迅猛的发展态势（未来浙江同类型工业园区将达到130余个），在浙江海宁区域持续开展新型电力系统的落地建设，创新建立国内首个面向新型有源配电网的新一代配网自动化系统，聚合源网荷储四侧十五类资源，以系统功能为基础，形成配网自动化源网荷储一体化协调控制系统、量子加密＋差动保护自愈体系、光伏新能源零信任加密等系列创新技术成果，填补多项国内空白，内部改革优化了配电网生产管理体系、外部突破引导政府政策支撑，促使新型电力系统管理组织更加健全、数据获取更加精准、源网荷储互动更加协调、配网运行更加稳定，达到“全景可观、弹性控制、主配协同”目标，实现能源资源最大化利用，解决了未来省内新型电力系统建设和管理的典型问题，打造县域新型电力系统可推广“样板”。

二　数字技术赋能低碳创新

近年来，国资央企在大力支持国家数字信息基础设施的同时，加快推进数字化转型，不断强化行业性数字化平台建设，大力发展新产业、新业态、新模式，推进产业绿色低碳升级。南方电网、中核集团、国药集团、中国远洋海运等央企积极谋划数字技术推动原有产业转型，通过引入新平台、新技术，提高运营管理能力，带动产业链数字化转型，全面提升生产效率和经济效益。中国建研院、中国钢研等中央企业着力拓展数字科技服务绿色低碳转型的新领域，结合云计算、人工智能、大数据等手段，开发“建筑能效云解决方案”“钢研碳云平台”“远海通”智能关务平台等，为本行业绿色低碳发展新需求提供数字技术支撑。中国电科作为全国一体化大数据中心总体支撑单位，自主研发了全流程智能运维平台、数字化资产运营工具，探索出数据中心绿色“一体化工程交付”模式，为“东数西算”工程建设提供绿色技术支持。

| 市场金融篇 |

第十七章　电力市场与碳市场

电力市场和碳市场是我国在推进碳达峰碳中和过程中的重要手段。电力市场是指电力工业发、输、配、供电各环节形成的市场[①]，包括电力现货市场、电力中长期市场、电力辅助服务市场、容量市场以及金融市场。电力市场可以作为国家资源优化配置的工具，提高电力行业运行效率，降低成本，服务经济发展。碳市场作为环境经济政策工具，通过发挥市场在资源配置中的决定性作用，在交易过程中形成合理碳价并向企业传导，促使其淘汰高碳落后产能或加大研发投资，推动社会资本向低碳领域流动。

第一节　电力市场

一　电力市场化改革

我国电力市场建设伴随电力体制改革进程一路前行。改革开放以来，我国电力工业从政府高度集中管理逐步改革走向了市场化竞争之路，先后实施了电力投融资体制改革及其相应的电价改革，通过政企分开、厂网分开、主辅分离等改革，逐步培育了市场主体，市场化进程不断加快，极大地

① 《关于加快建设全国统一电力市场体系的指导意见》系列解读丨全国统一电力市场体系——我国电力市场建设顶层设计的重要里程碑［OL］. 百家号：国家发展改革委. 2022-01-30.

促进了电力工业的持续快速健康发展。电力改革40余年来大致可分为集资办电、政企分开、厂网分开和深化改革（新一轮电力体制改革）四个阶段。

1. 电力市场雏形和市场化交易机制初步形成

在党中央、国务院领导下，通过集资办电、政企分开、厂网分开电力体制改革取得了很大成效，尤其是市场化方面。一是电力行业破除了独家办电的体制束缚，从根本上改变了指令性计划体制，解决了政企不分、厂网不分等问题，初步形成了电力市场主体多元化竞争格局。二是电价形成机制逐步完善。在发电环节实现了发电上网标杆价，在输配环节逐步核定了大部分省份的输配电价，在销售环节相继出台差别电价、惩罚性电价、居民阶梯电价等政策。三是积极探索了电力市场化交易和监管，电力市场化交易取得重要进展，电力监管积累了重要经验。

2. 推进构建有效竞争的市场结构和市场体系

2015年3月，中共中央、国务院印发《关于进一步深化电力体制改革的若干意见》（中发〔2015〕9号），文件的核心内容是推进电力行业"三放开、一独立、三加强"（3+1+3）。"三放开"是指在进一步完善政企分开、厂网分开、主辅分开的基础上，按照管住中间、放开两头的体制架构，有序放开输配以外的竞争性环节电价，有序向社会资本放开配售电业务，有序放开公益性和调节性以外的发用电计划。"一独立"是指推进交易机构相对独立，规范运行。"三加强"是指进一步强化政府监管，进一步强化电力统筹规划，进一步强化电力安全高效运行和可靠供应。

实施新一轮电力体制改革，其核心就是加快构建有效竞争的市场结构和市场体系，打破垄断，有序放开竞争性环节，扩大市场交易规模，理顺电力价格形成机制，同时转变政府对电力行业的管理方式，厘清政府职能管理和市场化运作之间的边界，从而充分发挥市场在电力资源配置中的决定性作用，提升电力工业整体效率。

《关于进一步深化电力体制改革的若干意见》（中发〔2015〕9号）颁布后，国家发展改革委会同有关部门陆续制定出台了10多项改革配套文件，包括《关于推进输配电价改革的实施意见》《关于推进电力市场建设的实施意见》《关于电力交易机构组建和规范运行的实施意见》、《关于有序放开发用电计划的实施意见》《关于推进售电侧改革的实施意见》《关于加强和规范燃煤自备电厂监督管理的指导意见》6个文件，进一步细化、明确了电力体制改革的有关要求及实施路径。

2017年，《关于开展电力现货市场建设试点工作的通知》发布，要求2018年底开始电力现货市场的试运行，积极推动与电力现货市场相适应的电力中长期交易。2018年，《关于积极推进电力市场化交易进一步完善交易机制的通知》印发，推进了电力市场建设。新一轮电力体制改革以来，电力市场建设取得了长足进步。

3. 碳达峰碳中和加速完善电力市场及市场体制机制建设

2022年1月，国家发展改革委、国家能源局发布《关于加快建设全国统一电力市场体系的指导意见》（发改体改〔2022〕118号），指出新一轮电力体制改革以来，我国电力市场建设稳步有序推进，同时，我国电力市场还存在体系不完整、功能不完善、交易规则不统一、跨省跨区交易存在市场壁垒等问题。该指导意见提出，要健全多层次统一电力市场体系，包括加快建设国家电力市场，稳步推进省（区、市）/区域电力市场建设，引导各层次电力市场协同运行，有序推进跨省跨区市场间开放合作；强调完善统一电力市场体系的功能，持续推动电力中长期市场建设，积极稳妥推进电力现货市场建设，持续完善电力辅助服务市场等。随后，国家发展改革委、国家能源局先后批复同意《南方区域电力市场工作方案》《南方区域电力市场实施方案》，推动南方区域电力市场建设，推动多层次统一电力市场体系加速构建。

2022年7月23日，南方区域电力市场启动试运行。南方区域电力市场覆盖南方五省份，包括电力中长期市场、现货市场和辅助服务市场。当天，云南、贵州、广东合计超过157家电厂和用户通过南方区域电力市场交易平台，达成南方区域首次跨省现货交易，全天市场化电量合计达 27 亿千瓦时。预计到 2023 年底，市场化交易电量占比将达到 80%。

二　电力市场建设

电力市场体系构架初步确立。新一轮电力体制改革以来，我国初步建立了空间上覆盖省间、省内，时间上覆盖中长期及现货，品种上覆盖电能量、辅助服务等较为完备的电力市场体系，形成了符合我国国情的“统一市场、两级运作”的市场框架。目前，省间、省内中长期市场已较为完善并常态化运行。

电力交易机构全面组建完成。截至 2021 年底，全国已经成立北京、广州电力交易中心和 33 个省级电力交易中心。全国电力交易机构形成了业务范围从省（区）到全国的完整组织体系。北京、广州电力交易中心及 20 家省级电力交易中心服务范围内市场主体已经组建市场管理委员会，逐步发挥议事协调作用。

电力现货市场建设稳步推进。2017 年 8 月，国家发展改革委、国家能源局印发《关于开展电力现货市场建设试点工作的通知》（发改办能源〔2017〕1453 号），结合各地电力供需形势、网源结构和市场化程度等条件，选择南方（以广东起步）、蒙西、浙江、山西、山东、福建、四川、甘肃 8 个地区开展第一批电力现货市场交易试点。按照国家发展改革委、国家能源局通知要求，相关政府部门、电网企业和交易机构积极开展现货市场方案、交易机制规则等研究工作。

2018 年 8 月 31 日，南方（以广东起步）电力现货市场试运行启动，成为全国首个投入试运行的省级电力现货市场。南方（以广东起步）电力现货市场充分吸收了国际成熟市场先进经验，设计了适应广东实际情况的“中长期 + 现货”市场模式，建立了基于价差合约集中竞争的年、月、周等多周期中长期交易，以及日前、实时全电量集中竞价现货交易的市场体系，并建设了电力现货技术支持系统。目前，全国 8 个现货市场试点地区均已完成全月结算试运行工作。

2022 年 2 月 21 日，国家发展改革委办公厅、国家能源局综合司联合发布《关于加快推进电力现货市场建设工作的通知》（发改办体改〔2022〕129 号）提出，要进一步深化电力体制改革、加快建设全国统一电力市场体系，以市场化方式促进电力资源优化配置。支持具备条件的现货市场试点不间断运行，尽快形成长期稳定运行的现货市场。第一批试点地区原则上 2022 年现货市场长周期连续试运行，第二批试点地区原则上在 2022 年 6 月底前启动现货市场试运行。2022 年 6 月底前，省间现货交易启动试运行，南方区域电力市场启动试运行，研究编制京津冀电力现货市场、长三角区域电力市场建设方案。

辅助服务市场持续推进。目前，全国 6 个区域电网和 30 个省级电网已启动电力辅助服务市场，实现各区域、省级辅助服务市场全面覆盖，电力辅助服务市场体系基本建立。2021 年 11 月，国家能源局发布《关于强化市场监管有效发挥市场机制作用促进今冬明春电力供应保障的通知》，要求激发需求侧等第三方响应能力，结合用户侧参与辅助服务市场机制建设，全面推动高载能工业负荷、工商业可调节负荷、新型储能、自备电厂、电动汽车充电网络、虚拟电厂、5G 基站、负荷聚合商等参与辅助服务市场。2021 年 12 月，国家能源局印发《电力辅助服务管理办法》和《电力并网运行管理规定》，对电力辅助服务主体、交易品种以及补偿与分摊机制做了补充深化。新增了新能源等发电侧主体、新型储能、负荷侧并网主体等并网技术指导及管理要求，新增了转动惯量、爬坡、稳定切机、稳定切负荷等辅助服务品种，建立用户参与的分担共享机制。浙江成为国内首个引入第三方主体开展旋转备用品种交易的电力辅助服务市场。

电力期货市场建设积极探索。电力作为国民经济运行的基础产业，其供应和价格的波动都将对企业生产经营造成巨大影响，尤其是随着我国电气化程度不断提高，以及电力市场主体不断增多，建设电力期货市场成为平抑风险的重要举措。电力期货市场具有规避电价波动风险、发现真实电价水平、完善电力市场体系的作用，并且投资者可以利用电力期货进行套期保值和投机获利。未来随着我国电力市场化改革的不断深化，建立有效合理的电力期货市场对中国电力市场的改革发展具有重大意义。

电能本身的特性以及输电网络的持续完善，为电力作为商品并进行期货交易奠定了基础。目前，美国、英国、德国、澳大利亚等国家已经建立了电力期货市场，并且为电力期货市场的运行制定了完整的市场法规，包括短期电力期货、跨区域的套期保值等。2022 年以来，国家推动建立全国统一电力市场，南方区域电力市场的运行为电力期货市场运行提供了重要的平台。

三　电力市场运行

从交易机构看，全国 31 个省份都成立了省级电力交易中心，并于 2016 年 3 月 1 日同时挂牌成立北京、广州两个区域交易电力中心。

从交易类型看，我国已经初步建立了覆盖中长期、现货、辅助服务交易的电力市场体系。

从交易标的看，电力市场覆盖电能量、辅助服务、可再生能源消纳权重等交易品种。

从交易主体看，市场开放度、活跃度显著提升。截至 2021 年底，国网经营区累计注册市场主体超过 36 万户，是 2015 年底的 14 倍。广东电力交易中心累计注册市场主体达 3.9 万户。

从交易规模看，我国电力市场参与主体不断增多，电力市场化交易规模及占比持续扩大，交易机构股份制改造取得积极进展，市场开放度显著提升，市场活力进一步释放。

2022 年，全国各电力交易中心组织完成市场交易电量[①]达 52543.4

① 市场交易电量指电力交易中心组织开展的各品类交易电量的总规模，分为省内交易电量和省间交易电量。其中，省内交易包括省内电力直接交易、省内发电权交易、省内抽水蓄能交易和省内其他交易；省间交易包括省间电力直接交易、省间外送交易（网对网、网对点）、省间发电权交易和省间其他交易。以交易的结算口径统计。

亿千瓦时，同比增长 39%（见图 17－1），其中，全国电力市场中长期电力直接交易电量[①]合计为 41407.5 亿千瓦时，同比增长 36.2%。市场交易电量占全社会用电量比重为 60.8%，同比提高 15.4 个百分点。

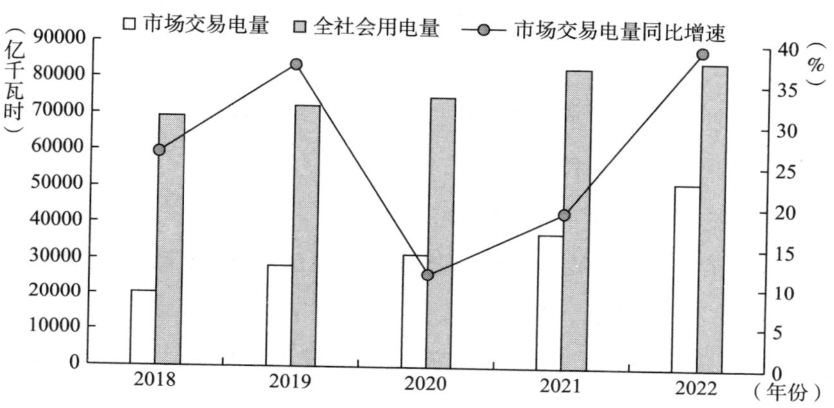

图 17－1　2018～2022 年全国各电力交易中心交易电量情况

资料来源：中国电力企业联合会会。

第二节　碳市场

碳排放权市场既包括碳排放权的交易，也包括那些开发可产生额外碳排放权的项目的交易，以及与碳排放权相关的各种衍生品的交易。

一　碳排放权及其市场

碳排放权交易的产生，可以追溯到 1992 年的《联合国气候变化框架公约》（以下简称《公约》）和 1997 年的《京都议定书》。为了应对全球气候变暖的威胁，1992 年通过了《公约》，设定 2050 年全球温室气体排放减少 50% 的目标。1997 年 12 月有关国家通过了《京都议定书》作为

① 电力直接交易电量指符合市场准入条件的电厂和终端购电主体通过自主协商、集中竞价等直接交易形式确定的电量规模，包括省内电力直接交易电量和省间电力直接交易（外受）电量。当前仅包括中长期交易电量，以交易的结算口径统计

《公约》的补充条款。为降低各国实现减排目标的成本，议定书设计了三种交易机制，即国际碳排放权交易机制（IET）、联合履约机制（JI）和清洁发展机制（CDM）。这三种市场交易机制使温室气体减排量成为可以交易的无形商品，为碳排放权交易的发展奠定了基础。缔约国可以根据自身需要来调整所面临的排放约束，当排放限额可能对经济发展产生较大的负面影响或者成本过高时，可以通过买入碳排放权来缓解这种约束，或降低减排的直接成本。

在《公约》和《京都议定书》的框架下，不少国家和地区陆续建立了碳交易体系。截至2021年末，全球范围内已有34个碳市场投入运行，覆盖电力、工业、建筑、交通、航空、废弃物、林业等多个领域和行业，涵盖GDP总量占全球的54%，覆盖人口总量占全球的1/3，涉及温室气体总量占全球的16%。除此之外，还有8个碳市场即将投入运营，14个碳市场处于建设阶段。

目前，运行最稳定、发展最成熟的市场有欧盟碳市场、美国碳市场（区域温室气体倡议[①]和加利福尼亚州碳市场）和英国碳市场。按照交易原理划分，国际碳排放权交易市场可分为基于配额的市场和基于项目的市场，在基于配额的市场中，根据配额产生的方式不同，又可以分为强制减排市场和自愿减排市场。表17－1呈现了部分碳市场启动以来的配额交易情况。

表17－1　部分碳市场启动以来配额交易情况

碳市场	启动时间	控排规模（亿吨）	2021年碳价（美元/吨）
中国	2021年	45	7
欧盟	2005年	16	65
韩国	2015年	6	17
RGGI	2009年	1	11

① 区域温室气体倡议即区域温室气体减排行动（RGGI）。

续表

碳市场	启动时间	控排规模（亿吨）	2021 年碳价（美元/吨）
加州—魁北克	2012 年	3	22
新西兰	2008 年	0.3	36

资料来源：Wind。

自 2005 年启动以来，欧盟碳市场已经在 2021 年进入第四期，整体看，受 2008 年金融危机的影响，欧洲企业排放量大幅下降，碳排放配额供给严重过剩，碳价一直低迷。欧盟先是实施了 Backloading 机制暂时削减 9 亿吨配额，又在 2018 年正式通过实施市场稳定储备机制（Market Stability Reserve），提升了市场信心，碳价大幅回涨，越过 20 欧元/吨。疫情暴发之后，碳价短期跌至 15 欧元/吨之下，之后又因欧盟提出将 2030 年气候目标从减排 40% 提高为至少 55%，碳价开始上涨。欧盟碳配额 2021 年 12 月期货于 2021 年 4 月 29 日收盘价为 48 欧元/吨，再创历史新高。图 17－2 呈现了全球主要碳市场碳价走势。

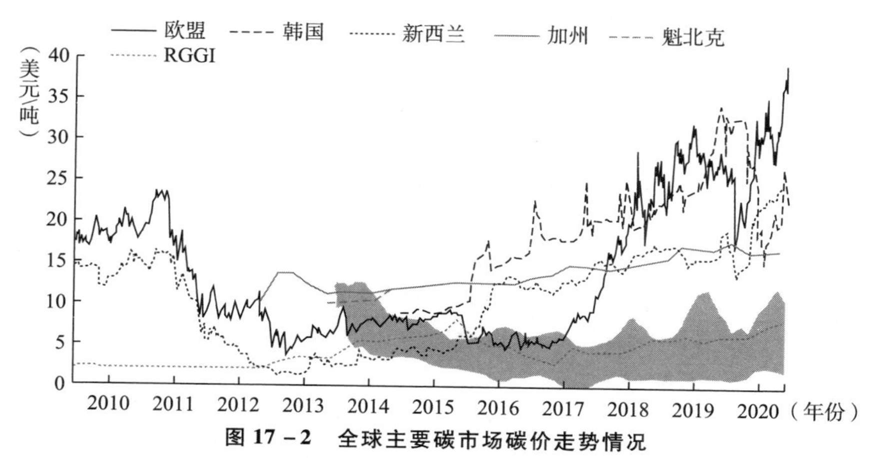

图 17－2　全球主要碳市场碳价走势情况

注：阴影部分为中国试点区域的价格区间。

资料来源：ICAP，*Emissions Trading Worldwide Status Report 2021*。

二　我国碳市场建设

截至目前，我国总共有 10 个碳市场，分为 1 个全国性碳市场和 9 个区域碳市场。其中区域碳市场又包含7个试点碳市场和2个非试点碳市场。早在全国碳市场建立以前，我国先行设立了地方试点市场，并允许其他地区开展非试点地区碳市场，对碳市场的发展路径进行摸索，随后再根据地方运行积累的经验搭建了现在的全国碳市场。

2011年底，国家发展和改革委员会批准北京、天津、上海、重庆、湖北、广东和深圳7个省市开展碳排放权交易试点，正式拉开我国碳市场建设的序幕。2013年6月，深圳碳市场排放权交易所率先启动，标志着碳排放权交易正式开始试点。到2014年，7个试点区域交易所全部启动。2016年12月16日，四川碳市场开市，成为全国非试点地区第一个、全国第八个拥有国家备案碳交易机构的省份，设立四川省联合环境交易平台；2016年12月22日，福建碳市场开市，设立海峡股权交易中心为交易平台。2021年7月16日，全国碳市场正式上线交易，全国碳排放权交易中心位于上海，碳配额登记系统设在武汉。

三　我国碳市场运行

（一）区域碳市场

由于各区域的产业不完全相同，因此碳市场的交易品种、交易价格不尽相同，同时其市场规则及执行情况也存在差异。各区域基本情况如表17－2所示。

表17－2　各区域碳市场基本情况

碳市场	交易品种	纳入气体	控排企业（家）	参与经营主体
北京绿色交易所	碳排放配额 核证自愿减排量 林业碳汇 绿色出行减排量	CO_2	859	电力、热力、水泥、石化 事业单位、服务、交通运输
上海环境能源交易所	碳排放配额 核证自愿减排量 碳配额远期	CO_2	309	电力、钢铁、石化、化工、有色、建材、纺织、造纸、橡胶、化纤、航空、机场、水运、港口、商场、宾馆、商务办公建筑、铁路

续表

碳市场	交易品种	纳入气体	控排企业（家）	参与经营主体
广州碳排放权交易所	碳排放配额 核证自愿减排量	CO_2	245	电力、水泥、钢铁、石化、造纸、民航
深圳碳排放权交易所	碳排放配额 核证自愿减排量	CO_2	687	电力、天然气、供水、制造、大型公共建筑、公共交通
天津碳排放权交易所	碳排放配额 核证自愿减排量	CO_2	216	电力、热力、钢铁、化工、石化、油气开采、造纸、航空、建筑材料
湖北碳排放权交易所	碳排放配额 核证自愿减排量	CO_2	392	电力、热力、有色、钢铁、化工、汽车制造、玻璃、陶瓷、供水、造纸、医药、食品饮料
重庆联合产权交易所	碳排放配额 核证自愿减排量	CO_2	200～300	电力、电解铝、铁合金、电石、烧碱、水泥、钢铁
四川联合环境交易所	碳排放配额	CO_2		
福建海峡股权交易中心	碳排放配额 核证自愿减排量	CO_2		电力、石化、化工、建筑、钢铁、有色、造纸、航空、陶瓷

资料来源：各碳排放权交易所。

截至2021年底，约2900家重点控排企业被纳入7个试点碳市场中，分配的配额共计80亿吨，7个试点碳市场累计完成配额交易总量约2.76亿吨，达成交易额约72.11亿元（详见表17－3）。

表17－3　2021年底各试点市场自启动以来配额交易情况

试点	成交额（亿元）	成交量（万吨）	成交均价（元/吨）
北京	9.96	1591.50	62.58
上海	5.21	1833.62	28.40
广东	25.01	9881.37	25.31
深圳	10.59	3966.88	26.68
天津	2.86	1177.02	24.32
湖北	17.60	8139.78	21.62
重庆	0.89	977.18	9.10

资料来源：Wind碳排放权交易专题二：我国区域碳市场政策及运行。

从成交量和成交额数据来看，广东碳市场均位列第一，且远远超过其余试点碳市场。湖北碳市场虽开市时间相对较晚，但市场活跃程度仅次于广东。深圳碳市场首先开市，交易表现良好，位于第三。重庆地区作为最后一个开展碳配额交易试点，成交量和成交额都大幅落后于其他试点，其成交均价也最低，只有 9.10 元/吨。从成交均价数据来看，北京碳市场碳价最高，达到 62.58 元/吨，是其余碳市场的两倍以上；天津、广州、深圳、湖北、上海 5 个试点的碳价都在 20～30 元/吨，较为接近。

2022 年各区域碳价相比 2021 年都有所上升。从地域维度来看，北京碳价处于全国最高位，其次为广东，福建碳价处于最低位。

2022 年，北京碳市场碳排放配额（BEA）年度成交量为 175.28 万吨，年度成交额为 1.92 亿元。截至 2022 年 12 月 31 日，BEA 累计成交量为 1817.02 万吨，累计成交额为 12.28 亿元，成交均价最高为 149.00 元/吨，最低为 41.51 元/吨。

2022 年，广东碳市场碳排放配额（GDEA）年度成交量为 1460.91 万吨，年度成交额为 10.30 亿元。截至 2022 年 12 月 31 日，GDEA 累计成交量为 2.14 亿吨，累计成交额为 56.39 亿元，成交均价最高为 95.26 元/吨，最低为 30.28 元/吨。

2022 年，深圳碳市场碳排放配额（SZEA）年度成交量为 508.07 万吨，年度成交额为 2.25 亿元。截至 2022 年 12 月 31 日，SZEA 累计成交量为 5545.11 万吨，累计成交额为 14.22 亿元，成交均价最高为 65.98 元/吨，最低为 4.08 元/吨。2022 年 6 月，《深圳市 2021 年度碳排放配额分配方案》公布，明确该市碳排放权交易体系年度配额总量由 2200 万吨提升至 2500 万吨，碳排放管控单位由 687 家提升至 750 家。配额总量及控排企业的增加将进一步提高深圳碳市场的活跃度。2022 年，深圳碳价持续走高，下半年成交均价为 49.52 元/吨，为上半年成交均价的 2.8 倍，交易量大多集中在 8 月履约月份，该月交易量占全年的 58.5%。

2022 年，湖北碳市场碳排放配额（HBEA）年度成交量为 573.35 万吨，年度成交额为 2.69 亿元。截至 2022 年 12 月 31 日，HBEA 累计成交量为 8543.66 万吨，累计成交额为 21.35 亿元，成交均价最高为 61.89 元/吨，最低为 37.15 元/吨。2022 年 11 月，《湖北省 2021 年度碳排放权配额分配方案》印发，将用于市场调节的政府预留配额由 8% 调整为 6%。湖北碳市场于 2022 年共举行了两个批次的配额拍卖，拍卖成交总量为 200 万吨，成交总额为 8668.99 万元。2022 年，湖北碳价由 37.15 元/吨大幅上升至 61.89 元/吨，之后小幅下降，维持在 43～52 元/吨，成交量大多集中于 12 月，约占全年的 53%。湖北碳市场在所有碳市场试点中相对较为活跃，碳价较为平稳，在国内碳市场中处于中游水平。

2022 年，天津碳市场碳排放配额（TJEA）年度成交量为 545.24 万吨，年度成交额为 1.87 亿元。截至 2022 年 12 月 31 日，TJEA 累计成交量为 2411.68 万吨，累计成交额为 5.97 亿元，成交均价最高为 40.16 元/吨，最低为 25.50 元/吨。2022 年，天津碳价总体小幅上升，价格在年中明显上涨。由于履约时间由 6 月 30 日推迟至 8 月 10 日，交易量大多集中在 6～8 月。天津碳价在各试点中处于低位。从成交情况来看，天津碳市场的活力有待进一步激发。

2022 年，重庆碳市场碳排放配额（CQEA）年度成交量为 75.91 万吨，年度成交额为 2977.29 万元。截至 2022 年 12 月 31 日，CQEA 累计成交量为 1056.72 万吨，累计成交额为 9906.70 万元，成交均价最高为 49 元/吨，最低为 28.80 元/吨。2022 年重庆碳价出现一定幅度的下降，年末维持在 30 元/吨左右。从成交情况来看，重庆碳市场的活跃度较低，许多月份未发生交易，这与重庆市纳入管理的重点排放单位数量较少存在一定关系。

2022 年，福建碳市场碳排放配额（FJEA）年度成交量为 766.14 万吨，年度成交额为 1.90 亿元。截至 2022 年 12 月 31 日，FJEA 累计成交量为 2124.01 万吨，累计成交额为 4.54 亿元，成交均价最高为 35.00 元/吨，最低为10.87元/吨。2022年，福建碳价呈现持续上涨的走势，年末碳价一度追上重庆市场，下半年成交量明显高于上半年。福建碳市场配额成交均价处于国内最低位，但交易较为活跃。与其他试点一样，福建试点也存在较强的履约驱动特征。

地方碳市场的规模以及发展程度参差不齐，导致各地碳价存在差异。各区域试点配额总量和覆盖行业存在一定的区别，纳入管控的重点排放单位数量不等，控排企业纳入数量多的地区往往比数量少的地区更为活跃。另外，碳价高低或与发展程度有一定关联，北京、上海、广东、深圳和天津碳市场早在2013年就已经启动运行，福建碳市场于2016年才正式启动。福建碳市场因为起步较晚，发展较慢，所以碳价较其他区域市场低。

（二）全国碳市场

2017年12月，经国务院同意，国家发展改革委印发《全国碳排放权交易市场建设方案（发电行业）》，明确碳市场是控制温室气体排放的政策工具，并确定以发电行业为突破口，分阶段稳步推进。2021年7月16日，全国碳市场正式上线交易。

2021年12月31日，全国碳市场第一个履约周期顺利收官。全国碳市场首个履约期内碳价格走势总体平稳（见图17-3）。2021年7月16日，全国碳市场正式上线交易，开盘价为主管部门设定的48元/吨，开盘当天，全国碳市场碳排放配额（CEA）共计成交410.4万吨，总成交额超2.1亿元。进入8月，碳市在经历开市短暂的上涨后开始缩量下跌，并在当月底首次“破发”，碳市场交易也一度十分冷清，部分交易日仅成交几百吨。到9月，碳价持续下跌至42元/吨，其间受市场预期发电行业重点排放单位完成2019~2020年度的配额核定工作，一度出现单日成交840万吨的高额大宗协议交易，单日成交量超过前两月的总和。10月，碳价小幅上行后持续下跌，但日均交易量呈稳步上涨态势。11月，碳价总体稳定在42~43元/吨，但交易量开始快速攀升，当月日均交易

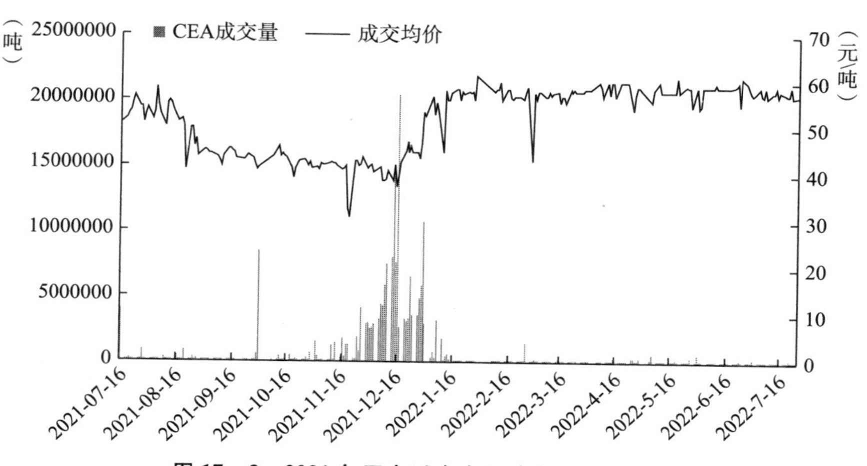

图 17-3　2021 年开市以来全国碳市场成交情况

资料来源：上海环境能源交易所。

量超过 100 万吨，累计成交 2303 万吨，超过前四个月的总和。12 月，碳价稳步上涨，单日成交量在 500 万～1000 万吨不等，交易活跃程度远超其他月份。其中，12 月 16 日单日成交量达 2048.09 万吨，创下全国碳市场上线交易以来的纪录。

总体来看，全国碳市场交易有两个特点。一是“潮汐交易”特征明显，企业碳交易集中在履约期，全国碳市场第一个履约周期从 2021 年 1 月 1 日到 12 月 31 日，2021 年市场累计成交量为 1.79 亿吨，其中临近履约的 1 个月交易 1.36 亿吨，75% 的交易发生在履约前的一个月。二是企业惜售严重。

2022 年，全国碳市场迈入第二个履约周期，全年共运行 50 周（242 个交易日），碳排放配额年度成交量为 5088.95 万吨，年度成交额为 28.14 亿元，成交均价为 45.61 元/吨。其中，挂牌协议交易年度成交量为 621.90 万吨，年度成交额为 3.58 亿元；大宗协议交易年度成交量为 4467.05 万吨，年度成交额为 24.56 亿元。截至 2022 年 12 月 31 日，CEA 累计成交量为 2.30 亿吨，累计成交额为 104.75 亿元，每日收盘价在 55～62 元/吨。上半年 CEA 价格起伏较大，最高价格达到 61.38 元/吨；

下半年呈现下降态势，价格均未超过60元/吨（见图17-4）。

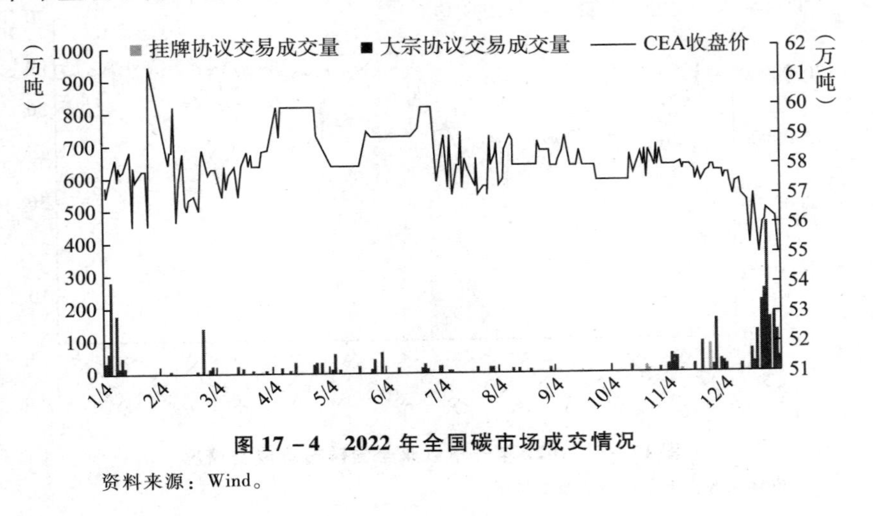

图17-4　2022年全国碳市场成交情况

资料来源：Wind。

第三节　电力市场与碳市场耦合发展

电力市场和碳市场的耦合是电力市场改革中最值得关注的问题之一，尤其是在碳达峰碳中和的背景下。两个市场都会对电力行业的发展及走向产生深远的影响。

一　电—碳市场耦合机制

电力市场是我国推进电力体制改革的核心，也是我国构建新型电力系统的重要抓手，更是促进国家资源优化配置的重要手段。碳市场是我国利用市场机制控制和减少重点排放领域（如能源电力、工业、交通运输等领域）的温室气体排放，从而推动经济发展方式绿色低碳转型的重要政策工具。可以看出，两者的共同之处是都可以促进电力行业供应结构和发电方式的快速转变，并且存在相互制约的关系（见图17-5）。

碳市场将碳排放外部成本内部化，通过碳价影响不同类电源发电的

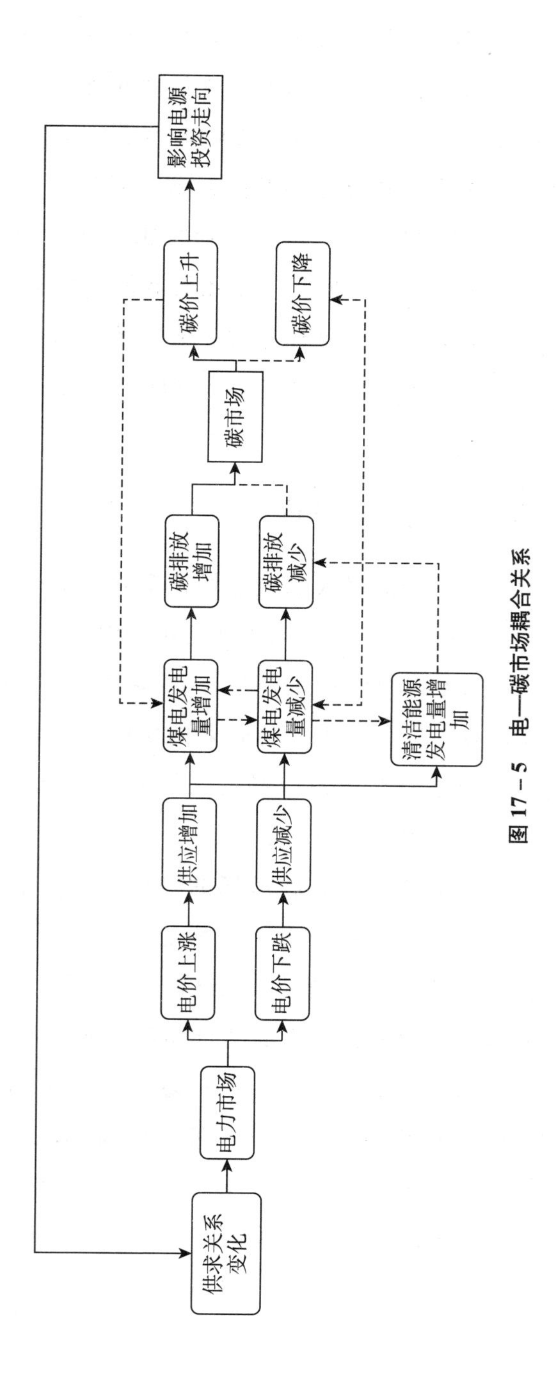

图 17－5 电—碳市场耦合关系

成本，从而降低化石能源在电力市场的竞争力，同时为非化石能源发电提供额外的经济激励和强大的价格信号，能够将资金从化石燃料引至更清洁、更高效的能源使用方式上，进而影响电力供应结构。

电力市场和碳市场是对电力行业发展起着举足轻重作用的两个市场化机制。两种机制有不同的市场平台，分别归属不同部门实施。然而实际上，两种机制的和谐搭配可以体现出市场机制的优化资源配置的作用，可以促进电力行业的结构转型。随着电力改革的推进和电力市场的建立，碳市场与电力市场的结合可以在助力电源结构调整、减少碳排放领域做出更大的贡献。

二　电—碳市场耦合国际经验

目前，欧洲碳市场是全球最大的碳市场，全部碳资产交易量在 70 亿吨以上，占全球碳交易量近 80%；欧洲电市场中电力交易总量达到 12008 亿千瓦时，交易规模和市场主体数量逐年增长。从欧洲自身的经验看，电市场和碳市场共同影响着电力企业的生产经营状况和未来发展。碳市场配额的数量及价格影响电力市场的交易品种、交易价格，进而对环境效益、电力改革等方面产生重大影响。

欧洲一直致力于推动电市场和碳市场的融合，并采取了很多方式实现减碳目标。一是对电力企业不再发放免费配额，以便企业积极参与碳市场；二是加强监管电力行业反垄断等措施，增强发电企业的积极性，让企业自发提高能源利用效率；三是欧洲推动各区域碳市场的联合发展，通过跨国的碳资产交易，从而可能形成多区域互联的电力市场。北欧电力交易所（Nord Pool）资料显示，北欧及波罗的海国家有 370 多家电力生产企业、约 500 家电力分销商、380 多家电力供应商参与电力交易。2020 年仅在 Nord Pool 的交易电量（包括日间交易和日前交易）就达到了 995 亿千瓦时。

此外，美国的区域温室气体减排行动[①]（RGGI）对我国的电、碳市场建设有一定的参考意义。RGGI 是全球首个只有电力行业参与的碳排放权交易体系，从 2009 年启动至今已积累了大量关于碳交易运行机制的理论和实践经验。与此同时，RGGI 区域内的三大独立运营商也总结了碳减排机制下的电力市场运行经验。一是碳市场对电力现货市场的影响，统一价格的市场出清电价机制和碳配额成本会影响发电商的报价行为。二是碳市场对发电商的中长期投资有一定影响，碳市场的碳排放成本迫使低效、高排放的燃煤机组降低发电量，低排放甚至零排放清洁能源机组发电量增加。碳市场还把收益用于投资能效建设，淘汰低效老旧的机组，降低高耗能机组碳排放强度，提高燃料利用率。发电商进行长期性战略投资和收益评估时，更倾向于建立燃气、新能源等低排电厂，2009 年后 RGGI 区域的燃煤电厂增长率极低，而燃气电厂和新能源电厂关停率极低。根据美国环保协会信息，2009 年启动前，RGGI 所在的东北部 9 个州还有不少煤电机组，2009 年 RGGI 地区发电产生的碳排放量为 1.8 亿吨。经过 10 年碳市场的打磨，RGGI 地区煤电机组所剩无几，发电碳排放大幅降低，2019 年 RGGI 地区碳排放量约为 5800 万吨，与 10 年前相比下降了约 70%。三是碳市场或改变区域间电力市场交易的数量及方式，进而影响电力潮流方向。

三　电—碳市场国内发展趋势

近年来，我国始终持续推进电力市场与碳市场建设。国家碳达峰碳中和战略确定以来，碳市场和电力市场的建设大步前进。未来还需要在以下几个方面完善和推进。

---

① 区域温室气体减排行动（RGGI）是美国第一个强制性的、基于市场手段的减少温室气体排放的区域性行动，由美国纽约州州长乔治·帕塔基于 2003 年 4 月创立。经过能源行业代表、非政府组织和其他人员（技术专家等）五年多的计划、建模和咨询，建成了这个旨在以最低成本减少二氧化碳排放同时能鼓励清洁能源发展的区域行动计划，并于 2009 年 1 月 1 日正式实施。

机制体制方面。在电力市场中，通过建立有利于清洁能源优先消纳的交易机制，促进清洁电能的普及利用，推动能源系统的低碳发展；在碳市场中，通过限制企业允许排放的总量，达到控制碳排放的目的，推动各行业降低排放。当前，碳市场应抓紧运作并发挥作用，纳入更多行业、部门，让更多市场主体参与，提升市场活跃度。两个市场都对促进社会碳减排、实现“双碳”目标发挥重要作用。目前，由于我国碳市场建设初期仅有火电企业被纳入交易，且免费配额可以占总排放量的95%，因此对火力发电企业的压力较小。按照目前50元/吨的碳价计算，度电碳边际成本约为0.209分，随着免费配额逐步收紧，碳市场将发挥极大的控碳作用。

交易品种、主体等关键要素方面。中国电—碳市场将电力市场和碳市场的交易产品、管理机构、参与主体、市场机制等要素深度融合。在发电侧，发电成本与碳排放成本共同形成电—碳产品价格，通过价格动态调整不断提升清洁能源市场竞争力，促进清洁替代；在用能侧，建立电力与工业、建筑、交通等领域用能行业的关联交易机制，用能企业在能源采购时自动承担碳排放成本，形成清洁电能对化石能源的价格优势，激励用能侧电能替代和电气化发展；在输配侧，电网企业推动全国范围电网互联互通，促进优质、低价清洁能源大规模开发、大范围配置、高比例使用。

协同方式和路径方面。电—碳市场以气候与能源协同治理为方向，能够将相对分散的气候与能源治理机制、参与主体进行整合，实现目标、路径、资源等高效协同，有效解决当前两个市场单独运行存在的问题，提供科学减排方案与路径，激发全社会主动减排动力。

但不可忽略的是，碳市场的推进要科学有序，防止因配额缩减过快而出现煤电等传统能源发电机组出力受限，进而导致电力供需出现紧张，影响经济平稳发展。

第十八章　绿色金融

绿色金融在实现碳达峰碳中和目标当中具有重要的引导和服务作用，能够进一步降低绿色产品价格，实现经济社会绿色低碳发展。近年来，我国在政策层面加大绿色金融布局力度，绿色金融发展取得了显著成效。

第一节　绿色金融概念与内涵

一　绿色金融概念

“绿色金融”这一理念的提出是人类对现代金融发展的反思，同时也是发展绿色经济、改善生态环境的必由之路。1974 年，西德成立了世界首家政策性环保银行，专门为环境保护与污染治理项目提供融资，这是绿色金融的发端。2007 年，中国开始绿色金融实践，国家环保总局联合中国银行业监督管理委员会、中国保险监督管理委员会和中国证券监督管理委员会提出了“绿色信贷”“绿色保险”“绿色证券”的绿色金融政策。潘岳指出，绿色金融是环境经济政策中的金融和资本市场手段，如信贷、债券、保险、证券、产业基金以及其他金融衍生工具，是以促进节能减排和经济、资源、环境协调发展为目的的宏观调控政策。[①] 王

① 潘岳. 谈谈环境经济新政策［J］. 环境经济，2007，(10).

遥认为，绿色金融是“环境保护”范畴下的概念，目的是通过金融手段来实现环境保护和生态多样化，解决污染防治及生态平衡方面的问题。[①]李晓西等认为绿色金融是以促进经济、资源、环境协调发展为目的而进行的金融活动。[②]一方面，实现金融业自身营运的绿色特性，促使金融业的可持续发展；另一方面，依靠金融机制影响企业的投资取向，为绿色产业发展提供资金支持。

2016年，中国人民银行、财政部、国家发展改革委等联合发布了《关于构建绿色金融体系的指导意见》，将绿色金融定义为“为支持环境改善、应对气候变化和资源节约高效利用的经济活动，即对环保、节能、清洁能源、绿色交通、绿色建筑等领域的项目投融资、项目运营、风险管理等所提供的金融服务”。“绿色金融”是为了应对气候变化，加强环境保护，提升绿色增长和绿色治理水平，通过金融工具创新运用为绿色发展提供资金投入的金融活动的总称。

笔者认为，中国的绿色金融以金融业务为核心，以信贷、债券、保险、基金等具体投融资活动为纽带，让资金充分涌入绿色产业的各个环节。通过绿色金融引导社会资源流向低碳技术开发和生态环境保护产业，引导企业生产注重绿色环保，引导消费者形成绿色消费理念。通过国家、企业和个人的共同努力，让绿色金融在全社会形成绿色环保的新风尚，形成三者共赢的核心目标与效果。

二　绿色金融内涵

绿色金融与生态和环境保护紧紧相关，其目的在于促进自然与经济的和谐，促进经济可持续增长。绿色金融的理论内涵是以促进资源有效利用、生态环境保护、经济可持续发展为宗旨，以金融业务为杠杆而开展的信贷、债券、保险等活动，还包括多种碳金融业务。王凤荣和王康

---

① 王遥．气候金融［M］．中国经济出版社，2013.

② 李晓西，夏光，等．中国绿色金融报告2014［M］．中国金融出版社，2014.

仕认为绿色金融的内涵特征应从供给端和需求端理解，并借助前人的研究，总结出绿色金融供给端的内涵特征是各种绿色金融产品（工具），发展绿色金融是金融业和环保产业的桥梁，目的在于引导资金流向环保产业，实现产业结构的优化调整；绿色金融需求端的内涵特征是对可持续性项目投融资提供的金融业务和产品。①

国内外研究把绿色金融与生态经济和环境保护紧紧联系在一起，目的在于保持经济可持续增长。近年来，我国绿色金融除了着力于支持环境治理、应对气候变化、促进碳排放权交易等，还重点支持清洁能源发展、促进资源节约高效利用、助力经济发展方式转型、保护生物多样性等，由此衍生出能源金融、绿色供应链金融、转型金融、生物多样性金融等多种形式。

梳理国内对绿色金融的内涵阐释，可归纳其共性为以下几点。一是绿色金融的本质是一种金融活动，是针对环保、节能、清洁能源、绿色交通、绿色建筑等领域的项目投融资、项目运营、风险管理等所提供的金融服务。绿色金融越来越受到国内众多金融机构特别是银行的追捧，成为社会各界普遍关注的焦点。二是绿色金融是一种促进环境保护与改善、应对复杂气候变化问题、高效节约利用能源的经济活动手段，是以保护自然环境为出发点的金融服务。三是绿色金融通过绿色金融体制和产品创新可以引导社会资源优化配置，通过一系列投融资工具，包括绿色信贷、绿色债券、绿色基金等，引导和撬动金融资源向新能源、节能降耗、绿色转型、CCUS 等项目倾斜。四是绿色金融项目明确分类，对绿色金融产品贴标，能够激励更多的绿色投资。

---

① 王凤荣，王康仕．绿色金融的内涵演进、发展模式与推进路径——基于绿色转型视角［J］．理论学刊，2018，（5）．

第二节 绿色金融助力碳达峰碳中和

一 绿色金融推动产业结构低碳转型

从产业结构转型来看，绿色金融的一大特征就是会对绿色低碳产业与高耗能产业进行明确的划分，并支持绿色低碳产业发展，约束棕色[①]、黑色产业的发展。绿色金融通过资源的有效配置和信息的整合处理，促进资本对绿色低碳产业的倾斜，提升对绿色低碳产业的支持力度。此外，对绿色产业的支持，充分保障绿色产业的资金需求，引导资金支持绿色产业的发展，会使绿色产业在融资过程中的资金成本相对较低，资金的可得性有所提升，能够促进产业结构的绿色低碳化转型。同时，绿色金融通过对节能环保项目的资金支持，能够促进技术创新、专利等技术要素的转化。在产业结构转型过程中，绿色金融能够充分发挥要素转化所带来的协同效应。绿色金融发展标准趋于完善、信息披露要求严格、监管手段逐渐多样化等能加快产业转型升级。面对高耗能、高污染行业，国家采取一定的限制措施，通过市场外部性理论，将这类企业生产过程中对环境造成的负外部性的成本显性化，从而提高企业的生产成本。例如，对煤炭、钢铁、电解铝、水泥、化工等高耗能行业采取提高贷款利率、限制发行绿色债券、要求这类企业购买环境责任险等方式增加生产成本。资金可得性降低的情况会迫使高耗能产业进行绿色技术创新，降低自身能源消耗，不断促进产业结构的转型。

在碳达峰碳中和目标下，必须改变产业结构不平衡的现状，在加快产业绿色低碳转型升级方面，绿色金融与碳达峰碳中和目标一致，当前绿色金融的核心目标，最终落到经济结构层面，就是实现碳中和。

---

① 棕色产业是指发展不合理、能耗高、污染大的产业。

二 绿色金融为碳达峰碳中和提供资金支持

国内多份碳达峰碳中和顶层设计文件明确了单位国内生产总值能耗、二氧化碳排放强度、非化石能源消费等阶段性目标，分解“双碳”目标社会任务，为“双碳”目标的实现打下基础。各行业各领域全面的绿色低碳发展也意味着巨大的绿色投融资需求。碳达峰碳中和目标下，蕴藏着巨大的投融资需求。据国内外主流研究机构测算，碳达峰碳中和需要的资金投入规模介于150万亿元和300万亿元之间，相当于年均投资3.75万亿元至7.5万亿元。中能智库测算，仅碳达峰直接支持的相关行业投资需求可达100万亿元以上，其中相当大的一部分需要通过绿色金融的融资来满足。

绿色金融将低碳环保的生产发展理念引入金融领域，鼓励金融机构直接参与企业或政府的环保治理项目融资，通过发挥杠杆和信用的作用，吸引更多的社会资本通过直接融资或间接融资的方式进入绿色投资领域。这种绿色金融的优越性就在于金融机构的高度参与性，大多数金融机构面临社会责任履行的外部压力和内部动力问题，直接参与环境治理项目的融资，有助于其发挥专业判断能力和综合分析能力。此外，由于绿色产业领域具有投资时间长、投资回报慢等特点，多数企业和金融机构不愿意进入。绿色金融通过绿色信贷、绿色债券、绿色保险、绿色基金等方式为企业提供发展所需要的资金，有助于以有限的财政资金和基础货币拉动成倍的民间资本投向绿色领域，有效地缓解挤出效应和降低无谓损失。

三 绿色金融加快低碳技术创新

绿色金融的发展，能够凭借其差异化的利率政策及对绿色项目的支持政策，促进高耗能产业及清洁能源的技术创新，为低碳技术进步提供支撑。绿色金融对碳达峰碳中和提供的技术支持，一方面表现为加大在绿色新技术方面的投资，推动绿色低碳技术变革，引导经济绿色低碳、高质量发展；另一方面体现为人工智能、大数据、区块链等新技术的发展若融合到碳达峰碳中和目标中，可增强碳减排的效果，加快碳中和目标的实现。此外，在可持续发展的背景下，绿色技术创新产品更加受公众青睐，是未来企业的核心竞争力。绿色技术创新活动使得企业的环境污染成本降低，实现了资源生产率和制造效率的双提升，降低了相应的生产成本和环境污染治理成本。企业的产品在成本方面具有一定优势，增强了自身竞争力。

四　绿色金融提升低碳投资中的风险管理能力

绿色金融通过期限不同、融资成本不同、流动性不同的工具分散企业资金流动性风险。当企业进行碳减排、碳捕捉等低碳技术的研发投资时，私募股权、天使投资、债券发行等灵活的直接融资工具可以帮助企业提供绿色融资，这些金融机构的专业团队还会从企业资金状况、管理机构、人才团队、成本控制、信息化程度等方面给出专业建议，共同承担低碳转型的资金风险。除了分散企业进行技术创新过程中面临的资金流动性风险，绿色金融市场更注重企业的环境气候风险管理。金融机构通过开展环境信息披露、气候风险压力测试等举措来增强金融体系自身管理气候变化相关风险的能力，确保企业将资金投入对环境产生正外部性的技术创新活动。

第三节　绿色金融发展

绿色金融是我国碳达峰碳中和的重要抓手，能够促进低碳技术进步，提高全要素生产率。2020 年以来，政策层面加大绿色金融布局力度，绿色金融产品发展速度加快，在多个领域产生了重要的国际影响力。

一　绿色金融发展历程

（一）国际绿色金融发展历程

绿色金融最早发端于西方发达国家，这一概念与联合国提出的可持续发展概念有很大的关联，如《京都议定书》、《哥本哈根协议》和《巴黎协定》等一系列旨在减少全球温室气体排放和保护环境的公约均成为推动绿色金融发展的重要力量。2003 年 6 月，国际金融公司和荷兰银行推出赤道原则，并得到了花旗银行等跨国银行的响应。这一原则的核心要义是金融机构在投资项目时，根据融资项目面临的社会和环境方面的影响和风险程度将项目分为 A、B、C 三类，并对 A 类和 B 类中融资金额在 1000 万美元以上的项目提出了具体的管理要求（见表 18－1）。

表 18－1　赤道原则中对绿色项目的分类及管理要求

<table>
<tr><th>赤道项目类别</th><th>风险描述</th><th>管理要求</th></tr>
<tr><td>A 类</td><td>对环境和社会有潜在重大不利、多样、不可逆转的影响</td><td rowspan="2">（1）开展风险评估并提供评估报告；（2）针对评估问题开发管理机制；（3）建立通报协商和利益相关方参与机制；（4）建立投诉机制；（5）评估报告应由独立第三方审查；（6）项目信息科在线获取并披露温室气体排放水平</td></tr>
<tr><td>B 类</td><td>对环境和社会可能造成的不利影响有限，或局限于特定地区，大部分可逆且能够通过缓释措施加以缓解</td></tr>
<tr><td>C 类</td><td>对环境和社会不利影响较小或无影响</td><td></td></tr>
</table>

资料来源：CNKI，中能智库整理。

2015 年 12 月，《巴黎协定》的签订标志着全球经济活动开始向绿色、低碳、可持续转型。2016 年 9 月，G20 绿色金融研究小组正式成立，G20 峰会发布的《二十国集团领导人杭州峰会公报》首次将绿色金融写入其中。2018 年，在北京举行的中非合作论坛将绿色发展作为重要的“八大行动”之一。2019 年 12 月，《欧洲绿色协议》描绘欧洲绿色发展战略的总体框架，并提出落实该协议的关键政策和措施的初步路线图，旨在将欧盟发展为一个公平、繁荣及富有竞争力的资源节约型经济体。

2021 年 4 月，《欧洲绿色协议》通过，提出将出台首部欧洲《气候法》，并将 2050 年实现碳中和的目标写进该法律。

时至今日，国内外对绿色金融的认识已逐渐趋同一致。绿色金融是指为促进经济的可持续发展，金融机构在项目投融资决策中，倾向于环境保护、节能减排、资源循环利用等可持续发展的企业和项目，同时减少对污染性和高耗能企业和项目的投资。绿色金融并没有脱离金融的本质，但又是对传统金融的深化。人类对大气环境和居住环境的关注，以及对经济发展所带来的副产品——环境污染的担心，表明金融不仅要支持经济增长，更要对经济增长的可持续方向予以校准。

（二）国内绿色金融发展历程

2007 年是我国绿色金融发展的正式开端，政府协调各方形成工作合力，为绿色经济、循环经济谋划了未来发展方向，绿色金融逐渐兴起。在政府引导下，国家环保总局、银监会与中国人民银行相继出台各种政策倡导，督促绿色金融产品的发展，首次提出绿色金融概念。其后我国相关监管机构纷纷出台政策文件，对绿色金融涵盖的行业、产业项目类型进行规范和管理，进一步明确了绿色金融的范畴。

2016 年，中国人民银行、财政部、国家发展和改革委员会、环境保护部、中国银行业监督管理委员会、中国证券监督管理委员会、中国保险监督管理委员会七部委发布《关于构建绿色金融体系的指导意见》。这是全球首个政府主导的较为全面的绿色金融政策框架，对绿色金融的发展给出了顶层设计，提出政府、社会资本各参与方可以采用不同品种的绿色金融产品和金融工具，并从操作层面进行了基本要素的搭建。文件明确提出绿色金融体系是为支持经济向绿色化转型的制度安排，不仅包括传统意义上的绿色信贷，也包括将环境保护与新型融资工具结合起来的绿色债券、绿色股票指数和相关产品、绿色发展基金、碳金融等金融工具和相关政策。

2021 年 7 月，中国人民银行出台《金融机构环境信息披露指南》，对金融机构环境信息披露形式、频次、应披露的定性及定量信息等方面提出要求，并根据各金融机构实际运营特点，对商业银行、资产管理、保险、信托等金融子行业定量信息测算及依据提出指导意见，对中国金融机构开展环境风险管理、识别经营及投融资活动的环境影响、拓展绿色金融创新等工作的管理和披露做出专业提示。金融机构环境信息披露进入有政策引导、有依据可循的阶段，并从试点向全国推进。

2021 年 11 月，中国人民银行创设推出碳减排支持工具这一结构性货币政策工具，以稳步有序、精准直达方式，支持清洁能源、节能环保、碳减排技术等重点领域的发展，并引导更多社会资金促进碳减排。人民银行提供低成本资金，提供优惠利率融资，采取先贷后借的直达机制，金融机构向碳减排重点领域的企业发放贷款，之后企业向中国人民银行申请碳减排支持工具的资金支持，并按照中国人民银行要求公开其碳减排相关信息，接受社会监督。碳减排支持工具包括绿色再贷款、再贴现、差异化存款准备金率、定向中期借贷便利操作（TMLF）等工具。碳减排支持工具对碳减排重点领域“做加法”，支持清洁能源等重点领域的投资和建设，以增加能源总体供给能力，而不是“做减法”。金融机构自主决策、自担风险，不盲目抽贷断贷，以发挥对能源安全保供和绿色低碳转型的支持作用。

2022 年 4 月，中国证监会发布《碳金融产品》金融行业标准，在碳金融产品分类的基础上，给出了具体的碳金融产品实施要求。碳金融产品分为碳市场融资工具、市场工具和支持工具三大类，下属碳债券、碳远期、碳保险等 12 个产品。同时标准细化了 6 种产品的实施流程，对实施主体做出认定。此标准的发布对我国碳金融领域的发展具有重大影响，有助于促进各类碳金融产品有序发展，也能促进金融资源进入绿色领域，支持实体行业绿色低碳发展。

2022 年 5 月，国务院国资委发布《提高央企控股上市公司质量工作方案》，明确要求“探索建立健全 ESG 体系”，对央企的 ESG 体系的发展提出要求，不仅要求央企自身“完善 ESG 工作机制，提升 ESG 绩效”，同时要求央企在资本市场发挥带头示范作用，积极参与构建具有中国特色的 ESG 信息披露规则、ESG 绩效评级和 ESG 投资指引。

2022 年 6 月 2 日，银保监会对外发布《银行业保险业绿色金融指引》，要求银行保险机构从建立绿色金融考核评价体系、落实激励约束措施、完善尽职免责机制三方面提升绿色金融服务质效。《银行业保险业绿色金融指引》出台目的在于引导银行业保险业发展绿色金融，积极服务兼具环境和社会效益的各类经济活动，更好助力污染防治攻坚，有序推进碳达峰、碳中和工作。要求银行保险机构深入贯彻落实新发展理念，从战略高度推进绿色金融，加大对绿色、低碳、循环经济的支持，防范环境、社会和治理风险，提升自身的环境、社会和治理表现，促进经济社会发展全面绿色转型。银行保险机构应将环境、社会、治理要求纳入管理流程和全面风险管理体系，强化环境、社会、治理信息披露和与利益相关者的交流互动，完善相关政策制度和流程管理（重点内容详见表 18－2）。

表 18－2　《银行业保险业绿色金融指引》重点内容

具体业务	主要内容
金融支持	银行保险机构应当根据国家绿色低碳发展规划和相关政策，将更多金融资源投入绿色低碳发展领域，调整完善信贷政策和投资政策，引导资金进入并支持重点行业和领域的节能减排、降污增绿
风险防范	将绿色金融政策融入信贷管理全流程，对存在重大环境、社会和治理风险的客户实行名单制管理，对客户风险进行分类管理与动态评估，将风险评估结果作为客户评级、信贷准入、管理和退出的重要依据。保险机构则应将风险评估结果作为承保管理和投资决策的重要依据，根据客户风险情况，实行差别费率
自身管理	银行保险机构重视自身的环境、社会和治理表现，建立相关制度，实行绿色办公、绿色运营等，有序减少碳足迹，实现运营层面碳中和。在组织管理方面，要求高层建立和设立绿色金融高目标，建立机制和流程，并将 ESG 纳入业务管理流程和风险管理体系

资料来源：银保监会，中能智库整理。

近几年，我国发布《生态文明体制改革总体方案》《关于加快推进生态文明建设的意见》《关于构建绿色金融体系的指导意见》《绿色产业指导目录（2019 年版）》等一系列政策，绿色金融顶层设计不断完善，绿色商业信贷、绿色债券、绿色担保基金等绿色金融子市场规模居世界前列。2017 年，我国在浙江、江西、广东、贵州、新疆 5 个省份建立绿色金融改革创新试验区。2020 年，习近平总书记赴浙江、陕西、山西考察绿色发展，有效促进了绿色金融发展。

二 绿色金融产品最新进展

（一）绿色信贷

1. 绿色信贷政策体系相对完善

根据中国人民银行的定义，绿色信贷是指金融机构发放给借款企业用于投向节能环保、清洁生产、清洁能源、生态环境、基础设施绿色升级和绿色服务等领域的贷款。我国对于绿色金融的发展十分重视，2007 年 7 月，环保总局、中国人民银行、银监会联合发布了《关于落实环保政策法规防范信贷风险的意见》，标志着绿色信贷首次在我国被提出。此后，我国绿色信贷的发展经历了快速发展与政策完善阶段。2016 年以来，随着绿色金融的概念不断被提及，中国人民银行又陆续推出《绿色贷款专项统计制度》《关于开展银行业存款类金融机构绿色信贷业绩评价的通知》，进一步加强绿色信贷业绩评价，绿色信贷进一步发展。2017 ~2018 年中国银行业协会和中国人民银行先后出台《中国银行业绿色银行评价实施方案（试行）》《关于开展银行业存款类金融机构绿色信贷业绩评价的通知》，从定性和定量两个维度要求各银行开展绿色信贷自我评估。值得注意的是，中国人民银行在 2021 年 6 月发布了《银行业金融机构绿色金融评价方案》，在《关于开展银行业存款类金融机构绿色信贷业绩评价的通知》的基础上，进一步扩大了绿色金融考核业务范围，将绿色债券和绿色信贷同时纳入定量考核指标。目前在监管层面，我国经过多年的探索，在绿色信贷政策上已经取得了一定成效，已初步形成了包括顶层设计、统计分类制度、考核评价体系和激励机制在内的政策框架（见表18－3）。

表18－3　我国绿色信贷政策

时间	部门	政策	内容
2007年7月	环保部、中国人民银行、银监会	《关于落实环保政策法规防范信贷风险的意见》	充分认识利用信贷手段保护环境的重要意义，加强建设项目和企业的环境监管与信贷管理
2009年12月	中国人民银行、银监会、证监会、保监会	《关于进一步做好金融服务支持重点产业调整振兴和抑制部分行业产能过剩的指导意见》	要求金融业机构应加大对低碳循环经济的信贷供给；对于环保考核不达标的产业实行信贷管制
2012年2月	银监会	《绿色信贷指引》	全面评估银行业金融机构的绿色信贷成效，按照相关法律法规将评估结果作为银行业金融机构监管评级、机构准入、业务准入、高管人员履职评价的重要依据
2012年6月	银监会	《银行业金融机构绩效考评监管指引》	要求银行业金融机构在绩效考评中设置社会责任类指标
2013年2月	银监会	《关于绿色信贷工作的意见》	要求认真落实绿色信贷指引要求，各银监局和银行业金融机构应切实将绿色信贷理念融入银行经营活动和监管工作中，不断增强银行业以绿色信贷促进生态文明建设的自觉性和主动性
2013年7月	银监会	《绿色信贷统计制度》	对绿色信贷相关统计领域进行了明确划分，要求各家银行对所涉及的环境、安全重大风险企业贷款和节能环保项目及服务贷款进行统计
2014年6月	银监会	《绿色信贷实施情况关键评价指标》	规定绿色银行评级的依据和基础
2016年8月	中国人民银行、财政部、银监会	《关于构建绿色金融体系的指导意见》	为中国绿色金融的发展给出了顶层设计，提出大力发展绿色信贷
2017年12月	中国银行业协会	《中国银行业绿色银行评价实施方案（试行）》	开展绿色银行评价工作。同年，中国人民银行将银行机构绿色信贷业绩表现纳入宏观审慎评估
2018年1月	中国人民银行	《绿色贷款专项统计制度》	要求金融机构报送绿色贷款专项统计
2018年7月	中国人民银行	《关于开展银行业存款类金融机构绿色信贷业绩评价的通知》	要求绿色信贷业绩评价每季度开展一次，将绿色信贷业绩评价指标设置为定量和定性两类，定量指标权重为80%，定性指标权重为20%

续表

时间	部门	政策	内容
2019 年 12 月	银保监会	《关于推动银行业和保险业高质量发展的指导意见》	要求金融机构建立健全环境与社会风险管理体系，将环境、社会、治理要求纳入授信全流程，大力发展绿色金融
2020 年 12 月	财政部	《商业银行绩效评价办法》	将绿色信贷占比纳入服务国家发展目标和实体经济的考核条件
2021 年 6 月	中国人民银行	《银行业金融机构绿色金融评价方案》	对《关于开展银行业存款类金融机构绿色信贷业绩评价的通知》进行修订，将绿色贷款升级为绿色金融

资料来源：中国人民银行、财政部、银保监会、环保部，中能智库整理。

2. 资金投向

截至 2021 年，我国绿色信贷主要投向交通运输、仓储和邮政业，以及电力、热力、燃气及水生产和供应业，分别占比 27% 和 28% 。而按照《绿色产业指导名录（2019 版）》中划分的六大行业，即绿色服务、节能环保、基础设施、清洁能源、生态环境、清洁生产，绿色贷款主要投资于基础设施、清洁能源，占比分别为 48.20% 和 26.74% 。

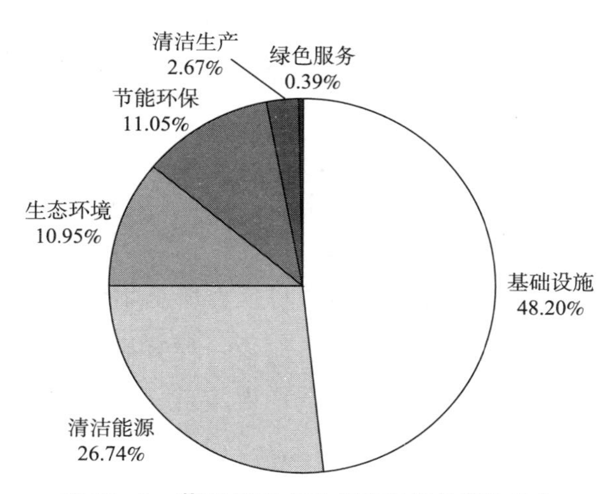

图 18－1　截至 2021 年 9 月我国绿色贷款投向

资料来源：《中国绿色金融发展报告（2022）》。

3. 绿色信贷余额稳步增长

考虑到目前国内的融资结构仍以间接融资为主，因此绿色信贷在绿色融资中占据了主导地位，随着政策框架体系逐步完善，自银监会2012年印发《绿色信贷指引》以来，国内已逐步建立了全世界最大的绿色信贷市场。截至2022年3月末，根据央行统计口径，我国绿色信贷余额已由2013年的5.2万亿元增长到18万亿元，较2021年同期增长38.6%（见图18－2）。

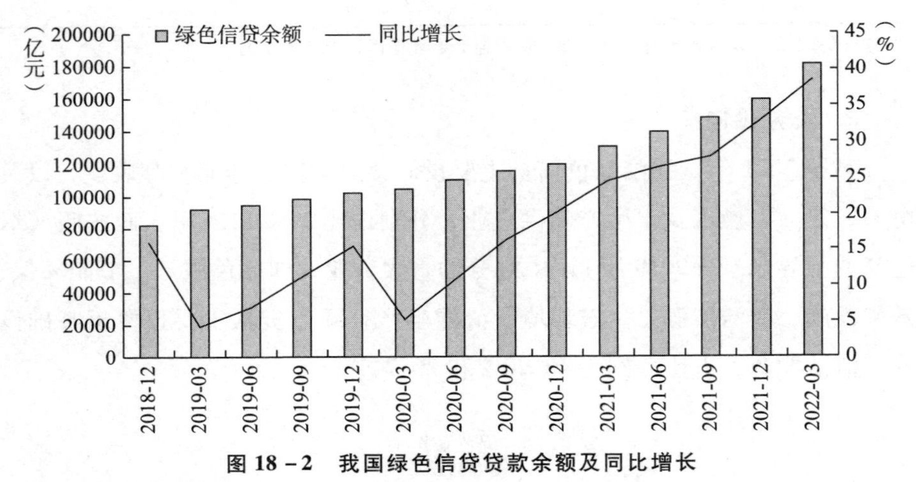

图18－2 我国绿色信贷贷款余额及同比增长

资料来源：中国人民银行。

（二）绿色债券

1. 绿色债券顶层设计逐步完善

绿色债券是企业直接发行债券并将债券所募集的资金用于发展本公司的环保减排项目的一种金融工具。作为一种直接融资手段，绿色债券可以帮助企业直接募集资金开展绿色环保项目，进而提升绿色环保项目的发展水平。

从顶层设计角度来看，我国绿色债券相关法律法规经历了由金融债到企业债再到公司债的发展顺序（见表18－4）。2015年12月，中国人民银行出台了《关于在银行间债券市场发行绿色金融债券有关事宜公告》，并配套发布《绿色债券支持项目目录》，对绿色金融债券的发行进行了引导，自上而下建立了绿色债券的规范与政策，中国的绿色债券市场正式启动。2016 年，国家发展改革委和沪深交易所分别出台《绿色债券发行指引》和《关于开展绿色公司债券试点的通知》，分别就绿色企业债和绿色公司债的发行做出了指导。2021 年 4 月，中国人民银行、国家发展改革委与证监会联合发布《绿色债券支持目录（2021 版）》，统一绿色债券的相关行业范围，我国绿色债券市场迎来快速发展。

2021 年以来，国内陆续发行碳中和债券。2021 年 3 月 18 日，交易商协会发布《关于明确碳中和债相关机制的通知》，明确了资金用途和管理、项目评估与遴选、信息披露等相关内容。截至 2022 年 6 月末，我国境内市场贴标绿色债券累计发行规模达到 2.21 万亿元，存量规模达 1.34 万亿元，占同期我国全市场信用债券和政策性金融债券存量规模的 2%。在绿色债券存量中，绿色债务融资工具和绿色金融债存量规模最大，分别占比 28.0% 和 24.2%。

表 18－4　我国绿色债券顶层设计

时间	出台机构	政策	主要内容
2015 年 12 月	中国人民银行	《关于发行绿色金融债券有关事宜的公告》《绿色债券支持项目目录（2015 年版）》	给出绿色金融债券发行指导，并规定了绿色项目支持的六大领域
2016 年 1 月	国家发展改革委	《绿色债券发行指引》	给出绿色企业债发行指导
2016 年 3 月	上海证券交易所	《关于开展绿色公司债券试点的通知》	给出绿色公司债发行指导
2016 年 4 月	深圳证券交易所	《关于开展绿色公司债券业务试点的通知》	给出绿色公司债发行指导
2016 年 8 月	中国人民银行、国家发展改革委等七大部门	《关于构建绿色金融体系的指导意见》	明确了证券市场支持绿色投资的重要作用，要求统一绿色债券界定标准，积极支持符合条件的绿色企业上市融资和再融资，支持开发绿色债券指数、绿色股票指数以及相关产品，逐步建立和完善上市公司和发债企业强制性环境信息披露制度

续表

时间	出台机构	政策	主要内容
2017 年 3 月	证监会	《中国证监会关于支持绿色债券发展的指导意见》	对交易所的绿色公司债在信息披露、资金使用上给出指导
2018 年 3 月	中国人民银行	《绿色金融债券存续期信息披露规范》	对银行间绿色金融债债券信息披露进行规范
2019 年 5 月	中国人民银行	《关于支持绿色金融改革创新试验区发行绿色债务融资工具的通知》	支持我国五个绿色金融改革创新试验区内注册的具有法人资格的非金融企业在银行间市场发行绿色债券
2021 年 3 月	交易商协会	《关于明确碳中和债相关机制的通知》	明确交易商市场碳中和债业务规则
2021 年 4 月	中国人民银行、国家发展改革委、证监会	《绿色债券支持项目目录（2021 年版）》	更新了绿色债券支持项目目录版本，实现国内绿色债券市场目录的统一

资料来源：中国人民银行、财政部、银保监会、环保部。

2. 发债主体以实体企业为主

我国的绿色债券发展起步较晚，2014 年 5 月，中广核风电有限公司发行国内第一笔同碳收益挂钩的 5 年期中期票据，是我国发行的第一支绿色债券。自 2016 年以来，我国的绿色债券发展呈指数增长，现在是世界上最大的绿色债券市场。从发债主体的行业分布来看，实体企业成为绿色债券最重要的发行方。若排除国开债、地方债等，只看金融债、公司债、企业债，2018 年以前金融业是绿色债主要的发债方向，发行规模占比基本为 70% 以上，其后两年公用事业和工业部门占比逐步提升。2020 年工业部门的绿债发行规模最高，占比超过 50%，公用事业、金融部门紧随其后（见图 18－3），绿债融资主体已经从金融机构转向工业企业，意味着绿债对全社会绿色转型发展的作用进一步凸显。

3. 资金投向

我国绿色债募集的资金主要流向六大领域，即国务院出台的《绿色产业指导名录（2019 版）》中划分的六大行业，包括绿色服务、节能环

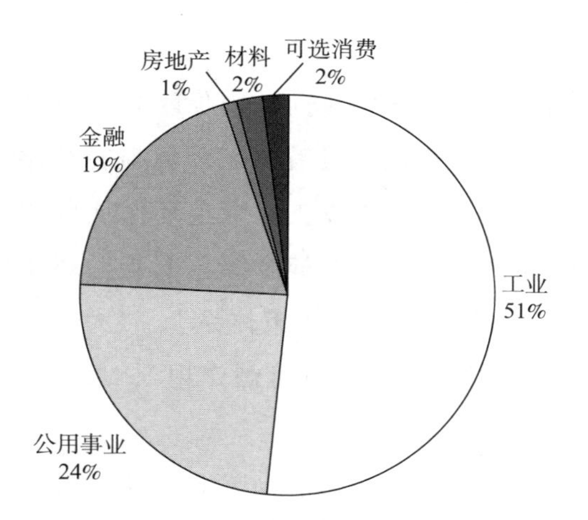

图 18－3　2020 年我国绿色债券的发行主体

资料来源：中国人民银行。

保、基础设施、清洁能源、生态环境、清洁生产。按照 CBI（气候债券倡议）的定义，我国绿色债的资金使用主要集中在可再生能源、低碳建筑、低碳交通这几大方向。2020 年我国绿色债资金主要流向绿色服务与节能环保方向，占比分别达到 30% 和 28%（见图 18－4）。

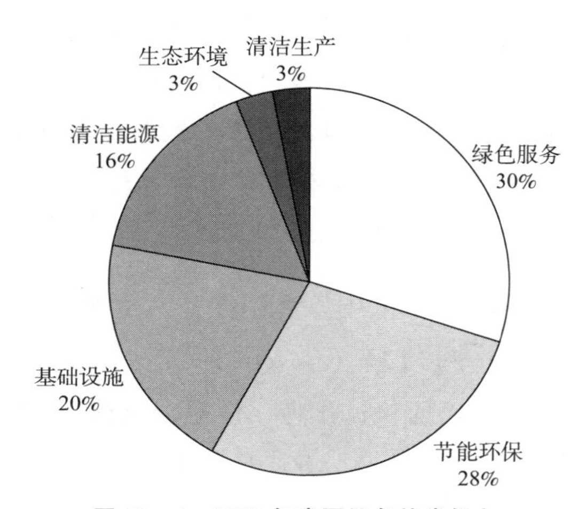

图 18－4　2020 年我国绿色债券投向

资料来源：中国人民银行。

（三）绿色保险

绿色保险是指环境资源被污染时，由保险公司提供的对污染受害者进行赔偿的保险工具。绿色保险具有生态环境损害补偿和增益奖补的作用，企业可以灵活运用绿色保险以支撑绿色环保项目开展。2021 年 2 月 2 日，国务院发布《关于加快建立健全绿色低碳循环发展经济体系的指导意见》，表示要“完善法律法规政策体系”，“大力发展绿色金融，发展绿色保险”，“发挥保险费率调节机制作用”，进一步加大对绿色保险的支持力度。

我国开发的绿色保险产品有绿色资源保险类、环境损害保险类、绿色产业保险类、巨灾或天气保险类、资源节约保险类、绿色金融信用保险类等。绿色保险中最具代表性的是环境污染责任保险，当污染事故发生在被保险企业且损害了第三方利益时，保险方应承担赔偿责任。2019～2021 年，保险行业累计提供绿色保险（包括绿色能源、绿色交通、绿色建筑、绿色技术、巨灾、天气、绿色资源、环境污染等领域）保额共计 58 万亿元。2021 年，绿色保险保额超过 25 万亿元，赔付金额达到 240 亿元，涉及交通建设、清洁能源、污水处理等多个领域。从整体上看，我国绿色保险支持碳达峰碳中和目标的实践仍处于起步阶段，只有少数城市参与了绿色保险项目，总体上绿色保险在我国的应用效果还不太显著，政府在支持和推动工作上仍有待加强。

（四）ESG 投资

ESG 投资起源于可持续和社会责任投资，主要涵盖环境（Environment）、社会（Social）和治理（Governance）三个层面。其中，环境（E）是指公司在环境方面的积极作为，包括碳减排、污染物管理、能源使用、生物多样性合规等；社会（S）是指平等对待利益相关者，维护公司发展的社会生态系统，涉及性别平等、种族平等、健康安全等方面；治理（G）是指完善现代企业制度、加强公司治理等。ESG 投资的最大特点是除了采用传统分析框架（财务状况、盈利水平、行业发展空间）

来评价上市公司外，还将环境、社会、治理方面的因素纳入投资决策过程，把环境友好、更好地承担社会责任和公司治理优秀的企业作为投资对象。

根据使用主体的不同，ESG 生态圈划分为两大主题——ESG 投资与 ESG 实践。ESG 投资指资金方（投资人）评估被投资对象环境、社会和治理等非财务绩效，以指导 ESG 责任投资的过程；而 ESG 实践指实体企业（被投资对象）履行环境、社会以及治理责任，实现可持续发展的过程。两个主题并不是简单割裂的关系，而是相辅相成、互相影响的。

近年来，中国 ESG 投资快速兴起。根据 Wind 数据，截至 2022 年 6 月，我国市场上名称中带有“ESG”的公募基金产品已有 20 余只，合计规模超 74 亿元。而包含新能源、环保、低碳、绿色等概念的“泛 ESG”基金产品已达 248 多只，总规模超 2490 亿元。目前，我国“泛 ESG”基金产品占比超过 90%，其中环境相关的“泛 ESG 基金”占比最大，达到 60%。值得注意的是，近三年，纯 ESG 主题基金数量明显上涨，超过 40% 新发 ESG 基金为纯 ESG 主题基金。

ESG 实践方面，我国企业积极响应绿色低碳政策要求，环境管理能力、节能减排及污染防治表现提升较为明显。对员工、客户、供应商、社区等利益相关方的保护不断增强，开展工会活动、客户满意度调查、供应商社会责任评估、社区投资与建设方面工作的企业占比持续提升。公司治理机制更加完善，信息披露质量提升，议事机制得到完善，股东大会、董事会、监事会人员的稳定性和人员素质不断提高。

（五）碳金融

碳金融市场的发展历程一般是从碳配额、减排量现货市场逐步发展到包含各种碳衍生产品交易工具和金融服务的碳金融市场。在碳市场金融化特征加深过程中，最早出现的产品均是碳配额和项目减排量等碳资产现货，然后逐渐出现了碳托管、碳回购、碳远期、碳掉期、碳基金、碳债券、类碳期货等碳金融产品和工具。碳金融产品能够帮助市场主体规避碳市场风险，提供碳资产保值增值的渠道，为企业融资拓宽渠道，并且有利于提高碳市场的流动性。

我国各试点碳市场为促进碳资产管理、活跃碳市场交易，开展了多种形式的碳金融创新。碳金融产品交易品种日趋多元化，包含碳期货、碳期权、碳远期等各种碳衍生工具，碳债券、碳资产质押、碳资产回购、碳资产租赁、碳资产托管等各种碳融资工具，以及各种碳交易的支持工具，包括碳指数、碳保险等。这些交易工具将帮助市场参与者更有效地管理碳资产，为其提供多样化的交易方式，进而提高市场流动性，并对冲各种碳交易市场存在的风险，实现套期保值，有效帮助控排企业提前锁定减排成本、规避碳价波动风险。2021 年 4 月 19 日，广州期货交易所成立，其正在积极稳妥推进碳期货研发工作，拟在条件成熟时推出碳排放权相关的期货品种。在碳资产清查的技术方面，其碳排放权核查、履约系统、MRV 系统，可监管、可报告、可核查系统已经完善和建立。技术体系和交易体系的完善和结合，形成了整个碳交易市场逐渐推进的局面。

三　实践探索与典型案例

（一）绿色信贷案例

在与碳中和相关的战略规划、产品创新和风险分析方面，国内的一些领先银行做了许多有益的尝试。例如，中国工商银行《2021～2023 年发展战略规划》提出 2021～2023 年绿色金融体系建设的目标、路径和工具。中国银行制定了《中国银行服务“碳达峰、碳中和”目标行动计划》，计划在“十四五”期间，对绿色产业提供不少于 1 万亿元的资金支持，在境内对公“高能耗、高排放”行业信贷余额占比逐年下降，加大对减排技术升级改造、化石能源清洁高效利用、煤电灵活性改造等绿色项目的授信支持。一些国内银行积极创新产品支持碳中和。例如，华夏银行承接的世界银行“京津冀大气污染防治融资创新项目”，通过引入结果导向型贷款管理工具，创新性地将资金支付与项目实施的环境效益相关联，在平衡子项目的经济效益和可量化的环境效益后确定贷款条件。

专栏　绿色信贷案例

碳中和对银行发展绿色金融提出了更高的要求，国内银行从贷款业务、产品创新和风险分析等多个方面稳扎稳打，在支持低碳发展方面取得了一系列成绩。

◆中国工商银行绿色金融助力碳达峰碳中和行动。工商银行围绕我国碳达峰、碳中和“30·60”自主贡献目标，积极把握绿色金融发展机遇，前瞻布局集团碳达峰碳中和整体方案，投融资结构绿色低碳转型、绿色金融产品和服务创新、ESG 信息披露、国际交流与合作等工作均取得优异表现。截至 2021 年 6 月末，工商银行银保监会口径绿色贷款余额达 21544.6 亿元，较年初增加 3087 亿元。绿色贷款支持的项目产生的年度环境效益可节约标准煤 4694 万吨，减少二氧化碳排放 9562 万吨。

◆农业银行大力发展绿色金融，全面助力实现碳达峰碳中和目标。中国农业银行高度重视金融支持绿色可持续发展和碳达峰、碳中和工作，将发展绿色金融、推动实现碳达峰碳中和目标作为履行社会责任、服务实体经济和调整信贷结构的重要着力点，持续强化战略引领，不断优化绿色信贷政策体系，推动多元化绿色金融产品创新，加强环境和社会风险管理，加大体制机制保障，绿色银行建设持续加快，绿色金融业务规模稳步增长，绿色银行品牌形象不断提升。截至 2021 年末，绿色信贷余额接近 2 万亿元，绿色债券投资余额近 900 亿元，同比增长均超 30%。

◆中国邮储银行服务“绿色金改”助力推动林业碳汇市场发展。项目最大创新点在于将尚处于监测期内的林业碳排放权，即未来碳汇收益作为质押标的，在中国人民银行“动产融资统一登记公示系统”进行质押登记，破解了未来收益权质押登记难题，解决了林业碳汇企业实际融资难题。

◆建设银行天津蓟州支行PPP项目贷款成效案例。天津市北部山区生态保护PPP项目由地方政府部门发起，用TOT和BOT相结合的模式运作，项目总投资达300.01亿元，为地方大型低碳项目通过PPP模式融资提供了经验借鉴。该项目将开发性贷款和商业性贷款有效结合，引入质押担保股权质押和保证担保等多种担保方式，以银团贷款方式有效解决了项目建设周期和回收周期长、单纯商业资本参与积极性不高等难题，兼顾经济效益和生态环境效益，为生物多样性保护、基础设施和地方公共设施建设以及碳减排等项目提供有效金融支持方案，具有一定的复制推广意义。

（二）绿色债券案例

发行主体与产品丰富，涵盖行业具有多样性，绿色债券市场覆盖区域持续扩大，促使中国不同层面的绿色债券结构越发稳健，也有力地巩固了绿色债券在绿色金融政策体系中的重要地位。

专栏　绿色债券案例

我国的绿色债券包括由银行等金融机构在银行间市场发行的金融债，国有或民营企业在上交所或深交所发行的企业债、公司债、私募债，以及在银行间市场发行的多种资产支持证券产品和其他商业票据、中期票据、定向票据等债务融资工具。

◆可持续发展挂钩债券的产品创新案例。我国首次发行可持续发展挂钩债券，将债券条款与发行人可持续发展目标挂钩。该债券获得碳中和债、气候债券国际国内双标准认证。

◆国家电力投资集团有限公司2021年度新能源2号第三期绿色定向资产支持商业票据（碳中和债）。该集团以其受让的可再生能源电价附加补助收益权作为信托财产委托给作为受托人的百瑞信托，设立国家电力投资集团有限公司2021年度新能源2号绿色定向资产支持商业票据信托。百瑞信托作为发行载体的管理机构向投资人发行以信托财产为支持的资产支持商业票据。该项目2021年上半年度可实现年协同二氧化碳减排量105.55万吨，替代化石能源量46.00万吨标准煤，协同二氧化硫减排量281.55吨，协同氮氧化物减排量293.59吨，协同烟尘减排量57.21吨。

（三）绿色保险案例

在国家层面持续出台相关政策和监管部门统筹推动的背景下，保险行业不断拓宽服务领域，创新保险产品，为绿色能源、绿色交通、绿色建筑、绿色技术、气候治理和森林碳汇等领域提供风险保障。

专栏 绿色保险案例

林业碳汇指数保险赔款可用于灾后林业碳汇资源救助和碳源清除、森林资源培育及加强生态保护修复等有关费用支出。同时，当市场林业碳汇项目价格波动时，保险公司按照合同约定进行赔偿，有效防止碳汇林种植企业受到价格极端下跌的影响。

◆林业碳汇指数保险项目。不可抗拒的自然灾害造成保险林木损毁，经计算达到一定程度碳汇减弱值时，视其为发生碳汇减弱事故，该项目对碳汇损失进行理赔。该项目填补了林业碳汇保险空白，具有很强的创新性，同时多点落地，具有较强的推广价值，人民日报、学习强国、中央电视台等多家权威媒体进行宣传，取得广泛社会影响和关注。

◆林业碳汇保险助力“青山”变“金山”。本项目基于广州碳排放权交易中心出具的林木碳汇价值认定结论及碳汇价格，为清新区三坑镇布坑村林场碳汇林提供221万元的风险保障。该项目根据当地碳汇林的碳含量和碳容量计算出固碳量，以碳汇损失计量为补偿依据，将火灾、冻灾、泥石流、山体滑坡等合同约定灾因造成的森林固碳量损失指数化，合理设定碳汇林的保额，为当地碳汇资源的保护工作提供保障。2021 年，中国人保承保碳汇林面积达 18.36 万亩，保障碳汇量达 20.76 万吨，保障碳汇价值达 635 万元。

（四）碳市场案例

碳市场在碳中和目标实现过程中将发挥灵活且巨大的作用，成为碳中和目标的重要推力。就目前我国碳市场的发展情况而言，仍存在建设速度较慢、交易品种单一、配额分配方式有诗明确、衍生产品创新力度较弱等急需改善的问题。

专栏　碳市场案例

碳资产管理作为一项新兴的业务，越来越受到企业的重视，许多大型能源企业开始尝试碳资产管理业务。

◆把握碳交易市场机遇，探寻绿色低碳之路。中国大唐集团近两年积极推动完成碳达峰碳中和行动纲要和 2030 年前碳达峰行动方案，开展科技创新降碳、源头减排降碳、管理提升降碳、零碳负碳试点、协同减排降碳 5 大行动和 18 项重点举措，整体降碳节能成效显著；按照“四统一”（统一平台、统一组织、统一核算、统一交易）原则开展碳资产管理工作，构建了完整的碳资产管理制度体系。利用信息化赋能“质效双提升”，搭建了辐射中国大唐全部企业的碳资产管理信息系统，实现了对碳排放、碳配额、碳减排和交易等数据的信息化管理和配额盈亏预测等功能，提升精细化运营管理效能。“十三五”期间，推动非化石能源装机比重提高 6.9 个百分点，全口径度电排放二氧化碳减少 70 克。2021 年，大唐上市公司环境公司获得中国融资大奖“最佳 ESG 奖”。

◆大型电网企业碳管理实践经验。本案例是国家电网总部碳资产管理实践和创新的案例，其从管理层、执行层和支撑层统筹开展碳管理工作，积极拓展碳市场新兴业务，搭建了专业化服务平台，以国网新能源云为基础，全面接入发电、用电、能耗、交易等数据，促进数据+技术双向赋能，构建排—减—易—融四大业务中心、十二大业务场景，具有示范性和引领性。

展望篇

第十九章　发展趋势分析

应对气候变化和实现可持续发展是国际社会共同面临的紧迫任务，随着世界各国对气候变化的认知逐步加深，加强气候治理逐渐成为全球共识，应对气候变化的国际合作将进一步加强。中国作为世界第二大经济体，在全球气候治理中担任重要角色，绿色低碳循环发展进程加快推进。

第一节　全球应对气候变化趋势

全球应对气候变化，道路漫长且艰巨。目前，国际社会中仍然存在一些阻碍合作的因素，尤其是新冠肺炎疫情的发生，使一些国家落实应对气候变化的行动有所放缓，各方减排力度与实现《巴黎协定》所提出的温控目标仍存在较大差距，疫后全球气候治理格局的多极化趋势将更加明显。

一　应对气候变化国际谈判稳步推进

自《联合国气候变化框架公约》1994 年生效以来，联合国气候变化大会从 1995 年起每年举行，缔约国就气候问题展开谈判，确立应对全球气候变化与推动世界可持续发展进程的责任划分、规则制定、路径选择等问题，不断影响全球低碳减排格局的演进方向。2021 年 11 月 13 日，

《联合国气候变化框架公约》第26次缔约方大会（COP26）在英国苏格兰格拉斯哥落下帷幕，会议在落实《巴黎协定》与应对全球气候变化的国际治理谈判中取得了重要的阶段性进展，全球气候治理共识进一步深化，为未来碳中和时代气候行动的进程和方向奠定了一定的基础。2022年11月6日至20日，联合国气候变化大会第27次缔约方大会（COP27）在埃及沙姆沙伊赫举办。会议就《联合国气候变化框架公约》及《京都议定书》《巴黎协定》落实和治理事项通过了数十项决议，包括达成“沙姆沙伊赫实施计划”协议；首次设立气候“损失和损害”基金，由发达国家在发展中国家的物质和基础设施被极端天气严重影响时提供经济援助，为发展中国家争取气候治理体系下的合理权益提供了重要机遇，进一步推动全球气候谈判进程。

联合国气候变化大会第28次缔约方大会（COP28）将于2023年在阿联酋举办。以阿联酋、沙特等为代表的中东主要产油国家，对石油资源依赖程度较高，能源转型迫在眉睫。沙特在2021年10月计划到2060年实现碳中和，阿联酋近两年来积极开展绿色交通、蓝绿氨能源转型以及召开绿色经济峰会。阿联酋承办COP28，体现了中东地区在国际气候谈判中的参与度明显提升，将加快中东国家的能源转型进程。

二　应对气候变化行动进程仍存阻碍

新冠肺炎疫情的突发，不仅给各国人民生命安全和身体健康带来巨大的威胁，也为全球公共卫生安全带来巨大挑战，同时也影响到全球气候治理的进程。世界各国重点将关注度集中于经济复苏和公共卫生事件，而气候变化议题在国际政治议程中的地位被降低，应对气候变化行动在各国资源分配中的优先度也将下降，全球气候治理进程将面临更为严重的国际合作困境与互信危机。某些发达国家以各种理由寻找借口，迟迟不兑现所做出的承诺，或者拒绝提供资金和技术。尤其受新冠肺炎疫情影响，发达国家的支持意愿和力度更加削弱，致使发展中国家急需的资金和技术得不到落实，影响了发展中国家应对气候变化能力的提升。此外，应对新冠肺炎疫情还影响了一些国家通报或更新国家自主贡献的力度和进度。许多发展中国家表示因新冠肺炎疫情影响，原本应该获得用于研究和编制国家自主贡献的支持难以到位，人员也无法安排，预计将推迟提交国家自主贡献文件。自 2021 年 11 月 13 日 COP26 闭幕至 2022 年 9 月，仅有 20 个国家向联合国提交了新的国家自主贡献文件，且大部分为温室气体排放量较小的国家。在排放大国中，只有澳大利亚、巴西、印度、埃及更新了国家自主贡献[①]。COP26 之后的气候变化商谈虽然取得了一定进展，但国际合作进程仍然较为缓慢，落实温控目标的实际行动十分有限。

进入 2022 年以来，全球能源供应紧张，石油、天然气等大宗能源商品价格暴涨，地缘政治冲突加剧，叠加新冠肺炎疫情持续蔓延的影响，能源安全问题备受关注。尤其是欧洲能源危机的发生，许多国家不得不转向煤炭供应以弥补能源缺口，延缓淘汰煤电厂、重启煤炭等成为增加能源供应的一个重要方式。德国、英国、法国等国相继呼吁节约用能，同时一改一直以来的“弃煤”姿态，表示将加大燃煤发电量，弥补因天然气短缺带来的能源供应缺口。2022 年 7 月 7 日，德国议会通过了“取消在 2035 年之前能源行业实现碳中和”的法律草案。此外，德国政府此前已模糊了淘汰煤电厂的期限，燃煤和燃油发电机组得以重返德国市场，而该项法律草案的通过意味着现阶段煤电不再与当地环保目标相冲突。除欧洲外，为保障能源供应，印度、日本、韩国等国也陆续加大了煤炭用量。煤电重启或将使得全球碳排放出现反弹，从而阻碍国际社会应对气候变化的进程。

---

① 朱兴珊，沈学思，李天一．全球应对气候变化的现状、挑战及油气行业对策——第 26 届联合国气候变化大会后行动进展及第 27 届大会展望［J］. 国际石油经济，2022，30（10）：10－21.

第二节　中国绿色低碳循环发展趋势

实现经济社会发展全面绿色转型，是解决我国资源环境生态问题的基础之策，也是实现碳达峰碳中和目标的首要途径。随着碳达峰碳中和工作的持续推进，我国产业结构、能源结构、运输结构、生活方式等将进一步实现转型升级，绿色低碳循环发展成为主流趋势。

一　产业结构不断升级

我国正处在产业结构调整、深化改革的关键时期，产业结构优化升级是我国经济实现高质量发展的重要支撑。“十四五”时期，我国经济发展进入新时代，随着“三农”工作重心转向全面推进乡村振兴、加快农业农村现代化，农业绿色发展将实现重大突破。在碳达峰碳中和目标以及能耗“双控”等政策约束下，我国高耗能产业将实现进一步转型升级，钢铁、石化、化工、有色、建材、纺织、造纸、皮革等行业绿色发展水平迈上新台阶，工业创新发展能力将大幅提升。在产业转型升级、新型城镇化和居民消费品质升级等背景下，我国服务业发展迎来新机遇，在经济发展中的主导地位进一步凸显。

二　能源结构持续优化

“十四五”时期是我国能源低碳转型的重要窗口期，随着可再生能源的持续开发，我国能源消费结构将进一步优化。作为碳排放的主要来源之一，电力部门始终是世界各国降碳的关键领域，新能源发电将成为我国电力供应的重要组成部分，为电力电量平衡提供重要支撑。长期来看，在国家政策支持及下游需求增长推动下，我国可再生电力装机规模将持续提升，并逐步实现以风、光为主导的“源网荷储”产业链与市场机制，构建以新能源为主体的新型电力系统是我国能源电力系统未来的发展趋势和重要特征。根据《“十四五”可再生能源发展规划》目标，2025年，我国可再生能源年发电量将达到3.3万亿千瓦时左右。“十四五”期间，可再生能源发电量增量在全社会用电量增量中的占比超过50%，风电和太阳能发电量实现翻倍。

三　运输结构趋于绿色

运输结构调整工作是我国今后相当长一段时间内交通运输绿色发展和高质量发展的关键抓手。随着交通运输绿色发展顶层设计日益完善，绿色交通发展基础能力将持续提升，绿色交通制度建设驶入“快车道”。根据交通运输部印发的《绿色交通“十四五”发展规划》，到2025年，交通运输领域绿色低碳生产方式初步形成，基本实现基础设施环境友好、运输装备清洁低碳、运输组织集约高效，重点领域取得突破性进展，绿色发展水平总体适应交通强国建设阶段性要求。这为交通运输绿色低碳发展提供了方向指引，低碳交通、绿色出行将成为交通运输行业发展的必然趋势。

四　生活方式转向低碳

消费是经济增长的基础，也是当前推动经济“稳增长”的重要发力点。倡导绿色消费关系到整个生产生活方式的绿色低碳转型，随着居民消费意识的转变，绿色、低碳、环保的消费理念正悄然升温。2022年1月18日，国家发展改革委、工业和信息化部、住房和城乡建设部、商务部、市场监管总局、国管局、中直管理局联合印发《促进绿色消费实施方案》（发改就业〔2022〕107号）提出，到2025年，绿色消费理念深入人心，绿色低碳产品市场占有率大幅提升；到2030年，绿色消费方式成为公众自觉选择，绿色低碳产品成为市场主流。2022年7月28日，商务部、国家发展改革委、工业和信息化部、财政部等13部门印发《关于促进绿色智能家电消费的若干措施》（商流通发〔2022〕107号），明确提出包括开展全国家电“以旧换新”活动、推进绿色智能家电下乡、实施家电售后服务提升行动、加强废旧家电回收利用等在内的 9 条具体措施。随着一系列政策的推进，我国居民绿色低碳的生活方式加快形成。

总体来看，在碳达峰碳中和目标推动下，“十四五”时期，我国产业结构、能源结构、运输结构将明显优化，绿色产业比重显著提升，基础设施绿色化水平不断提高，清洁生产水平持续提高，生产生活方式绿色转型成效显著，绿色低碳循环发展的生产体系、流通体系、消费体系初步形成。

第二十章　中国碳达峰碳中和行动展望

新冠疫情暴发后，我国碳达峰碳中和的前进方向未变，国家推进决心丝毫未改，发布多项“双碳”顶层设计和规划。在顶层设计蓝图的引导下，多个省份出台碳达峰碳中和实施方案，发展方向和实践路径逐步清晰；绿色低碳的新型产业迅速崛起，新能源发电投资装机比重快速增长，低碳技术产业化趋势明显；居民生活方式、消费方式发生转变，节能意识大幅提升。“十四五”时期，是我国实现 2030 年碳达峰的关键期，“双碳”必将持续快速推进，同时在碳中和战略目标的引领下，政策继续完善、产业结构持续优化、新能源消费占比不断上升。

第一节　中国碳达峰碳中和政策展望

作为国家战略，“碳达峰、碳中和”已经成为促进经济社会发展全面绿色转型的总目标。“十四五”期间，碳达峰碳中和政策将保持连续性和一惯性，但会根据我国宏观经济稳定增长、产业结构优化调整及能源战略安全等要求进行适当调整，预计政策走向将围绕以下几点展开。

一　碳达峰碳中和政策将实现各领域和地方全覆盖

目前，在重点领域层面，城乡建设领域、交通领域、金融领域、工业领域已经出台碳达峰碳中和实施方案，后续能源领域等具体实施方案也将陆续出台。在地方层面，全国31个省、直辖市、自治区（不包括港澳台地区）均针对双碳工作提出了相关要求，推动出台碳达峰碳中和系列政策文件。截至2022年9月底，已有20多个省份发布了双碳相关的政策文件，其余省份也正在制定或推动出台双碳政策。

二　碳达峰碳中和政策核心是围绕经济稳增长

新冠疫情以来，全球经济大幅衰退，中国成为2020年唯一实现经济正增长的国家，但是国内外经济发展环境面临前所未有的挑战，全球经济增长放缓、贸易保护主义抬头，全球化分工带来的产业链脆弱性在疫情之下暴露无遗。尽管2021年以来世界经济增速有所复苏，但是疫情的反复以及俄乌地缘政治冲突，导致能源供应骤然紧张，致使欧洲多国能源、电力价格飙升，形势能否在短期缓解仍不得而知。新的发展格局和背景下，要求我国统筹疫情防控和经济社会发展，加快稳定经济发展大盘。因此，“十四五”期间我国碳达峰碳中和战略的推进和相关政策核心是在把握经济稳增长的基础上先立后破，稳步推进。

三　碳达峰碳中和政策重点是保障能源战略安全

能源是经济发展的命脉，是提高人民生活水平的重要保障。当前，在新能源尚未成为能源供应主体之前，全球能源减碳步伐加速，突发疫情及地缘政治使能源供应缺口增加，导致世界能源博弈日趋复杂。2021年9月东北拉闸限电以及2022年迎峰度夏期间四川全部工业让电于民的事件，使我国能源电力的安全性要求进一步凸显。

针对上述问题，2021年10月，中共中央政治局常委、国务院总理、国家能源委员会主任李克强主持召开国家能源委会议，部署能源改革发展工作时提出，我国仍是发展中国家，现阶段工业化城镇化深入推进，能源需求不可避免持续增长，必须以保障安全为前提构建现代能源体系，提高自主供给能力。针对以煤为主的资源禀赋提高煤炭利用效率，加大油气勘探开发，强化能源科技攻关。要深入论证提出碳达峰分步骤时间表路线图。坚持全国一盘棋，不抢跑，从实际出发，纠正有的地方“一刀切”限电限产或“运动式”减碳。随后，《国务院关于印发 2030 年前碳达峰行动方案的通知》中强调“以保障国家能源安全和经济发展为底线”，之后相关政策文件表述也多次体现这一重点。2021 年 11 月 17 日，国务院常务会议决定在前期设立碳减排金融支持工具基础上，再设立 2000 亿元人民币支持煤炭清洁高效利用专项再贷款，形成政策规模，推动绿色低碳发展。2022 年 5 月 4 日，经国务院批准，中国人民银行再增加 1000 亿元人民币支持煤炭清洁高效利用专项再贷款额度。该专项再贷款专用于重点支持煤炭清洁高效利用。2022 年 10 月，习近平总书记在中国共产党第二十次全国代表大会上所做的报告中，明确提出要立足我国能源资源禀赋，坚持先立后破，有计划、分步骤实施碳达峰行动。

因此，“十四五”期间，我国的能源电力转型进程将更加科学合理，传统能源还将在短期内承担经济发展保障的重要角色。碳达峰碳中和政策也将遵循这一原则。

四　碳达峰碳中和政策将保持稳定性和差异性

国家碳达峰碳中和战略提出以来，从部分地区“大跃进”式的发展到现阶段中央政府持续对部分落实“双碳”战略的不合理做法予以纠偏，说明下一步碳达峰碳中和政策会将着力点放在推动经济稳增长与统筹推进减碳上。同时，国家将考虑不同地区的碳排放水平，在与经济发展相匹配的情况下利用一定的政策手段推动梯次实现碳达峰、碳中和目标，一方面可以为各地区的“双碳”工作提供参考，另一方面为国家产业结构转型、经济平稳发展提供宝贵的窗口期。

第二节　中国碳达峰碳中和技术展望

围绕减碳零碳负碳三大技术方向，碳达峰碳中和战略目标将带动能源、工业、建筑、交通等领域的低碳技术持续发展，也将成为我国新时期经济发展的核心驱动力。

一　碳达峰碳中和技术体系展望

碳中和领域的核心关键技术体系包含过程控制的减碳技术，如煤炭清洁高效利用、工业节能、低碳建筑、低碳交通等；源头控制的零碳技术，包括风能、太阳能、核能、氢能、储能和其他清洁能源；末端控制的负碳技术，如 CCUS、森林碳汇、绿地碳汇、海洋碳汇等。

（一）减碳技术是基础

发展节能增效等减碳技术，一直以来是我国应对气候变化的重要举措，在能源、工业、建筑、交通等领域碳减排工作中取得了显著成效。

1. 碳基能源高效转化利用

碳基能源清洁高效转化利用问题的前沿热点方向包括：碳基能源催化转化反应途径、催化剂及工艺开发、复杂催化转化系统的集成耦合与匹配，以及转化过程多种污染物协同控制等。目前，碳基能源高效催化转化已经探索出一些新路线，部分已实现工程示范。煤制油工艺升级及产品高端化、煤炭分级分质转化利用技术、二氧化碳催化转化技术将得到优先发展。化石能源发展重点将由碳燃料向碳材料转变，以实现宝贵碳资源高附加值利用。

2. 清洁燃煤与高效发电

先进高效低排放燃烧发电技术能够有效减少化石能源作为燃料利用的碳排放，前沿热点方向包括灵活多源智能发电系统集成与协调控制、先进高参数燃煤发电高效热功转换机制、高效超低排放循环流化床锅炉发电、超临界二氧化碳（$S-CO_2$）发电、整体煤气化蒸汽燃气联合循环发电（IGCC）及燃料电池发电（IGFC）系统集成优化，以及多污染物协同控制等。预计到 2030 年，燃煤发电超低排放等先进技术得到全面推广，有望使燃煤发电实现近零排放，从而显著降低煤炭全产业链的环境影响。

3. 绿色冶金过程

在钢铁冶炼领域，大力推进全废钢电炉流程集成优化技术、节能增效技术、高品质生态钢铁材料制备技术、钢化一体化联产技术、物质能量回收技术。发展纯氢和合成气等为还原剂的新型低碳钢铁冶炼体系，同时在钢铁全产业链深度融合二氧化碳低成本捕集、合成化学品等减排技术，推进钢化联产融合发展。

在有色金属冶炼领域，发展新型连续阳极电解槽、惰性阳极铝电解新技术、输出端节能等余热利用技术，金属和合金再生料高效提纯及保级利用技术，连续铜冶炼技术，生物冶金和湿法冶金新流程技术。发展生物质、氢燃料替代化石能源，推进有色金属回收与循环利用。开发湿法冶金、生物冶金等颠覆性流程再造工艺。

4. 绿色化工材料与工艺过程

突破石油化工新的分子炼油与分子转化平台技术，针对煤中碳组分高效分离和碳结构精准调变发展“分子炼煤”技术，在分子水平上认识化石资源组成及转化规律，实现炼化增效，结合能源结构的变革，实现化工转化以油品为主向高附加值的化学品、材料转型。研究发展绿色碳科学，重点研究原油炼制短流程技术、多能耦合过程技术，研发绿色生物化工技术及智能化低碳升级改造技术，发展全流程可再生能源驱动合成甲醇、氨、烯烃及芳烃等平台化合物以及碳循环利用新技术。

5. 低碳建材与工艺过程

在建材行业，前沿低碳技术研究热点包括低钙高胶凝性水泥熟料技术、水泥窑燃料替代技术、少熟料水泥生产技术、水泥窑富氧燃烧关键技术、非碳酸盐钙质原料替代技术、节能增效技术。太阳能供热窑炉系统等流程再造、非钙体系胶凝材料等颠覆性技术重构水泥生产工艺，并在水泥行业深度融合二氧化碳低成本捕集、合成化学品、矿化固定、封存等减排技术。天然固碳建材和竹木、高性能建筑用钢、纤维复材、气凝胶等新型建筑材料，以非化石基料代替碳酸盐钙质原料，建筑同寿命的外围护结构高效保温体系，建材循环利用技术及装备等是未来的重要趋势。

6. 绿色节能建筑

绿色节能建筑前沿热点技术包括光储直柔供配电关键设备与柔性化技术、建筑光伏一体化技术体系、区域建筑能源系统源网荷储用技术及装备等。通过不同类型建筑需求的蒸汽、生活热水和炊事高效电气化替代技术和设备，夏热冬冷地区新型高效分布式供暖制冷技术和设备，以及建筑环境零碳控制系统，不断扩大新能源在建筑电气化中的使用。利用新能源、火电与工业余热区域联网、长距离集中供热技术，发展针对北方沿海核电余热利用的水热同产、水热同供和跨季节水热同储新技术。发展各种新建零碳建筑规划、设计、运行技术和既有建筑的低碳改造成套技术。

7. 智能低碳交通系统

大幅提升交通业的电气化水平，研发高性能电动、氢能等低碳能源驱动载运装备技术，突破重型陆路载运装备混合动力技术、水运载运装备应用清洁能源动力技术、航空器非碳基能源动力技术、高效牵引变流及电控系统技术。研发可再生植物/海洋藻类或其他有机废物制成生物燃料、氢能及氢基燃料和动力电池技术等。发展基于先进信息技术的智能交通运输系统，交通能源自洽及多能变换、交通自洽能源系统高效能与高弹性等技术，轨道交通、民航、水运和道路交通系统绿色化、数字化、智能化等技术，建设绿色智慧交通体系。

（二）零碳技术是重点

以新能源发电、先进核能、氢能、储能技术等为代表的零碳关键技术是实现碳中和的关键抓手，是建设低碳能源体系、实现碳中和目标的核心工作。

1. 新能源发电技术

在可再生能源高效转化利用方面，优先推进构建高比例可再生能源系统。重点研发高效硅基光伏电池、高效稳定钙钛矿电池等技术，研发碳纤维风机叶片、超大型海上风电机组整机设计制造与安装试验技术、抗台风型海上漂浮式风电机组、漂浮式光伏系统。研发高可靠性、低成本太阳能热发电与热电联产技术，突破高温吸热传热储热关键材料与装备。研发具有高安全性的多用途小型模块式反应堆和超高温气冷堆等技术。开展地热发电、海洋能发电与生物质发电技术研发。

2. 先进核能技术

核能前沿热点方向主要集中在开发固有安全特性的第四代反应堆系统、先进核裂变能的燃料循环、裂变燃料增殖与嬗变及核能多用途利用技术。可控核聚变前沿热点研究方向则主要聚焦等离子体理论研究、耐受强中子辐射和高热负荷材料开发及示范堆概念设计方面等。预计 2030 年前后，部分成熟的四代堆（如钠冷快堆）将走向市场，之后逐渐扩大规模。磁约束可控核聚变预计 2030 年前后完成实验堆的建设和满功率运行，2050 年前后示范堆的工程设计及商业堆的预研和评估工作有望开展。

3. 新型电力系统

构建新型电力系统，实现高比例的新能源广泛接入、高弹性电网灵活可靠配置资源和高度电气化的终端负荷多元互动。研究高精度可再生能源发电功率预测、可再生能源电力并网主动支撑、煤电与大规模新能源发电协同规划与综合调节、柔性直流输电、低惯量电网运行与控制等技术。促进人工智能、大数据、物联网等先进信息通信技术与电力技术的深度融合，形成具有我国自主知识产权的新型电力系统关键技术体系。

4. 储能技术

在低成本规模化储能方面，开发超越传统体系的储能新材料与系统，研究电/热/机械能与化学能之间的相互转化规律。加快推进大规模长寿命物理储能技术应用。开发压缩空气储能、飞轮储能、液态和固态锂离子电池储能、钠离子电池储能、液流电池储能等高效储能技术。研发梯级电站大型储能等新型储能应用技术及相关储能安全技术。预计到2025年前动力电池单体能量密度达400Wh/kg，2030年达到500Wh/kg，并加速开发下一代锂离子动力电池和新体系动力电池。最终实现在21世纪中叶前广泛应用长寿命、低成本、高能量密度、高安全和易回收的新型电化学储能技术。

5. 多能互补综合利用

未来能源体系发展方向为多能融合综合系统，需要攻克能源生产、输配、存储、消费等环节的多能耦合和优化互补核心科技难题。前沿热点方向是实现能源的综合互补利用、多能系统规划设计，解决运行管理、能源系统智慧化等重大科技问题，以及开发多能互补系统变革性技术等。发展变革性、智能化绿色过程技术体系，支撑高碳行业流程再造，解决能源转化和工业生产过程的高能耗、高排放难题，保障能源利用与生态文明同步协调发展。

6. 氢能技术

推动氢/氨等新能源化学体系的建立，解决新能源开发与转化过程中的重大科学问题。加快研发可再生能源高效低成本制氢技术、大规模物理储氢和化学储氢技术、大规模及长距离管道输氢技术、氢能安全技术等。

（三）负碳技术是保障

CCUS和生态固碳增汇等负碳技术是实现碳中和目标技术组合的重要组成部分。

1. CCUS技术

CCUS规模化部署仍然面临一系列关键技术挑战，前沿热点方向包括CCUS与工业流程耦合技术及示范、应用于船舶等移动源的CCUS技术、新型碳捕集材料与新型低能耗低成本碳捕集技术、与生物质结合的负碳技术（BECCS）、第二代捕集技术、化学链捕集技术、Allam 循环、低成本及低能耗的 CCUS 技术研究等。目前，第一代捕集技术发展渐趋成熟，但成本和能耗偏高；而第二代捕集技术仍处于实验室研发或小试阶段，待技术成熟后，其能耗和成本会比成熟的第一代技术降低 30% 以上，2035 年前后有望实现大规模推广应用。化学链捕集技术尚处于实验室阶段，还未实现工程示范。生物利用技术总体处于初期发展阶段。涉及 CCUS 过程的新型捕集技术、生物利用技术、CCUS 规模化驱替技术、风险防控能力的研究将是未来发展的重要趋势。

2. 生态固态增汇技术

发挥、保护、可持续管理和修复生态系统的增汇潜力。开发森林、草原、湿地、农田、冻土等陆地生态系统，红树林、海草床和盐沼等海洋生态系统固碳增汇技术，评估现有自然碳汇能力和人工干预增强碳汇潜力，重点研发生物炭土壤固碳技术、秸秆可控腐熟快速还田技术、微藻肥技术、生物固氮增汇肥料技术、岩溶生态系统固碳增汇技术、黑土固碳增汇技术、生态系统可持续经营管理技术等。研究盐藻/蓝藻固碳增强技术、海洋微生物碳泵增汇技术等。

3. 碳汇核算与监测技术

系统部署生态固碳增汇技术需要攻克一系列前沿热点难题。既需要研究碳汇核算中基线判定技术与标准、基于大气二氧化碳浓度反演的碳汇核算关键技术，研发和优化可正确刻画碳循环复杂过程的地球系统模型；又需要研发基于卫星实地观测的生态系统碳汇关键参数确定和计量技术、基于大数据融合的碳汇模拟技术，建立碳汇核算与监测技术及其标准体系。

二　碳达峰碳中和技术路径展望

根据我国碳达峰碳中和规划，碳排放趋势可分为达峰期、下降期及中和期三个阶段。在不同发展阶段，需要根据碳排放特征、减排需求，针对性地部署符合该阶段目标的减排技术。

第一阶段：2022～2030年，以节能增效为代表的传统低碳技术是我国实现碳达峰的优先技术选择，将为我国碳减排做出主要贡献。在相当长的一段时期内，我国以煤为主的能源结构仍将持续。能源消费与碳排放高度相关，研究表明，节能增效等传统低碳技术在实现碳减排的同时具有良好的盈利空间。因此，充分利用节能减排成本低、收益大等优势，加快先进成熟减碳技术的普及推广，开展能源资源的清洁、低碳、集约、高效和优化利用，是当前我国实现碳减排的优先技术选择。大力发展循环经济，深入推进能源、工业、建筑、交通等领域低碳转型，做好煤炭清洁高效利用、工业通用节能设备升级，鼓励超低能耗及近零能耗建筑建设和节能绿色建材使用，推广低碳交通，继续推动电动汽车对传统汽车的替代。

第二阶段：2030～2045年，减排途径转为可再生能源为主，碳捕捉、利用与封存等技术为辅。随着化石能源利用能效提高逐渐接近极限，以及能源结构零碳化，能源消费与碳排放的相关性逐渐减弱，传统减碳技术在碳减排中的贡献将逐渐降低，而传统低碳技术的边际减排成本则不断升高，相比零碳技术，其经济性优势逐渐丧失。因此，必须在供给侧加大零碳能源供给，大力发展各类零碳能源，在消费侧通过终端用能电气化和零碳燃料替代，快速降低化石燃料的消耗量。围绕构建以新能源为主体的新型电力系统，重点解决发电性能提升、成本下降、电网灵活性与稳定性保障、储能等关键技术问题，实现相关技术快速推广。推进零碳非电能源技术的研发与商业化进程，探索与工业、交通、建筑等深度融合发展的新模式。针对钢铁、水泥、化工、有色等高排放工业行业降碳减污的迫切需求，以燃料/原料与过程替代为核心，重点突破制造效率提升、减碳成本降低、产品高质服役等关键技术难题，集中攻克过程排放削减难题，助力工业领域碳排放高质量达峰，碳效水平力争达到国际领先水平。

第三阶段：2045～2060年，零碳技术广泛应用，CCUS、碳汇和碳移除等负碳技术广泛推广，节能减排等传统低碳技术对碳减排贡献度大幅下降。高比例可再生能源电力系统和高比例非化石能源体系逐渐形成，单位能耗碳排放接近于零，国内经济发展与碳排放完全脱钩。我国具有良好水风光等可再生能源开发利用条件的区域越来越少，零碳电力的灵活性和稳定性挑战越发明显。随着碳中和目标实现进入“最后一公里”，交通重卡和远洋航空、工业领域水泥和钢铁等难减行业排放削减以及非二氧化碳温室气体的减排成为重点和难点，零碳技术的边际减排成本开始直线上升，此时负排放技术成为经济可行的技术手段。

第三节　中国碳达峰碳中和进程展望

中国实现碳达峰碳中和的意义重大，任务艰巨。习近平总书记提出的碳达峰、碳中和目标为我国应对气候变化、推动绿色发展指明了方向，这是党中央、国务院统筹两个大局做出的重大战略决策，是实现经济高质量发展、推动生态文明建设的必然要求，体现我国主动承担气候变化责任、推动构建人类命运共同体的责任担当。当前我国经济持续增长，能源需求总量不断增加，产业结构转型调整面临挑战，碳达峰、碳中和进程要系统谋划、统筹推进。

一　能源领域碳达峰碳中和进程展望

加快可再生能源对化石能源的替代是能源领域减碳的关键。一是加快煤炭的清洁利用及可再生能源的开发利用。如西南、西北地区的清洁能源大基地建设、东中部的分布式能源建设以及生物质燃料发展。二是推动可再生能源在电网中的消纳，逐步从增量替代过渡到总量替代。三是推动氢能等新型能源在能源供应结构中发挥越来越重要的作用。四是科学有序降低煤炭、煤电在能源供应结构及电力供应能力中的比重。煤电由主体能源向调节和辅助性电源转型也要坚持“先立后破”，在一段时间内保障煤电合理的发展速度是我国经济稳增长的关键，更是国家战略安全的关键。五是加快能源消费端的的电气化替代。电力系统将在未来的能源体系中占有核心地位。从目前能源转型的方向看，煤炭、石油、天然气将先后于2025年、2030年与2035年实现碳达峰，能源领域的碳达峰预计出现在2028年前后。

二　工业领域碳达峰碳中和进程展望

作为能源消耗的高密集行业，工业领域的碳减排是实现我国“双碳”目标的主力军。从我国经济发展的阶段和趋势看，钢铁、有色、建材、化工等产品消耗将随着我国城市化进程的放缓而放缓，用能结构和产品结构将向低碳绿色方向发展，工业生产碳排放的峰值将逐渐降低，到2030年预计达到12亿吨左右。由于我国的工业大体量和高碳排放，未来我国碳市场覆盖范围将逐步扩大，根据前瞻产业研究院估计，到碳达峰的2030年累计交易额或将超过1000亿元，碳中和相关投资总额或在140万亿元左右。

在国家制度建设方面，要重视一个目标和八个支撑体系，即以提高碳生产效率为目标，注重技术支撑体系、碳交易支撑体系、低碳经济支撑体系、数字化支撑体系、标准支撑体系、竞争力支撑体系、能力建设支撑体系和绿色金融支撑体系。制度制定应以提高碳生产效率为核心，支撑行业、企业、社会共同发展。

今后，以提高碳生产效率为核心，兼顾节能、经济、环保和产业链，对于如何实现“3060目标”，必须强化低碳统领发展，以低碳重塑工业发展新格局，关注三大趋势：数字智能化趋势、技术革命趋势和绿色低碳协同趋势。同时，要加强国际合作，强化低碳标准引领发展，促进制度建设，完善政策保证措施，促进行业与社会进步。

总之，工业领域低碳转型势在必行，碳竞争是未来的核心竞争力，落实双碳目标要打好组合拳，低碳转型要走自己的创新之路。从国家角度和企业角度来讲，低碳转型就是每个企业要做好自己。

三　城乡建设领域碳达峰碳中和进程展望

加快推动城镇基础设施的建设升级和绿色转型是建立健全我国绿色低碳循环发展经济体系的重要措施。一是推广绿色低碳建材，二是推广绿色建造方式，三是推动低耗能建筑和低碳建筑规模化发展，四是提高建筑终端的电气化水平。未来装配式技术以及建筑节能设施的制造将是推动城乡建设低碳的重要抓手，零碳建筑是建设领域的最终目标。此外，环境基础设施的低碳发展也是下一步的重点，尤其是生活垃圾的处理和利用、给排水的回收等。预计 2030 年前我国城乡建设领域实现碳达峰。

四　交通运输领域碳达峰碳中和进程展望

由于城市化率和生活水平的不断提高，运输需求的持续上升及改善交通方式的内在需求，因此我国燃油机动车的保有量还将在一段时间内继续增长，进而交通运输领域的碳排放将呈现快速增长后缓慢下降的趋势。调整能源结构、优化运输结构、加快科技创新是交通运输领域碳减排的关键。随着电动技术的发展、氢燃料电池的推广普及以及储能技术的发展，道路运输领域碳排放将逐步降低。海运交通绿色低碳技术路径尚有不确定性。航空运输在未来仍将保持一定的排放增长。道路交通将在 2030 年前后实现碳达峰，2060 年前后力争实现近零碳排放。

图书在版编目(CIP)数据

中国碳达峰碳中和实践探索与路径选择 / 中国大连高级经理学院编著. -- 北京：社会科学文献出版社，2023.12

ISBN 978-7-5228-2428-4

Ⅰ. ①中… Ⅱ. ①中… Ⅲ. ①二氧化碳-节能减排-研究-中国 Ⅳ. ①X511

中国国家版本馆 CIP 数据核字(2023)第 165119 号

中国碳达峰碳中和实践探索与路径选择

编　　著 / 中国大连高级经理学院

出 版 人 / 冀祥德
组稿编辑 / 恽　薇
责任编辑 / 胡　楠
责任印制 / 王京美

出　　版 / 社会科学文献出版社 · 经济与管理分社（010）59367226
地址：北京市北三环中路甲 29 号院华龙大厦　邮编：100029
网址：www.ssap.com.cn
发　　行 / 社会科学文献出版社（010）59367028
印　　装 / 三河市龙林印务有限公司

规　　格 / 开　本：787mm × 1092mm　1/16
印　张：22.25　字　数：299 千字
版　　次 / 2023 年 12 月第 1 版　2023 年 12 月第 1 次印刷
书　　号 / ISBN 978-7-5228-2428-4
定　　价 / 168.00 元

读者服务电话：4008918866